镍基催化剂催化甲烷与二氧化碳重整反应中的积炭问题

刘红艳 著

本书数字资源

U0342122

北 京

冶金工业出版社

2024

内 容 提 要

本书主要提出了解决 CH_4/CO_2 重整反应普遍使用的镍基催化剂上积炭问题的全新思路,即积炭的抑制、阻止和消除。通过在催化剂中加入第二种金属以及改变载体的酸碱性、金属-载体相互作用三个方面,研究了热解碳的生成、消除和积炭的阻止,进而为解决积炭问题提供理论指导。

本书可供化学和化工以及材料专业本科高年级学生和催化专业研究生学习阅读,也可供催化领域和计算化学领域的科研人员参考。

图书在版编目(CIP)数据

镍基催化剂催化甲烷与二氧化碳重整反应中的积炭问题/刘红艳著. — 北京:冶金工业出版社,2024.6

ISBN 978-7-5024-9884-9

Ⅰ. ①镍… Ⅱ. ①刘… Ⅲ. ①镍化合物—金属催化剂—催化重整—积炭—研究 Ⅳ. ①TQ426.8

中国国家版本馆 CIP 数据核字(2024)第 112180 号

镍基催化剂催化甲烷与二氧化碳重整反应中的积炭问题

出版发行	冶金工业出版社	**电 话**	(010)64027926
地 址	北京市东城区嵩祝院北巷 39 号	**邮 编**	100009
网 址	www.mip1953.com	**电子信箱**	service@ mip1953.com

责任编辑 卢 蕊 美术编辑 吕欣童 版式设计 郑小利
责任校对 梁江凤 责任印制 窦 唯
三河市双峰印刷装订有限公司印刷
2024 年 6 月第 1 版,2024 年 6 月第 1 次印刷
710mm×1000mm 1/16;11.5 印张;223 千字;173 页
定价 79.00 元

投稿电话 (010)64027932 投稿信箱 tougao@cnmip.com.cn
营销中心电话 (010)64044283
冶金工业出版社天猫旗舰店 yjgycbs.tmall.com
(本书如有印装质量问题,本社营销中心负责退换)

前　　言

　　CH_4/CO_2 重整制合成气的反应不仅能消除两种温室气体，而且能生成用于费托合成的 1:1 的合成气。镍用作该反应催化剂，廉价易得，并且具有良好的初始反应活性和选择性，但是在反应过程中催化剂上会有严重的积炭，导致其失活。本书在概述了国内外 CH_4/CO_2 重整反应中的实验方法以及由此产生的积炭问题的基础上，详细介绍了可能的积炭生成的微观机理，提出了积炭的抑制、阻止和消除等减少积炭的三种方法，利用量子化学计算手段结合实验表征的方法研究了第二种金属的添加和载体的酸碱性以及金属-载体相互作用对积炭的抑制生成、阻止集聚和消除的影响，通过计算结果来指导镍基催化剂的抗积炭性能调控和理性设计。

　　本书共分6章。第1章介绍了 CH_4/CO_2 重整反应的现状及积炭问题。第2章介绍了计算的理论基础。第3章介绍了单金属 M（M=Fe，Co，Ni，Cu）催化 CH_4/CO_2 重整反应中的积炭。第4章介绍了第二金属（Fe，Co，Cu）的加入对积炭的影响。第5章介绍了不同载体对重整反应中积炭的影响。第6章介绍了金属-载体相互作用及其对积炭的影响。

　　在本书的编写过程中，得到了山西大同大学的支持，也得到了太原理工大学王宝俊老师、章日光老师和凌丽霞老师的热情帮助，在此表示感谢！同时也感谢我的学生阎瑞霞和李凯的辛勤工作！

　　由于水平有限，书中不妥之处在所难免，欢迎读者批评指正。

作　者
2024 年 4 月

目　　录

1 绪 论

随着工业化进程的加快，大量化石能源被消耗所产生的 CO_2 气体导致全球气候变化异常，极端天气频率显著增加[1-2]。2020 年全球 CO_2 排放总量达到了 322.84 亿吨[3]。我国"富煤少油缺气"的能源特征决定了碳排放的主要来源之一是煤炭的使用。2020 年 9 月，我国提出"双碳"目标，即"力争在 2030 年完成碳达峰，2060 年完成碳中和"，这一目标的提出要求我们发展低碳经济，即减排和捕获利用 CO_2。

CH_4 作为天然气、页岩气、沼气、瓦斯和可燃冰等物质的主要成分，是一种清洁的高效能源，但它也是一种温室气体。在水蒸气重整和氧化重整的基础上，科学家们考虑把 CH_4 和 CO_2 两种温室气体重整，如果这个反应能够工业化或者与其他工业化过程多联产，这对于我国制定的"碳达峰"和"碳中和"的"双碳"目标的完成，有很重要的战略和经济意义。

1.1 CH_4/CO_2 重整反应的现状

1991 年，Ashcroft 等[4] 在 Nature 上发表了有关 CH_4/CO_2 重整催化剂的研究，引发了世界范围内对该过程的研究兴趣。笔者所在的科研团队也进行了一些有关 CH_4/CO_2 重整反应的研究工作[5-10]。经过科学家们 20 多年的研究表明：第Ⅷ族金属除 Os 外都可以催化重整反应。第Ⅷ族贵金属催化剂有好的活性、选择性和稳定性[11-22]，但是其原料费用较高不适宜工业化；而第Ⅷ族非贵金属催化剂，特别是 Ni 基催化剂，有好的活性和选择性，并且原料便宜易得。

谢克昌院士提出的以双气头（热解和气化煤气）共重整为基础的煤炭低碳化利用的多联产技术[23]，是 CH_4/CO_2 重整反应的典范。该技术能够降低能耗，减少 CH_4 和 CO_2 的排放，消除两种温室气体；并且重整得到的 H_2 与 CO 比率为 1，适合后续通过催化一体化实现醇醚燃料的合成，进而与电力联产；可进一步实现低成本、高效率、少污染的最终目标[24-26]。可见 CH_4/CO_2 重整反应是煤炭多联产过程中的核心问题。

2017 年 6 月 21 日，由中国科学院上海高等研究院、山西潞安矿业（集团）有限责任公司和荷兰壳牌石油工业公司联合启动的 CH_4/CO_2 自热重整制合成气装置在山西潞安集团煤制油基地实现稳定运行，于 7 月 10 日实现满负荷生产。

石勇等[27] 针对国内大量燃煤电厂排放的 CO_2，选取典型的 600 MW 锅炉烟道气进行研究，提出以 CH_4/CO_2 干重整技术为核心的百万吨级 CCUS 成套技术，探讨以此技术实现 CO_2 高值利用的可能性。

2023 年 9 月，国家能源局发布了《天然气利用政策（征求意见稿）》，将"新建或扩建以天然气为原料生产甲醇及甲醇生产下游产品装置；以天然气代煤制甲醇项目"从禁止类中提升到"限制类"中，天然气在化工中的应用范围有望扩大。"高含 CO_2 的天然气（CO_2 含量 20% 以上）可根据其特点实施综合开发利用"。根据不完全统计，国内已有 7 家企业根据自身优势进行 CH_4/CO_2 重整反应的相关布局。

CH_4/CO_2 重整反应有以下优点：

（1）同时消除两种温室气体，对于改善环境和解决能源问题具有很高的现实意义。

（2）含有 CO_2 的天然气、瓦斯气等作为原料可以直接利用，无需分离。

（3）与水蒸气重整相比，该反应省去了高能耗的蒸发工段，并可用于缺水地区。与部分氧化重整过程相比，该反应的生产过程更加安全。

（4）CH_4/CO_2 重整反应属于强吸热反应，将能量以合成气的形式存储，可用于储存和运输能量。

但是 CH_4/CO_2 重整反应也存在严重的缺点：

（1）由于 CH_4 和 CO_2 是化学性质十分稳定的小分子，其转化在热力学上是不利的。

（2）由于反应中会有水汽变换逆反应的影响，从而使 CH_4 的转化率低于 CO_2 的转化率，导致 CH_4/CO_2 重整产物中 H_2 与 CO 的比率小于 1。即使在高温下，该反应也存在严重的催化剂积炭。

热力学不利的问题可以通过多联产解决，但是积炭问题目前还未能解决，阻碍了该反应的工业化进程。

1.2 积炭的形成

1.2.1 热力学分析

CH_4/CO_2 重整反应方程式如下：

$$CH_4 + CO_2 \longrightarrow 2CO + 2H_2，\Delta H_{298\ K}^{\ominus} = +247\ kJ/mol \qquad (1-1)$$

该反应是一个气体体积增大的强吸热反应，高温低压有利于反应的进行，但过高的温度又容易使催化剂因烧结而快速失活。综合而言，该反应温度通常为 973 ～ 1073 K，从而能同时兼顾较高的转化率和催化剂的稳定性[28]。

理论上，CH_4/CO_2 重整体系中，积炭可能产生于以下反应中：

$$CH_4 \longrightarrow C + 2H_2, \quad \Delta H = + 74 \text{ kJ/mol} \tag{1-2}$$

$$2CO \longrightarrow CO_2 + C, \quad \Delta H = - 171 \text{ kJ/mol} \tag{1-3}$$

$$CO + H_2 \longrightarrow C + H_2O, \quad \Delta H = - 131 \text{ kJ/mol} \tag{1-4}$$

式 (1-3) 和式 (1-4) 是放热反应，在高温下会受到抑制，在 973 K 以上转化率很低，此时式 (1-2) 成为积炭的主要来源。

1.2.2 积炭的种类和形成过程

根据 Calvin[29] 的论述，烃类在重整过程中形成的碳物种主要有 3 种：(1) 热解碳，它是积炭的前驱体，会使催化剂胶囊化而失活；(2) 胶囊碳，它是碳自由基在 Ni 表面聚合成的胶囊状碳；(3) 须碳，它是碳通过 Ni 晶体顶部扩散而形成的，这种碳不会使 Ni 表面失活，但会使其瓦解。

Abild-Pedersen 等[30] 则认为在 Ni 基催化剂上可以形成 3 种类型的碳，即表面碳、碳化物和石墨碳。表面碳是重要的反应中间体，但是石墨碳和碳化物可能使催化剂失活，它们的形成应当被阻止。

Lercher 等[31] 认为：甲烷解离成碳和氢，并且在氧化物载体和金属上形成碳。在金属上的碳是活性的，能被来自 CO_2 解离的 O 氧化成 CO。对于贵金属催化剂，这个反应是快反应，导致了在金属粒子上低的积炭累积。在载体上，碳形成速率与 L 酸位的浓度成正比。这种碳是非活性的，可以覆盖贵金属粒子，引起催化剂失活。对于非贵金属，比如 Ni，CH_4 的解离速率很快超过了氧化速率，因此很快在金属表面形成了丝碳。

1.3 影响积炭生成的因素

在催化剂上形成积炭而使催化剂失活是很严重的问题。因此，想要抑制、阻止和消除积炭就必须了解影响积炭生成的因素。研究发现金属粒子的尺寸、形貌及组成，载体的酸碱性及金属-载体的相互作用等因素，均会影响积炭的形成。

1.3.1 金属粒子的尺寸

许多研究者观察到催化剂表面金属粒子的尺寸对抑制积炭形成有很重要的影响。Lercher 等[31] 认为 Ni 活性组分上丝碳形成的速率与 Ni 粒子的尺寸成比例，小于临界尺寸的金属粒子上，碳形成速率急剧减慢。

选用不同的制备方法来得到较小的金属粒子。Zhang 等[32-33] 用溶胶-凝胶浸渍方法制得的 $Ni/\gamma\text{-}Al_2O_3$ 催化剂可以抑制积炭，提高抵制烧结能力和金属流失。从 EXAFS (extended X-ray absorption fine structure) 分析发现，浸渍催化剂中 Ni

原子有 12 个近邻原子，但溶胶-凝胶催化剂中 Ni 原子只有 9 个近邻原子，这说明用溶胶-凝胶方法制备的催化剂中有很小的 Ni 粒子。Cheng 等[34] 用氩辉光放电等离子体法处理 Ni/Al$_2$O$_3$，然后煅烧。用这种方法制得的催化剂抗积炭能力明显增强。从 X 射线衍射（X-ray diffraction，XRD）、化学吸附和透射电子显微镜（transmission electron microscope，TEM）分析发现，在载体上生成了特殊的 Ni 物种，这种物种的平均尺寸为 5 nm。

加入助剂使金属表面形成小的系综。Rostrup-Nielsen 等[35] 在研究甲烷水蒸气重整时，发现用 S 钝化 Ni 催化剂可以延缓积炭的出现。S 的这种延缓碳形成的效果是一种动力学现象，也就是说 S 阻止碳形成的速率超过了重整反应。这种阻止效果被解释为碳成核需要大的 Ni 系综，但是重整反应可以在高 S 覆盖的小系综上进行。S 覆盖的催化剂虽然可以阻止须碳的形成，但无定形碳仍有可能形成。

Osaki 等[36] 检查了含有 0、1%、5% 和 10%（质量分数）K 的 Ni/Al$_2$O$_3$ 催化 CH$_4$/CO$_2$ 重整反应，发现当 K 出现时，CO$_2$ 的吸附增强，但是其解离速率没有发生明显的变化，且反应没有积炭产生。他们认为积炭的产生是由系综控制的，当加入助剂 K 时，它把 Ni 表面分成了小的系综，因此抑制了积炭的生成。

制备固溶体还原得到小的活性组分粒子。形成固溶体最重要的作用是控制活性组分粒子的尺寸，进而阻止积炭的生成[37]。MgO 由于其价格低廉且有好的热稳定性，被广泛用作催化剂载体。MgO、NiO 和 CoO 都具有面心立方结构，且有近似的点阵参数（MgO，0.42112 nm；NiO，0.41684 nm；CoO，0.42667 nm），所以它们容易形成固溶体。固溶体 NiO-MgO(CoO-MgO) 中的 NiO(MgO) 比纯的 NiO(MgO) 难还原，导致在催化剂表面形成了小的金属粒子，因而抑制了积炭的生成。一些小组报道了在 NiO-MgO 和 CoO-MgO 催化剂作用下 CH$_4$/CO$_2$ 重整反应有很好的抗积炭效果[38-41]。如 Hu 等[42] 制得的 NiO-MgO 催化剂可以 120 h 保持恒定的反应活性和选择性，而 NiO/Al$_2$O$_3$ 催化剂则在 6 h 后由于积炭导致反应器被完全堵塞。

不同研究者观察到在 CH$_4$/CO$_2$ 重整反应中，减少积炭的临界 Ni 粒子尺寸不一。Lercher[31] 报道的 Ni/ZrO$_2$ 临界尺寸为 2 nm，Tang 等[43] 报道的 Ni/γ-Al$_2$O$_3$ 临界尺寸为 10 nm，Kim 等[44] 报道的气溶胶 Ni/Al$_2$O$_3$ 临界尺寸为 7 nm，Zhang 等[45] 报道的 Ni-Co/MgO 中 Ni-Co 的临界尺寸为 10 nm。

1.3.2　金属粒子的形貌

金属粒子的形貌对催化反应的影响主要体现在催化剂表面的活性位上。自从 1925 年 Taylor 提出活性位的概念后，非均相催化领域里反应活性位便成了一个重要的概念。Gwathmey 等[46] 对活性位在催化反应中晶体表面的影响进行了更深入的研究。金属催化剂表面有两种类型的活性位：一种是和平面密堆表面相关的活性位，即 terrace 位；另一种是和缺陷表面相关的活性位，如 step 位、kink 位等。Yates 等[47] 研究了台阶状单晶表面的 step 位在表面化学反应中的作用。其后，Zambelli 等[48] 用扫描探针显微镜证实了 step 位是 NO 在 Ru（0001）面上解离的活性位。Dahl 等[49] 用密度泛函理论量化了 N_2 在 Ru（0001）面解离的效果，指出 500 K 时 N_2 在 step 位的吸附是 terrace 位的 9 个数量级倍，且解离活化能比在 terrace 位低 1 eV。van Hardeveld 等[50] 通过 N_2 吸附认定反应速率和 step 位密度有很好的相关性。

在 Ni 催化 CH_4/CO_2 重整反应中，研究者们分别对 terrace 位和 step 位的作用进行了研究。Bengaard 等[51] 通过密度泛函理论和平板模型计算了甲烷和水蒸气在 step 位和 terrace 位重整的能量路径，指出具有最低能垒的能量路径是 step 位主宰的路径。同时也指出重要的物种如 H 和 CO，可能会阻塞表面，它们在 step 位和 terrace 位有相同的吸附能，说明它们在这些活性位有相似的覆盖度。与之相反的是 C 原子和 OH 自由基，在 step 位的吸附比在 terrace 位强。所以人们用阻塞 step 活性位的方法来阻止 C 沉积。

Xu 等[52] 提议用 B 作为助剂阻止积炭的形成。他们发现 B 选择性地阻塞了 Ni 的次表面位，因此阻止了碳分散进 Ni 体相里，强迫 C 原子停留在表面。同时，他们用第一原理计算得出 B 助剂轻微增加了甲烷脱第一个氢的活化能垒（12 kJ/mol）[53]。

1.3.3　金属粒子的组成

由两种不同金属组成的双金属合金催化剂具有比单金属催化剂更好的活性[54-58]、稳定性[59-64] 和选择性[65-68]，它们形成合金改变了金属粒子的组成，同时影响了催化剂的性能。实验人员在 Ni 金属中分别加入第二种金属（Au、In、Ag、Co、Sn 等）制得 Ni 基合金，它们拥有比纯金属 Ni 更优良的催化性能。

Besenbacher 等[69] 制成了 NiAu 合金催化剂，检测到 Au 合金到 Ni 催化剂的表面层中，并针对存在严重碳沉积问题的正丁烷重整进行了实验。结果表明纯 Ni 催化剂积炭很严重，而 NiAu 合金催化剂没有积炭产生且重整速率保持恒定。Kratzer 等[70] 用 DFT 理论计算得知 Ni 原子近邻有一个或两个 Au 原子时，CH_4 解离的活化能垒升高，同时 Holmblad 等[71] 用实验证实了 Kratzer 的计算结果，发现积炭减少了。究其原因是在纯 Ni 表面，碳原子的稳定吸附位是三重的六角紧密堆积位，而在 NiCu 表面，碳原子吸附在与 Au 原子相邻的三重位是不稳定的。结果显示 Au 原子对 C 吸附的影响强于对 CH_4 吸附的影响。

Liu 等[72] 制备的核壳结构的铟镍（In-Ni）金属间合金纳米催化剂［In_xNi@ SiO_2，含有 0.5%（质量分数）In 的 Ni 基催化剂］即使经过 430 h 的长期稳定性测试之后，仍然表现出良好的抗碳沉积性和 CH_4/CO_2 重整反应的最佳平衡。

Vang 等[73] 报道了 NiAg 合金负载 $MgAl_2O_4$ 的催化剂对乙烯脱氢有很低的活性，通过实验检测到 Ag 原子完全浸润了 Ni(111) 的 step 位，阻止了乙烯在室温的解离，但是在 500 ℃ 下，乙烯在 terrace 位的解离没有受到 Ag 原子的影响。

Zhang 等[74] 报道了非常稳定和高活性的 Ni-Co 双金属催化剂，在 CH_4/CO_2 重整反应中 2000 h 不失活。通过实验得出低 Ni 含量与 Co 含量 [1.83% ~3.61%（质量分数）Ni 和 2.76% ~4.53%（质量分数）Co]的催化剂有高且稳定的活性，不失活，无积炭[45]。

Eranda 等[75-77] 证实了用 SnNi 催化剂比单一的 Ni 催化剂更能抵制积炭形成。他们的 DFT 理论计算结果显示 SnNi 合金催化剂能增加 C 原子的氧化能力（生成 CO），也能降低 C 在低配位的 Ni 位上成核的热力学驱动力。究其原因是 Sn 原子能打断与 C 原子有很强作用的低配位 Ni 的系综，从而降低了这些位成为核扩展成碳网络的趋势。

1.3.4 载体的酸碱性

增加载体的碱性对抑制积炭有一定的影响。Wang 等[78-79] 研究了 $\gamma\text{-}Al_2O_3$、SiO_2、La_2O_3、MgO、TiO_2 以及活性炭等载体对 Ni 基催化剂反应性能的影响。结果表明，以 La_2O_3、MgO 为载体制备的催化剂对 CO_2 具有较高的吸附能力。Takayasu 等[80] 认为碱性载体 MgO 负载的 Ni 基催化剂比酸性载体 Al_2O_3 和 SiO_2 负载 Ni 活性高，且超细单晶 MgO 负载的催化剂普遍比 MgO 活性高。

Zhang 等[81-82] 发现在载体中添加 CaO 后提高了 $Ni/\gamma\text{-}Al_2O_3$ 催化剂的稳定性，这可能是 CaO 在重整条件下提升了形成碳的活性，因此降低了碳的累积量，提高了催化剂的稳定性。Chang 等[83] 将 K_2O、CaO 碱性氧化物加入 pentasil 型分子筛负载催化剂中可使其反应 140 h 不失活，主要原因在于助剂增强了催化剂的抗积炭性能。

1.3.5 金属-载体的相互作用

强的金属-载体之间的相互作用可以产生高度分散的活性相和较小的金属粒子，很可能是高活性、抗积炭、抗烧结的原因。

许峥等[84-85] 研究了金属 Ni 和各种氧化物载体（包括 MgO、TiO_2、$\gamma\text{-}Al_2O_3$、$\alpha\text{-}Al_2O_3$、SiO_2 等）之间的相互作用，结果表明 Ni 活性相的结构强烈依赖于金属-载体之间的相互作用。如 $\gamma\text{-}Al_2O_3$ 作为载体有强烈的与 Ni 相互作用的趋势。

李基涛等[86] 用载体盐助分散浸渍法制得了 Ni/MgO 催化剂，结果表明 Ni-O-Mg 间作用较强，吸附 CO_2 能力较大，CH_4 解离积炭量少，因此其稳定性及寿命较好。

Ruchenstein 等[87] 检测了 NiO/碱土金属氧化物催化剂，发现 NiO/MgO 相对于其他催化剂表现出高的 CH$_4$ 转化率和选择性，并且有很高的稳定性和抗积炭性，这归因于在 NiO 和 MgO 之间形成了固溶体从而阻止了 CO 的歧化。

Pan 等[88-89] 用密度泛函切片理论分别研究了 CO$_2$ 在 γ-Al$_2$O$_3$（110）和（100）面以及它们负载的过渡金属二聚物上的吸附和活化，通过计算指出 CO$_2$ 在 M$_2$/γ-Al$_2$O$_3$ 上的吸附能高于只在 γ-Al$_2$O$_3$ 上的吸附能，说明金属-载体之间的相互作用影响 CO$_2$ 的吸附。

1.4　CH$_4$/CO$_2$ 重整反应中积炭消除的机理

要清楚 CH$_4$/CO$_2$ 的催化重整反应中积炭消除的机理，首先需要了解该重整反应的机理。

1.4.1　CH$_4$/CO$_2$ 重整反应机理

Bodrov 等[90-91] 首先给出了在 Ni 金属薄片上进行 CH$_4$/CO$_2$ 重整反应的机理（∗代表吸附位）：

$$CH_4 + * \longrightarrow CH_2^* + H_2 \tag{1-5}$$

$$CO_2 + * \Longrightarrow CO + O^* \tag{1-6}$$

$$O^* + H_2 \Longrightarrow H_2O + * \tag{1-7}$$

$$CH_2^* + H_2O \Longrightarrow CO^* + 2H_2 \tag{1-8}$$

$$CO^* \Longrightarrow CO + * \tag{1-9}$$

其中方程式（1-5）表示不可逆的慢反应，其他各步均为准平衡反应。

随后 Rostrupnielsen 和 Hansen[92] 对上述机理进行了改进，指出 Ni/MgO 上 CH$_4$ 解离步骤式（1-5）可以分为两步，分别是

$$CH_4 + * \longrightarrow CH_3^* + H^* \tag{1-10}$$

$$CH_3^* + (3-x)* \longrightarrow CH_x^* + (3-x)H^* \tag{1-11}$$

而 Osaki 等[93] 在 Ni/MgO 催化剂上通过表面脉冲反应速率分析发现，CH$_4$ 吸附解离后可直接产生气态的 H$_2$，即

$$CH_4 + * \longrightarrow CH_x^* + \frac{4-x}{2}H_2^* \tag{1-12}$$

并从实验结果中得出 CH$_4$ 解离步骤是反应的决速步骤。

Wei 等[94] 在催化剂 Ni/MgO 上采用 CH$_4$/CD$_4$ 的同位素实验考察重整反应的动力学，得到明显的同位素效应，也得出 CH$_4$ 解离是决速步骤。

另一种观点认为 CH$_4$ 的解离是可逆的非决速步骤。Bradford 等[95] 在 Ni/C

催化剂上研究 CH_4/CO_2 重整反应时发现，CH_4 的解离是可逆过程，并且在原料气中加入 H_2 会导致 CH_x 增加；CH_4 的消耗与生成是可逆的。Kroll 等[96] 用同位素 CH_4/CD_4 交换实验考察 CH_4/CO_2 重整反应机理，发现有同位素效应，得出 CH_4 解离不是反应的决速步骤。

Zhang 等[97] 通过 CH_4/CD_4 同位素实验研究 Ni/La_2O_3 和 $Ni/\gamma-Al_2O_3$ 催化剂上的重整反应，发现随着反应温度升高，同位素效应降低，并且在 Ni/La_2O_3 催化剂上的同位素效应比 $Ni/\gamma-Al_2O_3$ 上显著，说明在 $Ni/\gamma-Al_2O_3$ 上 CH_4 的解离是快速步骤，而在 Ni/La_2O_3 上的解离是慢速步骤。

接着有人进一步修正了上面的机理[98-99]。当有吸附的 H 物种出现时，它能够促进 CO_2 的解离，因此有

$$CO_2 + H^* \rlongequal CO + OH^* \tag{1-13}$$

$$2OH^* \rlongequal H_2O + O^* + * \tag{1-14}$$

与表面 CH_x 反应的是表面吸附的 O 原子：

$$CH_x^* + O^* + (x-2)* \rlongequal CO + xH^* \tag{1-15}$$

$$2H^* \rlongequal H_2 + 2* \tag{1-16}$$

同时，Osaki 等[93] 也认为表面的 CH_x 与 O 的反应是决速步骤。Solymosi 等[100] 提出表面吸附的 O 原子能够促进 CH_4 解离的观点。而 Walter 等[101] 却提供了证据表明表面 OH 物种比 O 原子更容易与 CH_x 发生反应，也就是

$$CH_x + 2OH^* \rlongequal CO + \frac{x+2}{2}H_2 + O^* + * \tag{1-17}$$

Bradford 等[95] 在前人工作的基础上提出了新的 CH_4/CO_2 在 Ni 基催化剂上重整的反应动力学模型，如下所示：

$$CH_4 + * \xrightleftharpoons[k_{-1}]{k_1} CH_x^* + \frac{4-x}{2}H_2 \tag{1-18}$$

$$2[CO_2 + * \xrightleftharpoons{k_2} CO_2^*] \tag{1-19}$$

$$H_2 + 2* \xrightleftharpoons{k_3} 2H^* \tag{1-20}$$

$$2[CO_2^* + H^* \xrightleftharpoons{k_4} CO^* + OH^*] \tag{1-21}$$

$$OH^* + H^* \xrightleftharpoons{k_5} H_2O + 2* \tag{1-22}$$

$$CH_x^* + OH^* \xrightleftharpoons{k_6} CH_xO^* + H^* \tag{1-23}$$

$$CH_xO^* \xrightleftharpoons{k_7} CO^* + \frac{x}{2}H_2 \tag{1-24}$$

$$3[CO^* \xrightleftharpoons{1/k_8} CO + *] \tag{1-25}$$

他认为：（1）甲烷解离吸附和 CH_xO 解离是慢动力学步骤；（2）CO_2 通过逆水煤气反应产生 OH；（3）表面 OH 与吸附的 CH_x 反应生成甲酸盐型中间体，然后解离产生 H_2+CO；（4）载体可能作为表面 OH 的转接器，以便生成 CH_xO，随之而来的解离在金属-载体界面发生。

然而 Wei 等[94] 的模型中不存在 CH_xO 物种，也合理解释了他们所得的实验事实。

Wang 等[102] 用密度泛函平板模型计算了 CH_4/CO_2 在规整的 Ni(111) 面上的反应机理，通过计算指出反应的最优路径：第一步是 CO_2 分解生成 CO 和 O，同时 CH_4 在表面脱氢生成 CH 和 H；第二步是 CH 发生氧化反应生成 CHO；第三步是 CHO 发生解离生成主产物 CO；第四步即最后一步是 CO 从表面脱附以及 H_2 的结合脱附。

1.4.2 积炭形成的机理

事实上，CH_4 裂解生成的 C 并不是严格意义上的积炭。真正的积炭形成还需要经过如下步骤[103]：首先是裂解得到的 C 在表面上迁移或流动；然后碰撞形成 C 原子簇，这些簇长大形成 C 的孤岛；最后这些孤岛长大形成网状的积炭，覆盖于催化剂表面。

1.4.3 积炭消除的机理

经碱土金属修饰的复合载体表面碱性增强，提高了对 CO_2 的吸附解离能力，使催化剂在重整反应中表现出较好的抗积炭能力[104]，说明起消碳作用的是 CO_2 解离出的 O。反应方程式为

$$O + C \longrightarrow CO \tag{1-26}$$

Wang 等[105] 发现 La_2O_3 助剂在催化剂 Ni/Al_2O_3 上可抑制 CH_4/CO_2 重整反应中的积炭。而 Tsipouriari 等[106] 发现 CH_4/CO_2 重整反应中 Ni/La_2O_3 与 CO_2 反应生成 $La_2O_2CO_3$，然后它放出的 O 可以消除反应中的积炭。

Zhang 等[45] 认为载体上活化的 CO_2 易与金属外围形成的 C 反应生成 CO，从而消除积炭。但远离金属外围的 C 却易成核。

Wang 等[107] 通过密度泛函平板理论计算认为在规整的 Ni(111) 面上吸附的 H 和 O 都具有消碳作用，而 H 的消碳能力更强。这与实验结果相吻合，即实验发现水蒸气重整 CH_4 反应中含有更多的 H_2，其积炭问题明显小于 CO_2 重整。

1.5 积炭研究中存在的问题

从上述 CH_4/CO_2 重整制合成气中积炭问题的相关研究可以看出：

（1）尽管 XPS、XRD、IR、TEM 和 EXAFS 等方法都用来表征催化剂结构，但由于其结构的复杂性，实验表征方法都只能粗略地获得反应前后催化剂的结构、晶型、尺寸和化学组成等信息，很难精确地知道其参与反应的具体结构、物性和热力学性质。

（2）在研究金属-载体的相互作用对催化剂活性的影响时，实验及表征均只给出定性描述，且停留在试错法的阶段（通过试用不同的载体和金属催化剂活性组分之间的相互作用），没有从微观水平上进行深入研究并提出可参考或借鉴金属-载体相互作用对催化剂性能影响的理论。

（3）对于可抗积炭的催化剂进行筛选和改性以提高其催化性能的研究，主要依靠经验和反复的实验摸索，多采取随机性、尝试性的方法，缺乏对催化剂的结构特征的理论分析，不能明确给出催化剂筛选和改性的思路和方向。

（4）对于 CH_4/CO_2 重整制合成气反应中的积炭问题，目前大部分研究集中在催化剂降低 CH_4 解离的速率，而对于 O 的迁移、与 C 的反应以及 C 迁移及聚合对积炭的消除和阻止的研究很少。

（5）由于实验的复杂性与表征手段的局限性，通过实验方法只能给出 CH_4/CO_2 重整制合成气过程中反应物、产物及部分中间体的信息，无法甄别反应中催化剂的存在类型、分布以及金属-载体相互作用等对反应的影响。

（6）对于 CH_4/CO_2 重整制合成气的实验研究从多方面积累了丰富的表观反应动力学基础数据，但仅靠实验的方法很难就反应涉及的中间体、过渡态和反应路径等动力学要素给出确切的判断，很难在分子水平上得到基于基元反应的本征动力学研究结果，因而难以对涉及积炭问题的各反应机理有比较透彻和全面的了解，更难以从分子水平上深入了解有关积炭问题与催化剂之间关系的本质。

1.6 量子化学计算可以解决的问题

基于上面提出的问题，必须借助理论计算的方法来研究催化反应，正如 2008 年 Ferrando 等[108] 在 *Chemical Reviews* 中讲述双金属合金催化剂的应用和研究现状综述中指出：只有通过实验工作者和理论计算工作者的共同努力，才能更加清楚地认识双金属合金催化剂中组成、比例及其在载体上的分布、作用等对其催化性能的影响，才能更加了解双金属催化剂在催化等领域中的应用原理。

近年来，理论研究手段——量子化学计算方法正逐步进入这一研究领域，在分子水平上研究双金属合金催化剂的微观结构、金属-载体的相互作用以及负载型金属催化剂上的反应机理等。同时，随着量子化学理论的发展、计算方法的完善和技术的进步，在分子水平上对催化剂的结构、物性、金属-载体相互作用，以及其催化性能等进行研究，结果不仅能够解释实验现象，而且能给实验提供实质性的建议，指导催化剂的筛选和改性，进而制备出性能优良的催化剂。其中，对于催化反应的机理研究，可以明确地得到反应过程的中间体和过渡态，确切地描述反应机理中各基元反应的细节，完成许多采用单纯的实验方法难以完成的工作，进而揭示某些催化剂具有高催化活性的物理和化学本质，为高效催化剂的实验制备提供强有力的理论指导以及可靠的预测方案。

国内外在应用量子化学计算方法研究 CH_4/CO_2 重整制合成气反应中，关于催化剂的性质、组成、金属-载体相互作用、催化机理以及催化剂筛选和设计等方面已开展了一些相关工作。

1.6.1 研究催化剂的构型和性质

（1）双金属合金构型和性质：王亮等[109]采用 DFT 方法研究了 Ni_nPd_m（$n+m=4$）双金属合金催化剂的电子结构，计算结果表明，通过在 Pd 中掺杂 Ni 原子，提高了 Pb 的催化活性。随着 Ni 的加入，双金属催化剂的 HOMO 轨道与 LUMO 轨道能级增加，两能级间隙减小，导致 Ni_nPd_m 的催化活性增强。Bromley 等[110]利用密度泛函理论（DFT）方法，结合分子力学研究 Cu_4Ru_{12} 双金属的结构，计算所得的 Cu K-edge 谱与 EXAFS 实验结果相吻合。Chen 等[111-112]研究了自由的 Cu-Au、Ag-Au 和 Pd-Pt 双金属催化剂，得到双金属的最低能量几何构型。

（2）负载型单金属（金属-载体）构型和性质：Oviedo 等[113]用 DFT 方法和分子动力学模拟计算了 Pd 簇负载于氧化镁固体上的行为，以及 Pd 簇与氧化镁固体之间的作用势。Jung 等[114]采用 DFT 方法构建并研究了负载于 ZrO_2 和 CeO_2 表面的团簇结构 Pd_4 和 Pt_4，发现了负载型单金属 Pd_4 或 Pt_4 在其桥键和三重空穴位的活化作用。Wang 等[115]采用 DFT 方法研究了 Ni 原子与氧空位缺陷 MgO(100) 表面的相互作用，发现金属-载体之间相互作用强烈，并且有 0.13e 从载体转移到 Ni 上[116-118]。

1.6.2 研究催化反应机理

（1）金属催化剂上的催化机理：Ojeda 等[119]采用 DFT 方法分别研究了单金属 Co 和 Fe 催化剂上的 CO 加氢反应机理，计算结果表明氢辅助下的 CO 在不同金属上解离可以生成不同的产物，这与实验结果一致。Wang 等[120]采用 DFT 方法研究了 Pt-Au 双金属催化剂上的 CO 氧化机理，计算结果表明 Pd 是催化活性中心，Au 的存在有效地避免了 CO 在 Pd 活性中心的过量吸附，并且稳定了催化剂的活性中心，这样可以为 CO 与 O_2 的作用提供充足的反应空间。González 等[121]采用 DFT 方法研究了 H_2 在 Cu-Rh 双金属催化剂上的吸附，结果表明 H_2 在单金属 Rh 上解离吸附，Cu-Rh 双金属催化剂中由于 Cu 的加入改变了 H_2 的吸附活性位。Sousa 等[122]也计算了 H_2 在双金属催化剂 Cu-Pd 上的吸附性质。

Kapur 等[123] 采用密度泛函理论计算研究了 Rh(111) 和 (211) 表面上 CO 加氢形成 C1 和 C2 含氧化合物的反应机理。

（2）载体上的催化机理：Cao 等[124] 采用 DFT 方法研究了 γ-Al_2O_3 载体上 CH_4/CO_2 重整的反应机理，计算表明不同表面性质的 γ-Al_2O_3 导致重整反应的决速步骤是不一样的，进一步说明载体性质对于反应的重要性。

（3）负载型单金属催化剂上的催化机理：Han 等[125] 利用密度泛函理论系统地研究了合成气在 Ni_4/t-ZrO_2(101) 表面合成甲烷的机理，以及氧空位和羟基的影响。结果表明，在完美表面和缺陷表面上，CO 氢化为 CHO 中间体比直接 CO 解离更有利；详细阐明了 CH_4 的解离途径，得出 Ni_4/t-ZrO_2 表面的羟基和氧空位有利于 CH_4 的形成，氧空位的存在显著提高了甲烷的选择性。Kinch 等[126] 也利用密度泛函理论计算了 CeO_2(111) 和吸附在 Pt 上的 CO 之间的相互作用，以便深入了解这种材料上的水煤气变换反应的机制。Rodriguez 等[127] 采用 DFT 方法分别研究了 Cu 和负载型 Cu/TiO_2 催化剂上的水煤气变化反应机理，计算结果表明，载体 TiO_2 的引入使反应决速步骤活化能从 Cu 上的 76.7 kJ/mol 降低到负载型 Cu/TiO_2 催化剂上的 34.9 kJ/mol，显然负载型 Cu/TiO_2 催化剂中金属-载体的相互作用降低了反应的活化能，增强了 Cu 的催化活性。Pan 等[128] 采用 DFT 方法分别研究了金属 Ni 负载于羟基化和非羟基化 γ-Al_2O_3 载体催化剂上的 CO_2 加氢反应，计算结果表明，载体的性质对 CO_2 加氢的反应产物具有选择性。Gao 等[129] 对气体吸附在 Pt/TiO_2、Pt/CeO_2 和 FeO_x/Pt/CeO_2 表面的分子结构和振动光谱进行了计算，IR 光谱数据的计算值和实验值吻合，因而可以通过计算结果清楚地归属各吸收峰所对应的正则振动。

1.6.3 为催化剂的筛选和设计提供理论指导

在探索筛选和设计催化剂方面，已有前人做过这方面的工作[130-132]。Studt 等[133] 用密度泛函理论计算证实了烃分子的吸附热和金属表面片段的关系，这种分析不仅可以证实已知催化剂的便利性，而且也推断出 Ni-Zn 合金是一种可供选择的催化剂。这种由计算推测的催化剂得到了实验的证实。Stamenkovic 等[134] 通过研究扩充的和纳米的 Pt 基双金属表面合金催化剂对 O 还原活性的影响，得出合金催化剂表面电子结构（d 带中心）和 O 还原反应活性的基本关系是一条火山型曲线，并且最优的催化活性是由活性中间体的吸附能和"旁观"物种的表面覆盖平衡所控制的。

Jacobsen 等[135] 用插值法来设计高活性的 F-T 合成催化剂。首先用 CO 的解离能（E_{diss}）作为催化活性的描述，通过单金属催化剂上 CO 解离能和活化能垒实验值的对照得出最优的单金属催化剂，然后选择一系列在甲烷条件下稳定的双金属合金（包括 Ni、Pd、Pt、Co、Rh、Ir、Fe、Ru 和 Re）。每一种合金的催化

性能用 $|E_{diss}-E_{diss}(最优)|$ 来描述，然后用插值法进行计算。共研究了 117 种不同的双金属合金，最后得出 Rh/Co 接近火山型曲线的顶部。但是这两种金属是贵金属，不适宜应用于工业中，实际上使用的是廉价的催化活性稍次的 Ni/Fe 催化剂。

上述这些已有理论研究工作可以为本书在双金属模型、负载型模型以及金属-载体相互作用模型构建、反应机理、计算方法和参数选择以及数据分析等方面的研究提供重要借鉴。

1.7　思考与探索

综合以上国内外关于 DFT 方法在双金属合金、负载型催化剂、金属-载体相互作用以及反应机理的研究工作，可以发现：

（1）目前量子化学计算（主要是 DFT）方法已经可以处理双金属合金的结构和性质、双金属合金与气体的作用机理、金属-载体的相互作用以及负载型金属催化剂与气体的作用机理。因此，从分子水平研究 CH_4/CO_2 重整制合成气中双金属合金催化剂的结构和性质、金属-载体的相互作用对积炭问题的影响是可行的。

（2）对于 CH_4/CO_2 重整制合成气反应中基于 Ni 基的双金属合金催化剂组成、双金属-载体的相互作用以及有关积炭问题的反应机理的理论研究工作较少，且已有理论工作只是个别的、零散的、表象的从结构和氧化还原性能方面说明了为什么双金属能消除积炭，没有系统的、全面的从分子-电子水平上研究双金属合金组成以及金属-载体相互作用等能够消除或抑制积炭的微观原因，从而给出控制和消除积炭的重要因素，为 CH_4/CO_2 重整制合成气中选择适宜的基于 Ni 基的负载型双金属合金催化剂提供理论指导。

（3）在 CH_4/CO_2 重整制合成气反应中，已有理论计算均没有形成具有一定理论基础的双金属合金催化剂筛选、改性和设计法则，进而达到能对双金属合金催化剂进行改性和设计的理论指导。

鉴于此，采用高性能计算设备和先进的计算方法在分子水平上阐明这些问题，为优化 CH_4/CO_2 重整制合成气反应中基于 Ni 基双金属合金催化剂的制备方案建立基本的理论方法，为高效、适宜地筛选、改性和设计新型双金属合金催化剂提供基本的理论线索，有很大的研究和探索空间。

本书研究的主要对象设定为：

（1）小分子：$CH_x(x=0\sim4)$，CO，C，C_2。

（2）催化剂：活性组分 Fe、Co、Ni、Cu 及 Ni 的二元合金。

（3）载体：Al_2O_3，MgO。

本书的研究思路见图 1-1。

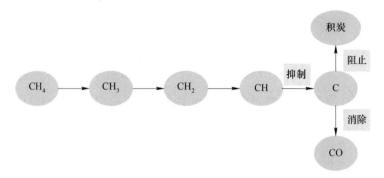

图 1-1 积炭的抑制、消除和阻止示意图

如图 1-1 所示，去除催化剂上的积炭有如下 3 种方法：

（1）适当降低 CH_4 解离的速率，这样就降低了 C 生成的速率，换句话说就是牺牲一定的 CH_4 解离反应活性来达到抑制积炭生成的目的，这个过程称为积炭的抑制；当然这不是唯一去除积炭的方法，因为在某些催化剂的作用下，CH_4 解离的速率可能会提高。

（2）提高 O 的生成及迁移速率，这样有大量的 O 可以与生成的 C 反应，同时增加 O 与 C 的反应速率，使生成的 C 尽可能被 O 所氧化，这样就不会有积炭生成，这个过程称为积炭的消除。

（3）减慢 C 的迁移速率，同时减慢 C 的聚合速率，这样能延缓 C 集聚生成积炭，这个过程称为积炭的阻止。

本书的研究内容主要包括如下 7 个部分：

（1）双金属合金催化剂的稳定构型及其微观性质。一是采用量子化学 DFT 计算方法研究基于 Ni 的不同组分对应的双金属合金催化剂的稳定构型；在稳定构型的基础上，计算稳定构型的表面性质。二是双金属合金催化剂与对应单金属催化剂的相应微观性质进行比较，得到双金属合金催化剂较单金属催化剂可能的催化性能增强机制。三是筛选并确定用于计算 CH_4/CO_2 重整制合成气多种双金属合金催化剂的模型。

（2）双金属合金催化剂与反应分子的气-固微观性质。一是计算研究反应中反应物和产物在双金属合金表面发生作用的稳定构型，得到参与反应的气态分子与不同双金属合金催化剂（包括不同晶体表面和不同作用位点）作用的空间构型、表面结构、电荷和化学键变化等基本微观性质。二是分析双金属合金催化剂与气态分子作用的微观属性，并将其与单金属催化剂上气态分子吸附的微观属性进行对比，得到双金属合金催化剂对参与反应气态分子的吸附和活化能力影响的内在微观原因。

（3）双金属合金催化剂上反应机理。一是在确定参与反应分子在双金属合金催化剂上吸附的稳定构型的基础上，结合实验、文献对反应中间体的推测，设计并研究 CH_4/CO_2 重整制合成气中有关积炭问题的可能反应路径，用 DFT 方法进行过渡态搜索，并确认过渡态，得到各设计反应路径中每个基元反应的动力学函数的变化（$\Delta H^{\ominus}$），并计算得到各基元反应的活化能。二是从动力学角度得到不同双金属合金催化剂上 CH_4/CO_2 重整制合成气中有关积炭问题的主反应路径，进而确定双金属合金催化剂的种类对催化反应机理的影响。三是把双金属合金催化剂与对应单金属催化剂的反应机理进行对比，可以系统地从动力学角度讨论双金属合金催化剂较单金属催化剂有较高催化活性的内在微观原因。

（4）双金属与载体的相互作用。一是把载体与金属间的相互作用进行模型化，并与已有结果进行比较，说明本书构建的模型的合理性。二是与无载体的金属的相应微观性质进行比较，依据电子结构特点，说明金属-载体相互作用存在时金属表面性质的改变。

（5）金属-载体相互作用对反应分子的气-固微观性质的影响。一是计算参与反应分子在有金属-载体相互作用的催化剂上的稳定构型，得到参与反应的气态分子与不同金属-载体相互作用的催化剂模型作用的空间构型、电荷变化和化学键变化等基本微观性质。二是分析有金属-载体相互作用的催化剂模型与气态分子作用的微观属性，并将其与无载体的金属上气态分子吸附的微观属性进行对比，从而得到有金属-载体相互作用的催化剂对金属催化性能影响的内在本质原因，并准确指出金属-载体相互作用在催化反应中的作用。

（6）有金属-载体相互作用的催化剂上的反应机理。一是在确定参与反应分子在有金属-载体相互作用的金属催化剂上吸附的稳定构型的基础上，按照研究内容（3）中设计的可能反应路径，进行动力学计算，得到各反应路径中基元反应的活化能。二是把负载型金属催化剂与无载体的金属催化剂的反应机理进行对比，可以系统地从动力学参数角度讨论金属-载体相互作用对催化剂性能的影响。

（7）双金属催化剂结构与效能的关系。提高催化剂的催化性能是催化研究工作长期以来的中心任务，其研究方法主要是实验探索，得到了一些经验规律。提高催化剂的效率从微观上讲有两种方法：一是改变活性中心的数目；二是根据活性中心的微观特征进一步改变其活性。解决双金属合金催化剂的构效关系有两个要素：一是有关催化活性的大量实验结果；二是在电子-分子水平上描述双金属合金催化剂微观结构的量子化学计算方法。构建双金属合金催化剂的周期性模型或簇模型，通过 DFT 计算方法确定它们针对 CH_4/CO_2 重整制合成气反应中对应的活性中心，并了解活性中心的微观特征是本书的重要研究内容。确定了活性中心后，就可以通过计算进一步提出改性双金属合金催化剂的方案。改性后能够提高催化剂抗积炭性能。这项工作可以通过理论计算并辅助一定的实验来完成，为高效、适宜的负载型双金属合金催化剂的制备提供理论线索，大大减轻筛选和尝试的实验工作量。

参 考 文 献

[1] TOLLEFSON J. World looks ahead post-Copenhagen [J]. Nature, 2009, 462(7276): 966-967.

[2] TOLLEFSON J. Copenhagen: The scientists' view [J]. Nature, 2009, 462(7274): 714-715.

[3] 王赛娅, 陈颖顽, 金彦礼, 等. 双碳目标下多联产发展方向探究 [J]. 现代化工, 2022, 4: 12-16.

[4] ASHCROFT A T, CHEETHAM A K, GREEN M L H, et al. Partial oxidation of methane to synthesis gas using carbon dioxide [J]. Nature, 1991, 352: 225-226.

[5] 黄伟, 王晓红, 高志华, 等. 甲烷二氧化碳低温直接转化的可能性 [J]. 煤炭转化, 2000, 23(3): 32-35.

[6] 魏俊梅, 李文英, 谢克昌. 二氧化碳重整甲烷过程中催化剂积炭现象的探讨 [J]. 煤炭转化, 1997, 20(1): 32-39.

[7] ZHANG G J, DONG Y, FENG M R, et al. CO_2 reforming of CH_4 in coke oven gas to syngas over coal char catalyst [J]. Chem. Eng. J., 2009, 156(3): 519-523.

[8] ZHANG G J, ZHANG Y F, GUO F B, et al. CH_4-CO_2 reforming to syngas and comsumption kinetics of carbonaceous catalyst [J]. Energy Procedia, 2011, 11: 3041-3046.

[9] 章日光, 黄伟, 王宝俊. CH_4 和 CO_2 合成乙酸中 CO_2 与 ·H 及 ·CH_3 相互作用的理论计算 [J]. 催化学报, 2008, 28(7): 641-645.

[10] 章日光, 黄伟, 王宝俊. Co/Pd 催化剂上 CH_4/CO_2 等温两步反应直接合成乙酸的热力学 [J]. 催化学报, 2008, 29(9): 913-920.

[11] MICHAEL B C, VANNICE M A. CO_2 reforming of CH_4 over supported Ru catalysts [J]. J. Catal., 1999, 183(1): 69-75.

[12] WEI J M, IGLESIA E. Reaction pathways and site requirements for the activation and chemical conversion of methane on Ru-based catalysts [J]. J. Phys. Chem. B, 2004, 108(22): 7253-7262.

[13] PORTUGAL U L, SANTOS A C S F, DAMYANOVA S, et al. CO_2 reforming of CH_4 over Rh-containing catalysts [J]. J. Mol. Catal. A, 2002, 184(1/2): 311-322.

[14] NAGAOKA K, SESHAN K, AIKA K, et al. Carbon deposition during carbon dioxide reforming of methane-comparison between Pt/Al_2O_3 and Pt/ZrO_2 [J]. J. Catal., 2001, 197(1): 34-42.

[15] PORTUGAL U L, MARQUES C M P, ARAUJO E C C, et al. CO_2 reforming of methane over zeolite-Y supported ruthenium catalysts [J]. Appl. Catal. A, 2000, 193(1/2): 173-183.

[16] STEVENS R W, CHUANG S S C. In situ IR study of transient CO_2 reforming of CH_4 over Rh/Al_2O_3 [J]. J. Phys. Chem. B, 2004, 108(2): 696-703.

[17] ABBOTT H L, HARRISON L. Methane dissociative chemisorption on Ru(0001) and comparison to metal nanocatalysts [J]. J. Catal., 2008, 254(1): 27-38.

[18] CARRARA C, MÚNERA J, LOMBARDO E A, et al. Kinetic and stability studies of Ru/

La$_2$O$_3$ used in the dry reforming of methane [J]. Topic Catal., 2008, 51 (1/2/3/4): 98-106.

[19] GARCÍA-DIÉGUEZ M, PIETA I S, HERRERA M C, et al. Transient study of the dry reforming of methane over Pt supported on different γ-Al$_2$O$_3$ [J]. Catal. Today, 2010, 149 (2): 380-387.

[20] CHEN Y Z, LIAW B J, KAO C F, et al. Yttria-stabilized zirconia supported patinum catalysts (Pt/YSZs) for CH$_4$/CO$_2$ reforming [J]. Appl. Catal. A, 2001, 217(1/2): 23-31.

[21] SCHULZ P G, GONZALEZ M G, QUINCOCES C E, et al. Methane reforming with carbon dioxide. The behavior of Pd/α-Al$_2$O$_3$ and Pd-CeO$_x$/α-Al$_2$O$_3$ catalysts [J]. Ind. Eng. Chem. Res., 2005, 44(24): 9020-9029.

[22] YAMAGUCHI A, LGLESIA E. Catalytic activation and reforming of methane on supported palladium clusters [J]. J. Catal., 2010, 274(1): 52-63.

[23] 谢克昌, 张永发, 赵炜. "双气头"多联产系统基础研究——焦炉煤气制备合成气 [J]. 山西能源与节能, 2008(2): 10-12.

[24] 谢克昌, 李忠. 煤基燃料的制备与应用 [J]. 化工学报, 2004, 55: 1393-1399.

[25] 倪维斗, 李政, 薛元. 以煤气化为核心的多联产能源系统——资源/能源/环境整体优化 与可持续发展 [J]. 中国工程科学, 2000, 2: 59-68.

[26] 李忠, 郑华艳, 谢克昌. 甲醇燃料的研究进展与展望 [J]. 化工进展, 2008, 27: 1684-1695.

[27] 石勇, 谢东升. 燃煤电厂百万吨级二氧化碳和甲烷干重整转化制合成气方案探讨 [J]. 天然气化工: C1 化学与化工, 2022, 47(6): 97-102.

[28] 侯人玮, 柳圣华, 冯效迁. CH$_4$-CO$_2$ 重整反应用 Ni 基合金催化剂研究进展 [J]. 低碳化 学与化工, 2023, 46(6): 1-9.

[29] BARTHOLOMEW C H. Carbon deposition in steam reforming and methanation [J]. Catal. Rev. Sci. Eng., 1982, 24(1): 67-112.

[30] ABILD-PEDERSEN F, NORSKOV J K, ROSTRUP-NIELSEN J R, et al. Mechanisms for catalytic carbon nanofiber growth studied by ab initio density functional theory calculations [J]. Phys. Rev. B, 2006, 73(11): 115419.

[31] LERCHER J A, BITTER J H, HALLY W, et al. Design of stable catalysts for methane-carbon dioxide reforming [J]. Stud. Surf. Sci. & Catal., 1996, 101: 463-473.

[32] ZHANG Y H, XIONG G X, KOU Y, et al. Influence of the sol-gel method on a NiO/Al$_2$O$_3$ catalysts for CH$_4$/O$_2$ to syngas reaction [J]. React. Kinet. Catal. Lett., 2000, 69 (2): 325-329.

[33] ZHANG Y, XIONG G, SHENG S, et al. Deactivation studies over NiO/γ-Al$_2$O$_3$ catalysts for partial oxidation of methane to syngas [J]. Catal. Today, 2000, 63(2/3/4): 517-522.

[34] CHENG D G, ZHU X L, BEN Y H, et al. Carbon dioxide reforming of methane over Ni/Al$_2$O$_3$ treated with glow discharge plasma [J]. Catal. Today, 2006, 115 (1/2/3/4): 205-210.

[35] ROSTRUP-NIELSEN J R. Sulfur-passivated nickel catalysts for carbon-free steam reforming of methane [J]. J. Catal. , 1984, 85(1): 31-43.

[36] OSAKI T, MORI T. Role of potassium in carbon-free CO_2 reforming of methane on K-promoted Ni/Al_2O_3 catalysts [J]. J. Catal. , 2001, 204(1): 89-97.

[37] HU Y H. Adcances in catalysts for CO_2 reforming of methane [C] //ACS symposium Series. Washington D. C. : American Chemical Society, 2010: 156-174.

[38] HU Y H, RUCKENSTEIN E. Binary MgO-based solid solution catalysts for CH_4 conversion to syngas [J]. Catal. Rev. , 2002, 44(3): 423-453.

[39] WANG Y H, LIU H M, XU B Q. Durable Ni/MgO catalysts for CO_2 reforming of methane: Activity and metal-support interaction [J]. J. Mol. Catal. A, 2009, 299(1/2): 44-52.

[40] STAGG-WILLIAMS S M, NORONHA F B, FENDLEY G, et al. CO_2 reforming of CH_4 over Pt/ZrO_2 catalysts promoted with La and Ce oxides [J]. J. Catal. , 2000, 194(2): 240-249.

[41] SONG C S, WEI P. Tri-reforming of methane: A novel concept for catalytic production of industrially useful synthesis gas with desired H_2/CO ratios [J]. Catal. Today, 2004, 98(4): 463-484.

[42] RUCKENSTEIN E, HU Y H. Carbon dioxide reforming of methane over nickel/alkaline earth metal oxide catalysts [J]. Appl. Catal. A, 1995, 133(1): 149-161.

[43] TANG S, JI L, LIN J, et al. CO_2 reforming of methane to synthesis gas over sol-gel-made Ni/γ-Al_2O_3 catalysts from organometallic precursors [J]. J. Catal. , 2000, 194(2): 424-430.

[44] KIM J H, SUH D J, PARK T J, et al. Effect of metal particle size on coking during CO_2 reforming of CH_4 over Ni-alumina aerogel catalysts [J]. Appl. Catal. A, 2000, 197 (2): 191-200.

[45] ZHANG J G, WANG H, DALAI A K. Effects of metal content on activity and stability of Ni-Co bimetallic catalysts for CO_2 reforming of CH_4 [J]. Appl. Catal. A, 2008, 339(2): 121-129.

[46] GWATHMEY A T, CUNNINGHAM R I. The influence of crystal face in catalysis [J]. Adv. Catal. , 1958, 10: 57-95.

[47] YATES J T. Surface chemistry at metallic step defect sites [J]. J. Vac. Sci. Technol. A, 1995, 13(3): 1359-1367.

[48] ZAMBELLI T, WINTTERLIN J, TROST J, et al. Identification of the " active sites" of a surface-catalyzed reaction [J]. Science, 1996, 273: 1688-1690.

[49] DAHL S, LOGADOTTIR A, EGEBERG R C, et al. Role of steps in N_2 activation on Ru(0001) [J]. Phys. Rev. Lett. , 1999, 83(9): 1814-1817.

[50] VAN HARDEVELD R, VAN MONTFOOTR A. Infrared spectra of nitrogen adsorbed on nickel-on-aerosil catalysts: Effects of intermolecular interaction and isotopic substitution [J]. Surf. Sci. , 1969, 17(1): 90-124.

[51] BENGAARD H S, NØRSKOV J K, SEHESTED J, et al. Steam reforming and graphite formation on Ni catalysts [J]. J. Catal. , 2002, 209(2): 365-384.

[52] XU J, SAEYS M. Improving the coking resistance of a Ni-based catalyst by promotion with

subsurface boron [J]. J. Catal. , 2006, 242(1): 217-226.

[53] XU J, SAEYS M. First principles study of the coking resistance and the activity of a boron promoted Ni catalyst [J]. Chem. Eng. Sci. , 2007, 62(18/19/20): 5039-5041.

[54] GREELY J, MAVRIKAKIS M. Alloy catalysts designed from first principles [J]. Nature Mater. , 2004, 3: 810-815.

[55] MIN M K, CHO J, CHO K, et al. Particle size and alloying effects of Pt-based alloy catalysts for fuel cell applications [J]. Electrochimica Acta, 2000, 45(25/26): 4211-4217.

[56] ZHANG J N, YOU S J, YUAN Y X, et al. Efficient electrocatalysis of cathodic oxygen reduction with Pt-Fe alloy catalyst in microbial fuel cell [J]. Electrochem. Commun. , 2011, 13(9): 903-905.

[57] MEI D H, NEUROCK M, SMITH C M. Hydrogenation of acetylene-ethylene mixtures over Pd and Pd-Ag alloys: First-princeples-based kinetic Monte Carlo simulations [J]. J. Catal. , 2009, 268(2): 181-195.

[58] SINGH S K, XU Q. Bimetallic nickel-iridium nanocatalysts for hydrogen generation by decomposition of hydrous hydrazine [J]. Chem. Commun. , 2010, 46: 6545-6547.

[59] MARTINS R L, BALDANZA M A S, ALBERTON A L, et al. Effect of B and Sn on Ni catalysts supported on pure-and on WO_3/MoO_3-modified zirconias for direct CH_4 conversion to H_2 [J]. Appl. Catal. B, 2011, 103(3/4): 326-335.

[60] HOU Z, YOKOTA O, TANAKA T, et al. Surface properties of a coke-free Sn doped nickel catalyst for the CO_2 reforming of methane [J]. Appl. Surf. Sci. , 2004, 233(1/2/3/4): 58-68.

[61] STAGG S M, ROMEO E, PADRO C, et al. Effect of promotion with Sn on supported Pt catalysts for CO_2 reforming of CH_4 [J]. J. Catal. , 1998, 178(1): 137-145.

[62] CHOI J S, MOON K I, KIM Y G, et al. Stable carbon dioxide reforming of methane over modified Ni/Al_2O_3 catalysts [J]. Catal. Lett. , 1998, 52(1/2): 43-47.

[63] NICHIO N N, CASELLA M L, SANTORI G F, et al. Stability promotion of $Ni/\alpha-Al_2O_3$ catalysts by tin added via surface organometallic chemistry on metals: Application in methane reforming processes [J]. Catal. Today, 2000, 62(2/3): 231-240.

[64] SEOK S H, CHOIA S H, PARK E D, et al. Mn-promoted Ni/Al_2O_3 catalysts for stable carbon dioxide reforming of methane [J]. J. Catal. , 2002, 209(1): 6-15.

[65] LINIC S, JANKOWIAK J, BARTEAU M A. Selectivity driven design of bimetallic ethylene exploitation catalysts from first principles [J]. J. Catal. , 2004, 224(2): 489-493.

[66] BORONAT M, CONCEPCIÓN P, CORMA A, et al. A molecular mechanism for the chemoselective hydrogenation of substituted nitroaromatics with nanoparticles of gold on TiO_2 catalysts: A cooperative effect between gold and the support [J]. J. Am. Chem. Soc. , 2007, 129(51): 16230-16237.

[67] BORONAT M, CORMA A. Origin of the different activity and selectivity toward hydrogenation of single metal Au and Pt on TiO_2 and bimetallic $Au-Pt/TiO_2$ catalysts [J]. Langmuir, 2010, 26

(21): 16607-16614.

[68] HUGON A, DELANNOY L, KRAFFT J M, et al. Selective hydrogenation of 1,3-butadiene in the presence of an excess of alkenes over supported bimetallic gold-palladium catalysts [J]. J. Phys. Chem. C, 2010, 114(24): 10823-10835.

[69] BESENBACHER F, CHORKENDORFF I, CLARSEN B S, et al. Design of a surface alloy catalyst for steam reforming [J]. Science, 1998, 279: 1913-1915.

[70] KRATZER P, HAMMER B, NØRSKOV J K. A theoretical study of CH_4 dissociation on pure and gold-alloyed Ni(111) surfaces [J]. J. Chem. Phys., 1996, 105(13): 5595-5604.

[71] HOLMBLAD P M, LARSEN J H, CHORKENDORFF I. Modification of Ni(111) reactivity toward CH_4, CO, and D_2 by two-dimensional alloying [J]. J. Chem. Phys., 1996, 104(18): 7289-7295.

[72] LIU W M, LI L, LIN S X, et al. Confined Ni-In intermetallic alloy nanocatalyst with excellent coking resistance for methane dry reforming [J]. J. Energy Chem., 2022, 65: 34-47.

[73] VANG R T, HONKALA K, DAHL S, et al. Ethylene dissociation on flat and stepped Ni(111): A combined STM and DFT study [J]. Surf. Sci., 2006, 600(1): 66-77.

[74] ZHANG J G, WANG H, DALAI A K. Development of stable bimetallic catalysts for carbon dioxide reforming of methane [J]. J. Catal., 2007, 249(25): 300-310.

[75] ERANDA N, JOHANNES S, SULJO L. Promotion of the long-term stability of reforming Ni catalysts by surface alloying [J]. J. Catal., 2007, 250(1): 85-93.

[76] ERANDA N, JOHANNES S, SULJO L. Hydrocarbon steam reforming on Ni alloys at solid oxide fuel cell operating conditions [J]. Catal. Today, 2008, 136(3/4): 243-248.

[77] ERANDA N, JOHANNES S, SULJO L. Comparative study of the kinetics of methane steam reforming on supported Ni and Sn/Ni alloy catalysts: The impact of the formation of Ni alloy on chemistry [J]. J. Catal., 2009, 263(2): 220-227.

[78] WANG S B, LU G Q M. Effect of promoters on catalytic activity and carbon deposition of Ni/γ-Al_2O_3 catalystsin CO_2 reforming of CH_4 [J]. J. Chem. Technol. Biotechnol., 2000, 75(7): 589-595.

[79] WANG S B, LU G Q M. CO_2 refoming of methane on Ni catalysts: Effect of the support phase and preparation technique [J]. Appl. Catal. B, 1998, 16(3): 269-277.

[80] TAKAYASU O, SATO F, OTA K, et al. Separate production of hydrogen and carbon monoxide by carbon dioxide reforming reaction of methane [J]. Energ. Convers. Manag., 1997, 38: S391-S396.

[81] ZHANG Z L, VERYKIOS X E, MACDONALD S M, et al. Comparative study of carbon dioxide reforming of methane to synthesis gas over Ni/La_2O_3 and conventional nickel-based catalysts [J]. J. Phys. Chem., 1996, 100(2): 744-754.

[82] ZHANG Z L, VERYKIOS X E. Carbon dioxide reforming of methane to synthesis gas over Ni/La_2O_3 catalysts [J]. Applied Catalysis A: General, 1996, 138(1): 109-133.

[83] CHANG J S, PARK S E, CHON H. Catalytic activity and coke resistance in the carbon dioxide

reforming of methane to synthesis gas over zeolite-supported Ni catalysts [J]. Applied Catalysis A: General, 1996, 145(1/2): 111-124.

[84] 许峥, 李玉敏, 张继炎, 等. 甲烷二氧化碳重整制合成气的镍基催化剂性能: Ⅱ. 碱性助剂的作用 [J]. 催化学报, 1997, 18(5): 364-367.

[85] XU Z, LI Y M, ZHANG J Y. Bound-state Ni species—A superior form in Ni-based catalyst for CH_4/CO_2 reforming [J]. Appl. Catal. A, 2001, 210(1/2): 45-53.

[86] 李基涛, 陈明旦, 严前古, 等. 高稳定度 CH_4/CO_2 重整 Ni/MgO 催化剂的研究 [J]. 高等学校化学学报, 2000, 21(9): 1445-1447.

[87] RUCHENSTEIN E, HU Y H. Carbon dioxide reforming of methane over nickel/alkaline earth metal oxide catalysts [J]. Appl. Catal. A, 1995, 133(1): 149-161.

[88] PAN Y X, LIU C J, WILTOWSKI T S, et al. CO_2 adsorption and activation over γ-Al_2O_3-supported transition metal dimmers: A density functional study [J]. Catal. Today, 2009, 147(2): 68-76.

[89] PAN Y X, LIU C J, GE Q F. Adsorption and protonation of CO_2 partially hydroxylated γ-Al_2O_3 surfaces: A density functional theory study [J]. Langmuir, 2008, 24(21): 12410-12419.

[90] BODROV N N, APEL'BAUM L O, TEMKIN M I. Kinetics of the reaction of methane with steam on the surface of nickel [J]. Kinet. Catal. , 1964, 5: 614-621.

[91] BODROV N N, APEL'BAUM L O, TEMKIN M I. Reaction kinetics of methane and carbon dioxide on a nickel surface [J]. Kinet. Catal. , 1967, 8: 326-332.

[92] ROSTRUPNIELSEN J R, HANSEN J H B. CO_2-reforming of methane over transition metals [J]. J. Catal. , 1993, 144(1): 38-49.

[93] OSAKI T, MASUDA H, MORI T. Intermediate hydrocarbon species for the CO_2-CH_4 reaction on supported Ni catalysts [J]. Catal. Lett. , 1994, 29(1/2): 33-37.

[94] WEI J M, IGLESIA E. Isotopic and kinetic assenssement of the mechanism of reactions of CH_4 with CO_2 or H_2O to form synthesis gas and carbon on nickel catalysts [J]. J. Catal. , 1994, 224(2): 370-383.

[95] BRADFORD M C J, VANNICE M A. Catalytic reforming of methane with carbon dioxide over nickel catalysts Ⅱ. reaction kinetics [J]. Appl. Catal. A. , 1996, 142(1): 97-122.

[96] KROLL V C H, SWANN H M, LACOMBE S, et al. Methane reforming reaction with carbon dioxide over Ni/SiO_2 catalyst: Ⅱ. A mechanistic study [J]. J. Catal. , 1997, 164: 387-398.

[97] ZHANG Z L, VERYKIOS X E. Mechanistic aspects of carbon dioxide reforming of methane to synthesis gas over Ni catalysts [J]. Catal. Lett. , 1996, 38: 175-179.

[98] ERDOHELYI A, CSERENYI J, PAPP E, et al. Catalytic reaction of methane with carbon dioxide over supported palladium [J]. Appl. Catal. A, 1994, 108(2): 205-219.

[99] ROSTRUP-NIELSEN J R, HANSEN J H B. CO_2-reforming of methane over transition metals [J]. J. Catal. , 1993, 144(1): 38-49.

[100] SOLYMOSI F, KUSTAN G, ERDOHELYI A. Catalytic reaction of CH_4 with CO_2 over alumina-supported Pt metals [J]. Catal. Lett. , 1991, 11(2): 149-156.

[101] WALTER K, BUYEVSKAYA O V, WOLF D, et al. Rhodium-catalyzed partial oxidation of methane to CO and H_2: In situ DRIFTS studies on surface intermediates [J]. Catal. Lett., 1994, 29(1/2): 261-270.

[102] WANG S G, LIAO X Y, JIA H, et al. Kinetic aspect of CO_2 reforming of CH_4 on Ni(111): A density functional theory calculation [J]. Surf. Sci., 2007, 601: 1271-1284.

[103] ROSTRUP-NIELSEN J. Mechanisms of carbon formation on nickel-containing catalysts [J]. J. Catal., 1977, 48: 155-165.

[104] 郭芳, 储伟, 黄丽琼, 等. 载体酸碱性对 CO_2/CH_4 重整反应用镍基催化剂的影响 [J]. 合成化学, 2008, 16(5): 495-498.

[105] WANG S B, LU Q M. Effects of promoters on catalytic activity and carbon depositon of Ni/γ-Al_2O_3 catalysts: I. CO_2 reforming of CH_4 [J]. J. Chem. Technol. Biotechnol., 2000, 75(7): 589-595.

[106] TSIPOURIARI V A, VERYKIOS X E. Carbon and oxygen reaction pathways of CO_2 reforming of methane over Ni/La_2O_3 and Ni/Al_2O_3 catalysts studied by isotopic tracing techniques [J]. J. Catal., 1999, 187(1): 85-94.

[107] WANG S G, CAO D B, LI Y W, et al. CO_2 reforming of CH_4 on Ni(111): A density functional theory calculation [J]. J. Phys. Chem. B, 2006, 110(20): 9976-9983.

[108] FERRANDO R, JELLINEK J, JOHNSTON R L. Nanoalloys: From theory to applications of alloy clusters and nano particles [J]. Chem. Rev., 2008, 108(3): 845-910.

[109] 王亮, 王毅, 宋树芹, 等. Pd_xNi/C 催化剂增强机理的密度泛函理论研究 [J]. 催化学报, 2009, 30(5): 433-439.

[110] BROMLEY S T, SANKAR G, CATLOW C R A, et al. New insights into the structure of supported bimetallic nanocluster catalysts prepared from carbonylated precursors: A combined density functional theory and EXAFS study [J]. Chem. Phys. Lett., 2001, 340 (5/6): 524-530.

[111] CHEN F Y, JOHNSTON R L. Energetic, electronic and thermal effects on structural properties of Ag-Au nanoalloys [J]. ACS Nano, 2008, 2(1): 165-175.

[112] CHEN F Y, CURLEY B C, ROSSI G, et al. Structure, melting and thermal stability of 55 atoms Ag-Au nanoalloys [J]. J. Phys. Chem. C, 2007, 111(26): 9157-9165.

[113] OVIEDO J, SANZ J F, LOPEZ N, et al. Molecular dynamics simulations of the structure of Pd clusters deposited on the MgO(001) surface [J]. J. Phys. Chem. B, 2000, 104(18): 4342-4348.

[114] JUNG C H, TSUBOI H, KOYAMA M, et al. Different support effect of M/ZrO_2 and M/CeO_2 (M = Pd and Pt) catalysts on CO adsorption: A periodic density functional study [J]. Catal. Today, 2006, 111(3/4): 322-327.

[115] WANG Y, FLOREZ E, MONDRAGON F, et al. Effects of metal-support interactions on the electronic structures of metal atoms adsorbed on the perfect and defective MgO(100) surfaces [J]. Surf. Sci., 2006, 600(9): 1703-1713.

[116] RAUPP G B, DUMESIC J A. Effect of varying titania surface coverage on the chemisorptive behavior of nickel [J]. J. Catal. , 1985, 95(2): 587-601.

[117] SARAPATKA T J. XPS-XAES study of charge transfers at $Ni/Al_2O_3/Al$ systems [J]. Chem. Phys. Lett. , 1993, 212(1/2): 37-42.

[118] KANG J H, SHIN E W, KIM W J, et al. Selective hydrogenation of acetylene on TiO_2-added Pd catalysts [J]. J. Catal. , 2002, 208(2): 310-320.

[119] OJEDA M, NABAR R, NILEKAR A U, et al. CO activation pathways and the mechanism of Fischer-Tropsch synthesis [J]. J. Catal. , 2010, 272(2): 287-297.

[120] WANG F, ZHANG D J, DING Y. DFT study on CO oxidation catalyzed by $Pt_mAu_n(m+n=4)$ clusters: Catalytic mechanism, active component, and the configuration of ideal catalysts [J]. J. Phys. Chem. C, 2010, 114(33): 14076-14082.

[121] GONZÁLEZ S, SOUSA C, FERNÁNDEZ-GARCÍA M, et al. Theoretical study of the catalytic activity of bimetallic RhCu surfaces and nanoparticles toward H_2 dissociation [J]. J. Phys. Chem. B, 2002, 106(32): 7839-7845.

[122] SOUSA C, BERTIN V, ILLAS F. Theoretical study of the interaction of molecular hydrogen with PdCu(111) bimetallic surfaces [J]. J. Phys. Chem. B, 2001, 105(9): 1817-1822.

[123] KAPUR N, HYUN J, SHAN B, et al. Ab initio study of CO hydrogenation to oxygenates on reduced Rh terraces and stepped surfaces [J]. J. Phys. Chem. C, 2010, 114 (22): 10171-10182.

[124] CAO D B, LI Y W, WANG J, et al. Mechanism of γ-Al_2O_3 support in CO_2 reforming of CH_4: A density functional theory study [J]. J. Phys. Chem. C, 2011, 115(1): 225-233.

[125] HAN X X, YANG J Z, HAN B Y, et al. Density functional theory study of the mechanism of CO methanation on Ni_4/t-ZrO_2 catalysts: Roles of surface oxygen vacancies and hydroxyl groups [J]. Int. J. Hydrogen Energ. , 2017, 42 (1): 177-192.

[126] KINCH R T, CABRERA C R, ISHIKAWA Y. A density-functional theory study of the water-gas shift mechanism on Pt/ceria(111) [J]. J. Phys. Chem. C, 2009, 113 (21): 9239-9250.

[127] RODRIGUEZ J A, EVANS J, GRACIANI J, et al. High water-gas shift activity in $TiO_2(110)$ supported Cu and Au nanoparticles: Role of the oxide and metal particle size [J]. J. Phys. Chem. C, 2009, 113(17): 7364-7370.

[128] PAN Y X, LIU C J, GE Q F. Effect of surface hydroxyls on selective CO_2 hydrogenation over Ni_4/γ-Al_2O_3: A density functional theory study [J]. J. Catal. , 2010, 272(2): 227-234.

[129] GAO H W, XU W Q, HE H, et al. DRIFTS investigation and DFT calculation of the adsorption of CO on Pt/TiO_2, Pt/CeO_2 and $FeO_x/Pt/CeO_2$ [J]. Spectrochim Acta A, 2008, 71(4): 1193-1198.

[130] WANG S G, LIAO X Y, CAO D B, et al. Factors controlling the interaction of CO_2 with transition metal surfaces [J]. J. Phys. Chem. C, 2007, 111(45): 16934-16940.

[131] STRASSER P, FAN Q, DEVENNEY M, et al. High throughput experimental and theoretical

predictive screening of materials—A comparative study of search strategies for new fuel cell anode catalysts [J]. J. Phys. Chem. B, 2003, 107(40): 11013-11021.

[132] GREELEY J, MAVRIKAKIS M. Alloy catalysts designed from first principles [J]. Nature Mateials, 2004, 3: 810-815.

[133] STUDT F, ABILD-PEDERSEN F, BLIGRRD T, et al. Identification of non-precious metal alloy catalysts for selective hydrogenation of acetylene [J]. Science, 2008, 320: 1320-1322.

[134] STAMENKOVIC V R, MUN B S, ARENZ M, et al. Trends in electrocatalysis on extended and nanoscale Pt-bimetallic alloy surfaces [J]. Nature Materials, 2007, 6: 241-247.

[135] JACOBSEN C J H, DAHL S, CLAUSEN B S, et al. Catalyst design by interpolation in the periodic table: Bimetallic ammonia synthesis catalysts [J]. J. Am. Chem. Soc. , 2001, 123 (34): 8404-8405.

2　量子化学计算方法和实验原理

随着量子化学理论的发展和计算机处理技术的进步，量子化学已经从处理一个原子、一个双原子分子到可以处理多原子分子。到 20 世纪 80 年代，量子化学的处理对象已经从中小分子发展到较大分子、重原子体系。到 20 世纪 90 年代，研究对象已经发展到固体表面上的吸附和反应、溶液中的化学反应、生物大分子的组装及自组装等[1]。

计算化学（computational chemistry）是量子化学的一个分支，在计算机技术高度发展的今天，计算化学是理论化学发展的必然产物[2-3]。计算化学的主要目标是利用有效的数学近似及电脑程序计算分子的性质（例如总能量、偶极矩、四极矩、振动频率、反应活性等）并用以解释一些具体的化学问题，以及通过对具体问题的认识，进而指导化学实验的进一步开展。Carlson 和 Granoff[4] 首先把计算化学引入了煤科学领域，他们模拟计算了煤的结构和能量，使人们从全新的角度和高度认识煤的分子结构，并在此基础上进行各种定量计算。

需要注意的是：计算化学并不追求完美无缺或者分毫不差，因为只有很少的化学体系可以进行精确计算。不过，几乎所有种类的化学问题都可以并且已经采用近似的算法来表述。理论上讲，对任何分子都可以采用相当精确的理论方法进行计算。很多计算软件中也已经包括了这些精确的方法，但由于这些方法的计算量随电子数的增加呈指数或更快的速度增长，所以只能应用于很小的分子。对更大的体系，往往需要采取其他一些更大程度近似的方法，以期在计算量和结果的精确度之间寻求平衡。

本书在计算部分采用的是 CASTEP 程序包。

2.1　CASTEP 程序包

CASTEP 程序包是在量子力学基础上为固态材料科学设计的程序包。它应用了密度泛函理论的平面波赝势法，允许利用材料中的晶体和表面的性质进行第一性原理的量子力学计算。

就本课题而言，运用 CASTEP 程序包可以研究以下内容：

（1）研究表面化学、结构性质、带结构、态密度和光学性质，也可以研究电荷密度的空间分布以及体系的波函数。

（2）研究气相或表面上化学反应的过渡态，也可以研究体相或表面的扩散性质。

（3）研究半导体和其他材料中的点缺陷（包括掺杂）和延伸的缺陷。

下面介绍 CASTEP 程序包中用到的基础理论。

2.2　薛定谔方程及三个基本近似

2.2.1　薛定谔方程

计算化学的理论依据是薛定谔（Schrödinger）方程。设核电荷数为 Z，核外电子数为 N，当原子核固定并忽略原子核和电子的有限体积时，多电子原子的定态薛定谔方程为[5-6]：

$$\hat{H}\Psi = E\Psi \tag{2-1}$$

$$\hat{H} = \hat{H}_0 + \hat{H}_m$$

$$\hat{H}_0 = \sum_i \left[\left(-\frac{1}{2}\nabla_i^2 - \frac{Z}{r_i} \right) + \sum_{j<i} \frac{1}{r_{ij}} \right] \tag{2-2}$$

式中，Ψ 为波函数；E 为本征值，它是定态能量；$\hat{H}_0$ 为多电子原子的能量算符；$\hat{H}_m$ 为磁相互作用算符，其中最重要的一项是电子的自旋与它的轨道运动之间的相互作用能，称为旋-轨偶合能；∇ 为拉普拉斯算符；$-\frac{1}{2}\nabla_i^2$ 项为单电子的动能；Z 为原子的核电荷数；r_i 为电子到原子核之间的距离；$-\frac{Z}{r_i}$ 项为电子和核之间的相互吸引势能；$\frac{1}{r_{ij}}$ 项为原子 i 和原子 j 之间的相互排斥势能。

对于多原子分子体系，为了找到 $\hat{H}$ 的简明表达式，并使薛定谔方程可解，必须在物理模型上作一系列的简化。分子轨道理论在引入了非相对论近似、玻恩-奥本海默（Born-Oppenheimer）近似后得到了式（2-3）～式（2-5），其中 $\hat{H}$ 包括所有粒子的动能和势能，动能项为所有粒子（核和电子）的动能项之和，势能项为带电粒子间的库仑（Coulomb）作用。

$$\hat{H} = \hat{T} + \hat{V} \tag{2-3}$$

$$\hat{T} = -\sum_I \frac{\hbar^2}{2M_I}\nabla_I^2 - \sum_i \frac{\hbar^2}{2m_i}\nabla_i^2 \tag{2-4}$$

$$\hat{V} = -\sum_i \sum_I \frac{Z_I e^2}{r_{iI}} + \sum_i \sum_{j<i} \frac{e^2}{r_{ij}} + \sum_I \sum_{J<I} \frac{Z_I Z_J e^2}{r_{IJ}} \tag{2-5}$$

式中，$\hat{T}$ 为动能算符；$\hat{V}$ 为势能算符；$-\frac{\hbar^2}{2M_I}\nabla_I^2$ 项为核 I 的动能；$-\frac{\hbar^2}{2m_i}\nabla_i^2$ 项为电

子 i 的动能；r_{il} 为电子 i 和核 I 之间的距离；$-\dfrac{Z_I e^2}{r_{il}}$ 项为电子 i 和核 I 之间的相互吸引势能；$\dfrac{e^2}{r_{ij}}$ 项为电子 i 和电子 j 之间的相互排斥势能；$\dfrac{Z_I Z_J e^2}{r_{IJ}}$ 项为核 I 和核 J 之间的相互排斥势能。

在得到 $\hat{H}$ 的动能项和势能项的简明表达式时，分子轨道理论引入了非相对论近似和玻恩-奥本海默近似；为了求解多电子体系的薛定谔方程，还需要对分子波函数进行处理，引入了轨道近似。

2.2.2 三个基本近似

2.2.2.1 非相对论近似

非相对论近似认为电子在原子核附近运动但又不被原子核俘虏，那么电子必须保持很高的运动速度。根据相对论，电子的质量 m 不是一个常数，而是由电子运动速度 v、光速 c 和电子静止质量 m_0 共同决定的：

$$m = \frac{m_0}{\sqrt{1 - \dfrac{v^2}{c^2}}} \tag{2-6}$$

非相对论近似忽略这一相对论效应，认为电子的质量 $m = m_0 = 9.1093897 \times 10^{-31}$ kg。

这样，式（2-4）并不是分子体系严格的哈密顿（Hamilton）算符，因为它不仅没有考虑相对论效应，也没有考虑自旋与自旋、自旋与轨道之间的相互作用[7]。但是，由于这些被忽略的作用远小于库仑作用，从原则上来讲，运用这一算符形式，对薛定谔方程式（2-1）的求解可以获得对分子多电子体系中电子结构和相互作用的全部描述，从而了解分子体系的内在性质。

2.2.2.2 玻恩-奥本海默近似

玻恩-奥本海默近似（B-O 近似），也称为核固定近似[8]。原子核的质量比电子的质量大几千倍，而电子绕核运动速度又很大，所以电子"绕核一匝"，核只动 10^{-13} m。因此，有理由假定在研究电子运动状态时，核固定不动。电子的运动可以绕核随时进行调整，而随时保持定态。于是就把核放在坐标的原点，它的动能就不考虑了。

采用这一近似后，分子体系动能算符 $\hat{T}$ 中的第一项核动能项可以忽略；势能算符 $\hat{V}$ 中的第三项核排斥势能项，对于给定的分子核构型是常数。但是因

$$r_{ij} = \sqrt{(x_i - x_j)^2 + (y_i - y_j)^2 + (z_i - z_j)^2} \tag{2-7}$$

式中两个电子 i 和 j 的坐标不可能加以分离，这就给求解多电子原子的哈密顿算

符的本征函数带来很大的困难。为了克服该困难，目前人们多半采用轨道近似方法来处理多电子体系。

2.2.2.3 轨道近似

轨道近似的要点：认为每个电子都是在诸原子核的静电场及其他电子的有效平均场中"独立地"运动着。于是，每个电子的状态可分别用一个单电子波函数 ψ_i 描述。又因各单电子波函数的自变量彼此独立，N 电子体系的波函数可写成 N 个单电子波函数的乘积：

$$\psi(q_1, q_2, \cdots, q_N) = \psi_1(q_1)\psi_2(q_2)\cdots\psi_N(q_N) \tag{2-8}$$

用式（2-8）的乘积函数描述多电子体系状态时，须使其反对称化，写成斯莱特（Slater）行列式的形式，以满足电子的费米子性质，即：

$$\psi(q_1, q_2, \cdots, q_N) = \frac{1}{\sqrt{N!}}\begin{vmatrix} \psi_1(q_1) & \psi_2(q_1) & \cdots & \psi_N(q_1) \\ \psi_1(q_2) & \psi_2(q_2) & \cdots & \psi_N(q_2) \\ \vdots & \vdots & \vdots & \vdots \\ \psi_1(q_N) & \psi_2(q_N) & \cdots & \psi_N(q_N) \end{vmatrix} \tag{2-9}$$

根据数学完备集理论，体系状态波函数 ψ 应该是无限个斯莱特行列式波函数的线性组合。因此在处理多电子体系时，常将原子轨道线性组合成分子轨道。

2.3 第一性原理计算

第一性原理，即指在计算时没有其他实验的、经验的或者半经验的参量。广义的第一性原理计算包括从头算法和密度泛函理论。

在上述近似的基础上，量子化学的核心任务集中在求解分子体系的薛定谔方程。但是，到目前为止，只有一些极其简单体系的薛定谔方程可以在给定的边界条件下得到精确的解析解，一般性地精确求解薛定谔方程从数学上来看仍然是不可能的。因此，引入了不同的近似假定，产生了相应的量子化学计算方法。

2.3.1 从头算法

从头算法（ab initio）就是在上面提到的三个近似的基础上，不再采用其他近似或假定，也不利用除原子序数 Z、普朗克（Planck）常数 h、电子的静止质量 m_0 和电荷量 e 四个基本物理常数之外的经验参数，从哈特里-福克-罗特汉（Hartree-Fock-Roothaan, HFR）方程出发，用自洽场（SCF）方法得到分子或其他多电子体系的分子轨道和能量，进而得到体系的相关属性。也可以说，从头算法就是用 SCF 方法求解 HFR 方程，得到分子体系的分子轨道波函数、轨道能，进而获得体系的其他相关性质。

2.3.2 密度泛函理论

与从头算法相比，密度泛函理论（density functional theory，DFT）的优势在于：在从头算法中，用电子波函数 ψ 描述体系基本变量，而密度泛函理论采用电子密度 ρ 来描述体系基本变量。这样对于 1 个 N 电子体系，它有 $3N$ 个变量的波函数，而电子密度只是 3 个变量的函数。因此采用密度泛函理论使得计算大大简化，从而缩短了计算时间。密度泛函理论为研究较大体系的化学性质提供了一条可能的途径。

密度泛函理论的发展，可以简单地概括为：托马斯-费米（Thomas-Fermi）模型是密度泛函理论的雏形（原始模型）；经过严格数学推证的霍恩伯格-科恩（Hohenberg-Kohn）定理是密度泛函理论的基础；而科恩-沙姆（Kohn-Sham）方法将多粒子问题转化成单粒子问题，使得密度泛函理论由纯粹的理论问题走向实际应用。

2.3.3 过渡态理论

过渡态理论（transition state theory，TST）又称为活化配合物理论[9-11]，它是 1935 年由埃林（Eyring）、波兰尼（Polanyi）等人在统计力学和量子化学发展的基础上提出来的。该理论认为物种之间发生反应并不是简单的碰撞就能直接形成产物，而是需要克服一个活化能垒 E_a 形成一个能量相对较高的活化配合物，该活化配合物所处的状态即为过渡态，如图 2-1 所示。该理论可以获得反应路径，从而明确反应机理。同时也可以计算基元反应速率，确定反应的决速步骤。

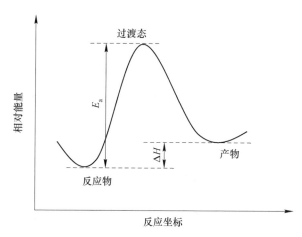

图 2-1 化学反应势能图

（E_a 为活化能；ΔH 为反应热）

近年来，太原理工大学开始运用密度泛函理论方法来研究化学和煤化工中的问题[12-14]。笔者研究小组通过把煤分别模型化成含氧、含氮和含硫的模型，通过过渡态理论来研究煤热解反应可能经历的过渡态，并确定反应的决速步骤，进而为煤的热解反应提供细节的反应机理[15-18]。

2.4 实验基础

2.4.1 程序升温还原

程序升温还原（temperature-programmed reduction，TPR）技术是表征催化剂还原性能的简单、有效方法。还原金属氧化物的温度，除了取决于金属本身的性质外，还与该氧化物的周围环境、粒度等因素有关。TPR 是指在程序升温过程中，使催化剂被还原，它可以提供负载型金属催化剂在还原过程中金属氧化物之间或金属氧化物与载体之间相互作用的信息。一种纯的金属氧化物具有特定的还原温度，可以利用此还原温度来表征该氧化物的性质。氧化物中引入另一种氧化物，两种氧化物混合在一起，如果在 TPR 过程中每一种氧化物仍保持自身的还原温度不变，则彼此没有发生作用；反之，如果两种氧化物发生了固相反应，氧化物的性质发生了变化，则原来的还原温度也要发生变化。用 TPR 法可以观测到这种变化[19-21]。

实验装置如图 2-2 所示。

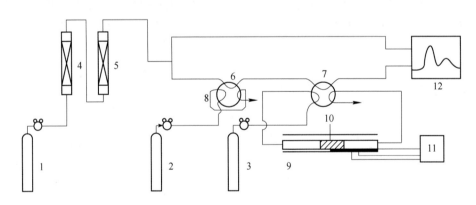

图 2-2 流动态 TPR 实验系统

1—高纯 H_2 或 N_2；2—吸附气体；3—预处理气体；4—脱氧剂；
5—脱水剂；6，7—六通阀；8—定量管；9—加热炉；10—固体物质；
11—程序升温控制系统；12—热导检测器或质谱检测器

利用 TPR 谱图能够有效地得到负载的某种氧化物还原时的耗氢量，判断还原时的难易程度，并且提供金属氧化物与载体之间的相互作用及金属在载体表面的分散性等信息。此外，对双组分金属催化剂在其氧化物前驱体制备中的加热分解，如果两种氧化物相互发生作用（或部分发生作用），则活性组分氧化物的还原性质将发生变化。

2.4.2 X 射线光电子能谱分析

X 射线光电子能谱分析（X-ray photoelectron spectroscopy analysis，XPS）：1887 年，海因里希·鲁道夫·赫兹（Heinrich Rudolf Hertz）发现了光电效应。20 年后的 1907 年，P. D. Innes 用伦琴管、亥姆霍兹线圈、磁场半球（电子能量分析仪）和照像平版做实验来记录宽带发射电子和速度的函数关系，待测物受 X 光照射后内部电子吸收光能而脱离待测物表面（光电子），通过对光电子能量的分析可了解待测物组成[22-23]。

XPS 主要应用是测定电子的结合能来实现对表面元素的定性分析，包括价态。XPS 的原理是用 X 射线去辐射样品，使原子或分子的内层电子或价电子受激发射出来。被光子激发出来的电子称为光电子。可以测量光电子的能量，以光电子的动能为横坐标、相对强度（脉冲/s）为纵坐标可作出光电子能谱图，从而获得试样有关信息。X 射线光电子能谱因对化学分析最有用，被称为化学分析用电子能谱（electron spectroscopy for chemical analysis）[24-25]。

其主要应用为：（1）元素的定性分析，可以根据能谱图中出现的特征谱线的位置鉴定除 H、He 以外的所有元素。（2）元素的定量分析，根据能谱图中光电子谱线强度（光电子峰的面积）反映原子的含量或相对浓度。（3）固体表面分析，包括表面的化学组成或元素组成、原子价态、表面能态分布、测定表面电子的电子云分布和能级结构等。（4）化合物的结构分析，可以对内层电子结合能的化学位移进行精确测量，提供化学键和电荷分布方面的信息。（5）分子生物学中的应用。

参 考 文 献

[1] 林梦海. 量子化学计算方法与应用 [M]. 北京：科学出版社，2004.

[2] 赵文元，王亦军. 计算机在化学化工中的应用技术 [M]. 北京：科学出版社，2001.

[3] 陈伯敏. 计算化学：从理论化学到分子模拟 [M]. 北京：科学出版社，2009.

[4] CARLSON G A, GRANOFF B. Hodeling of coal structure using corpuw [J]. ACS Div. Fuel Chem. Preprints, 1989, 34 (3)：780.

[5] 潘道皑，赵成大，郑载兴. 物质结构 [M]. 2 版. 北京：高等教育出版社，1997.

[6] 徐光宪，黎乐民，王德民. 量子化学基本原理和从头算法（中册）[M]. 北京：科学出版社，1985.

[7] 陈念陔，高坡，乐征宇. 量子化学理论基础 [M]. 哈尔滨：哈尔滨大学出版社，2002.

[8] LEVINE I N. Quantum chemistry [M]. 5th ed. State of New Jersey：Prentice Hall Inc. , 2004.

[9] 傅献彩, 沈文霞, 姚天扬. 物理化学 [M]. 4 版. 北京: 高等教育出版社, 1990.

[10] 臧雅茹. 分子反应动力学 [M]. 天津: 南开大学出版社, 1995.

[11] 许越. 化学反应动力学 [M]. 北京: 化学工业出版社, 2004.

[12] 李军, 冯杰, 李文英. 神府东胜煤镜质组和惰质组的热化学反应差异 [J]. 物理化学学报, 2009, 25 (7): 1311-1319.

[13] 李军, 冯杰, 李文英, 等. 强弱还原煤聚集态对可溶性影响的分子力学和分子动力学分析 [J]. 物理化学学报, 2008, 24 (12): 2297-2303.

[14] 曾凡桂, 贾建波. 霍林河褐煤热解甲烷生成反应类型及动力学的热重-质谱实验与量子化学计算 [J]. 物理化学学报, 2009, 25 (6): 1117-1124.

[15] LING L X, ZHANG R G, WANG B J, et al. Density functional theory study on the pyrolysis mechanism of thiophene in coal [J]. J. Mol. Stru. (THEOCHEM), 2009, 905: 8-12.

[16] LING L X, ZHANG R G, WANG B J, et al. Pyrolysis mechanisms of quinoline and isoquinoline with density function theory [J]. Chin. J. Chem. Eng., 2009, 17 (5): 805-813.

[17] LING L X, ZHANG R G, WANG B J, et al. DFT study on the sulfur migration during benzenethiol pyrolysis in coal [J]. J. Mol. Stru. (THEOCHEM), 2010, 952: 31-35.

[18] ZHANG R G, LING L X, WANG B J, et al. Theoretical studies on reaction mechanism of H_2 with COS [J]. J. Mol. Modeling, 2010, 16 (12): 1911-1917.

[19] 陈诵英, 孙予罕, 丁云杰, 等. 吸附与催化 [M]. 郑州: 河南科学技术出版社, 2001.

[20] 王幸宜. 催化剂表征 [M]. 上海: 华东理工大学出版社, 2008.

[21] 陈诵英, 陈平, 李永旺, 等. 催化反应动力学 [M]. 北京: 化学工业出版社, 2007.

[22] 杜希文, 原续波. 材料分析方法 [M]. 天津: 天津大学出版社, 2006.

[23] 李炳瑞. 结构化学 (多媒体版) [M]. 北京: 高等教育出版社, 2004.

[24] 范康年. 谱学导论 [M]. 北京: 高等教育出版社, 2001.

[25] 刘维桥, 孙桂大. 固体催化剂实用研究方法 [M]. 北京: 中国石化出版社, 1999.

3 单金属 M(M=Fe，Co，Ni，Cu) 催化 CH_4/CO_2 重整反应中的积炭

3.1 引 言

CH_4 逐步解离所生成的单原子 C 称为热解 C。热解 C 是催化剂上积炭的前驱体。要想抑制催化剂上积炭的产生，首先需要了解催化剂上热解 C 的形成过程，即要研究清楚 CH_4 的逐步解离过程。有关 CH_4 的解离过程，在实验研究和理论计算两个方面都开展了较多的工作。想要解决 Ni 基催化剂上的积炭问题，需要先研究清楚催化剂上 C 的形成、C 的集聚以及 C 的消除过程的微观机理。从本书第 1 章的分析可以得知，C 主要来源于 CH_4 的解离。关于 CH_4 的解离，人们用实验和理论的方法进行了众多研究。对于 C 的集聚形成积炭前驱体，前人也有一些研究。而 C 与 O 发生的消碳反应研究不多见。

3.1.1 CH_4 解离的实验研究

Beebe 等[1] 通过实验方法得到 CH_4 在不同 Ni 晶面的活化能，Ni(111) 晶面为 12.6 kJ/mol，Ni(100) 晶面为 (6.4±1.1)kJ/mol，Ni(111) 晶面为 (13.3±1.5) kJ/mol。通过分子束的方法，考察了 CH_4 在 Ni(111) 晶面上的解离活化能为 52~59 kJ/mol[2-3]。Burghgraef 等[4] 指出 Ni(111) 晶面上 CH_4 解离的活化能为 (74±10)kJ/mol。Alstrup 等[5] 考察了 CH_4 活化过程，发现它的解离是分步进行的，生成的 CH_x 存在时间较短，最终以碳的形式存在。当大量的碳沉积在催化剂的表面并覆盖了活性位时，解离受到抑制，同时发现不同的 CH_x 碳物种有不同的反应活性[6-8]。

3.1.2 CH_4 解离的理论研究

有关理论研究 CH_4 在金属表面上的活化解离，起初是有争论的。Ceyer 等[9] 研究了 CH_4 与 Ni(111) 面之间的相互作用，提出在 CH_4 解离之前将原有的正四面体结构转化为三角金字塔形，进而跨过能垒失去一个氢原子。相反的是，Burghgraef 等[10] 指出 CH_4 在 Ni 表面解离不包括构型转换过程，CH_4 在 Ni 表面直接解离。现在 CH_4 直接解离的观点得到了广泛认可。

CH_4 在气相解离逐渐失去 H 的活化能分别为 4.85 eV、5.13 eV、4.93 eV 和

3.72 eV，而在第Ⅷ族过渡金属上的解离活化能只有 0.6 ~ 1.2 eV，可以看出第Ⅷ族金属对 CH_4 的解离有很好的催化作用[11]。Liao 等[12-13] 对 CH_4 在金属 Ni、Pd 和 Cu 的 (111) 面上的解离过程进行了理论研究，结果发现三者解离 CH_4 的能力是 Ni>Pd≈Pt，在 Ni 上解离所需要的能量是最低的，并且 CH_4 在 Ni 上解离第二个 H 和第四个 H 比第一个 H 和第三个 H 困难。

Burghgraef 等[10] 用密度泛函理论研究发现不同的 Ni 原子数组成的簇上，CH_4 解离的活化能也不尽相同。通过电子结构的动态计算，CH_4 在 Ni_7 簇上解离需要 210.3 kJ/mol 的活化能，在 Ni_{13} 簇上解离需要 99.7 kJ/mol 的活化能，而在单个 Ni 上解离的活化能仅为 40.7 kJ/mol。

Beengaard 等[14] 通过密度泛函理论利用平板模型计算得到在 Ni(100) 和 Ni(111) 面上 CH_4 的解离活化能分别为 113 kJ/mol 和 127 kJ/mol。

Haroun 等[15-16] 也用密度泛函的平板理论研究了完美的和有缺陷的 Ni(111) 面 [Ni(111) 面上有一个吸附原子，认为是有缺陷的面] 上 CH_4 的吸附。他们通过计算得出，在 Ni(111) 面上由于 Ni 吸附原子的出现，CH_4 物理吸附在 Ni 表面，解离时有前驱体出现，吸附能在 3.4 ~ 5.2 eV 不等。

Abild-Pedersen 等[17] 也用实验和密度泛函的平板理论研究了毒化物和 step 缺陷对 CH_4 在 Ni(111) 面活化的影响。研究发现，Ni(111) 的 step 位比紧密堆积的 terrace 位有更多的活性。C 和 S 优先吸附在 step 位，它们的出现强烈地影响第一个 C—H 键的活化能。C 和 S 达到一定的覆盖度后，CH_4 的解离将由 terrace 活性位来决定。

3.1.3　有关积炭的研究

要形成积炭，首先是 C 原子在表面迁移，然后聚合。聚合的 C 先形成石墨孤岛，然后再形成积炭。石墨态的 C 是造成催化剂积炭的前身物[18]，关于在 Ni(111) 面上形成积炭的构型问题，许多科学家在这方面进行了研究。目前为止，有 6 种可能的结构被考虑，它们是 T-HCP、T-FCC、HCP-FCC、B-T、B-HCP 和 B-FCC，如图 3-1 所示。在 T-HCP 结构中，C 原子直接位于第一层和第二层 Ni 原子的顶部；在 T-FCC 结构中，C 原子位于第一层和第三层 Ni 原子的顶部；在 HCP-FCC 结构中，C 原子位于 HCP 和 FCC 位上。然而关于这些结构的稳定性没有统一的意见。Rosei 等[19] 和 Klink 等[20] 认为 HCP-FCC 结构是最稳定的，然而有人认为 T-FCC 是最稳定的[21-23]，还有人认为 HCP-FCC 是稳定的[24-26]，而 Fuentes-Cabrera 等[27] 认为 B-T 和 T-FCC 结构是稳定的。

不管上述哪一种结构是最稳定的，C 在催化剂表面累积形成积炭的最初步骤是 C+C 耦合形成 C_2。用形成 C_2 来代表催化剂表面形成积炭的能力。对于 C+C 生成 C_2 的反应，目前仅有少量的研究。Gajewski 和 Pao[28] 认为 C_2 物种的形成是热力学有利的。Hu 等[29] 研究了在 Ru、Fe、Rh 和 Re 表面来源于 C—C 耦合的 C 链增长。

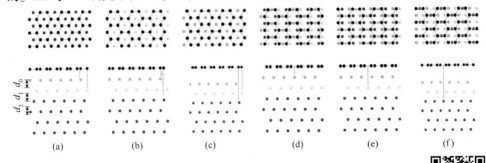

图 3-1 目前为止积炭在 Ni(111) 面上的结构

(a)T-HCP；(b) T-FCC；(c) HCP-FCC；(d) B-T；(e) B-HCP；(f) B-FCC

以上这些研究采用了不同的方法，得出了不同的 CH_4 解离活化能。而对于积炭和消炭反应，理论研究不多。为了研究单金属 Ni 基催化剂上的积炭问题，本章拟对元素周期表中 Fe、Co、Ni 和 Cu 等一系列金属催化剂上 CH_4 解离形成 C，以及 C 的集聚和消除进行详细的研究，通过对过渡态的搜索和活化能的计算，找出 C 的生成、集聚以及消除的规律，以此能从微观水平上对 Ni 单金属上 CH_4/CO_2 重整反应中 C 的抑制、阻止和消除过程有一个详细的了解。

图 3-1 彩图

3.2　单金属催化剂模型的构建

CH_4/CO_2 重整反应是很复杂的反应，用实验手段很难清楚地描述有关积炭问题的细节反应机理，需要借助计算的手段来解决。但是计算手段不能描述催化剂中所有的原子，因为真实的催化剂表面特别复杂，很难准确地对其进行详细描述，但是用理想的模型体系来代表真实的催化剂，并研究理想模型体系上的反应机理是十分有用的，比如：如果仅仅是为了参考或比较，研究单晶表面的反应是最佳的选择[30]。在本章中，集中研究了最稳定的（111）面上的反应。

目前有两种模型体系被采取，一种是簇模型，另一种是切片模型[31]。簇模型的方法仅限于描述表面的几个原子并且认为远离吸附质的表面原子是不重要的；而切片模型的方法认为表面是沿着其面具有周期性结构的切片。原则上单胞应该是选择得足够大以便吸附质之间不会有相互作用，实际上表面单胞的尺寸取决于个人所拥有的计算资源。通常情况下，人们认为切片模型在描述表面性质时优于簇模型。

3.2.1　模型的构建

Co、Ni 和 Cu 都是具有面心立方点阵的晶体结构；Fe 是在 910 ℃以下和 1400 ℃

以上具有体心立方点阵的晶体结构，而在这两个温度范围之间是面心立方点阵的晶体结构。为了在研究过程中保持晶体结构相互比较的一致性，在研究 Fe 的结构时作者选择了面心立方点阵的晶体结构。沿着（111）晶面方向切割面心立方的晶体，得到了催化剂模型的表面切片，以 Ni 为例，如图 3-2 所示。每一个表面切片的厚度为三层（在以前的文献中选取三层切片模型来研究吸附和反应机理被证明是合理的[32-33]）。每两个切片之间真空层的厚度为 10 nm。为了减少计算量，切片底层被固定在它的体相位置，顶部两层和吸附物种可以自由地弛豫。为了减少吸附物种之间的横向相互作用，选择超胞的大小为 $p(2×2)$。

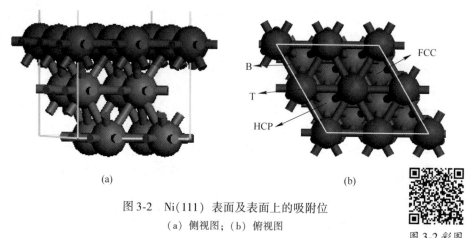

(a)   (b)

图 3-2 Ni(111) 表面及表面上的吸附位

（a）侧视图；（b）俯视图

图 3-2 彩图

3.2.2 计算参数的选择

计算采用 Material Studio 软件中的 CASTEP 模块[34-35] 完成。CASTEP 采用的方法是密度泛函理论框架下的第一性原理。计算中交换相关函数采用广义梯度近似 GGA 下的 PBE 梯度修正函数[36]，采用 PW 基组的超软赝势[37] 描述离子实和价电子的相互作用。平面波截断能设为 340 eV，费米拖尾效应设为 0.1 eV，且校正能量外推到 0 K。系统总能量和电荷密度在布里渊（Brillouin）区的积分计算采用 Monkhorst-Pack 方案[38] 来选择 k 网格点为 5×5×1，以保证体系能量和构型在准完备平面波基水平上的收敛。在自洽场运算中，采用了 Pulay 密度混合法，其收敛精度设为 $2.0×10^{-6}$ eV/atom。在对模型的结构优化中采用 BFGS 算法，优化参数包括原子间相互作用力的收敛标准设为 0.5 eV/nm；原子最大位移收敛标准设为 $2×10^{-4}$ nm，能量收敛标准为 $2.0×10^{-5}$ eV/atom。在所有的计算中都考虑了自旋极化。

化学吸附能 E_{ads} 用如下公式计算：

$$E_{ads} = E_{adsorbates/slab} - (E_{adsorbates} + E_{slab}) \qquad (3-1)$$

式中，$E_{\text{adsorbates/slab}}$ 为物种在切片上吸附后的总能量；$E_{\text{adsorbates}}$ 为把吸附物种单独放在 10 nm 的立方盒子里时它的总能量；E_{slab} 为切片的总能量。

反应能 ΔE 用如下公式计算：

$$\Delta E = (E_{\text{A/slab}} + E_{\text{B/slab}}) - (E_{\text{AB/slab}} + E_{\text{slab}}) \tag{3-2}$$

式中，$E_{\text{A/slab}}$、$E_{\text{B/slab}}$ 和 $E_{\text{AB/slab}}$ 分别为吸附物 A、B 和 AB 在切片上吸附时的总能量。对于反应 AB——→A+B 来说，正值表示吸热反应，负值表示放热反应。需要注意的是，严格来讲，0 K 下反应前后体系中产物和反应物电子能量的差值应该称为"反应能"，为了符合习惯，本书还是用"反应热"这个词来代替。

3.2.3 模型大小的选择

因为 4 种金属具有相同的空间构型（为了便于比较，Fe 也选用了面心立方的结构），所以本书以 Ni(111) 为例进行研究。根据 Ni(111) 的表面形貌特征，物种在它表面的吸附位可以分为 4 个高对称位，即顶位（T）、桥位（B）和两个三重位（HCP 位和 FCC 位），如图 3-2 所示。

为了确定选多大的表面才能使表面吸附的分子之间没有相互作用，本书研究了 CH_3 吸附在不同尺寸的 Ni(111) 超胞的顶位时的吸附能和最优的几何结构，如表 3-1 所示。

表 3-1 CH_3 吸附在不同尺寸的 Ni(111) 超胞的顶位时的吸附能和最优的几何结构

覆盖度/ML[①]	$d_{\text{C—Ni}}$/nm	$d_{\text{C—H}}$/nm	E_{ads}/eV
1/2	0.2047	0.1099	-0.036
1/4	0.1945	0.1099	-0.157
1/6	0.1945	0.1099	-0.157

①ML：monolayer，单层。

从表 3-1 可以看出：从 $\frac{1}{4}$ML 到 $\frac{1}{2}$ML，CH_3 的吸附能和 C—Ni 键的键长有相对较大的变化；而从 $\frac{1}{6}$ML 到 $\frac{1}{4}$ML，CH_3 的吸附能和 C—Ni 键的键长几乎没有变化。这说明用 $p(2\times2)$ 或 $p(2\times3)$ 超胞都会得到同样的结果。因此，从计算效率方面来考虑，$p(2\times2)$ 是比较经济的选择。

3.3 热解 C 的形成

3.3.1 物种的吸附

CH_4 逐步解离形成热解 C，首先需要了解 $CH_x(x=0\sim4)$ 物种在催化剂表面

的吸附以及 $CH_x(x=0\sim3)$ 和 H 的共吸附情况。

3.3.1.1　$CH_x(x=0\sim4)$ 和 H 的吸附

CH_4 的吸附：CH_4 分子在过渡金属表面的吸附被认为是物理吸附，分子和金属表面的相互吸引作用来源于范德华力。先前的计算结果已经证实 CH_4 的吸附能非常小，几乎可以忽略[39-41]。因此在研究 CH_4 分子的吸附时，只考虑了一种 CH_4 的吸附方式，即三个 H 原子指向表面，另一个 H 原子垂直指向表面。以 Ni(111) 面为例，如图 3-3 所示。计算结果列于表 3-2，其他模型上的计算结果也列于表 3-2 中。

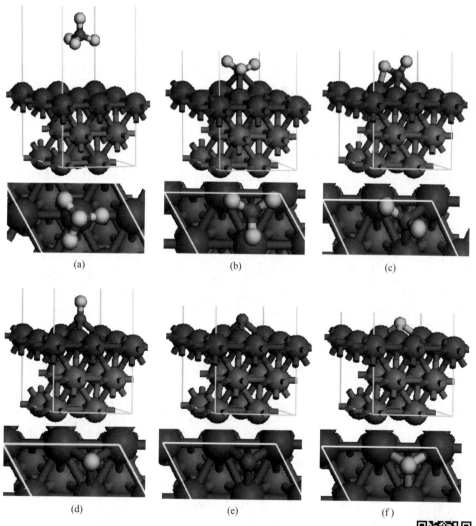

图 3-3　$CH_x(x=0\sim4)$ 和 H 在 Ni(111) 面上的吸附

(a)CH_4 在 T 位；(b)CH_3 在 FCC 位；(c)CH_2 在 FCC 位；
(d)CH 在 FCC 位；(e)C 在 FCC 位；(f)H 在 FCC 位

图 3-3 彩图

表 3-2 CHₓ(x=0~4) 和 H 在 M(M=Fe, Co, Ni, Cu) (111) 面吸附的几何构型参数和吸附能

金属	CHₓ (x=0~4) 或 H	吸附位	d_{C-M}/nm	d_{C-H}/nm	$d_{C-H(M)}$/nm	d_{Ni-H}/nm	E_{ads}/eV
Fe	CH₄		0.4251	0.1096			-0.40
	CH₃	FCC	0.2153	0.1122			-2.63
		HCP	0.2151	0.1122			-2.28
	CH₂	THF	0.1929, 0.1985	0.1102	0.1201	0.1701	-5.59
	CH	THF	0.1892	0.1102			-7.18
	C	THF	0.1807				-8.02
	H	THF				0.1764	-3.44
Co	CH₄		0.4387	0.1097			-0.02
	CH₃	FCC	0.2169	0.1116			-1.90
		HCP	0.2164	0.1118			-1.89
	CH₂	FCC	0.1963, 0.2004	0.1101	0.1163	0.1791	-4.74
		HCP	0.1962, 0.2010	0.1101	0.1159	0.1798	-4.74
	CH	FCC	0.1892	0.1101			-6.19
		HCP	0.1886	0.1100			-6.26
	C	FCC	0.1810				-6.83
		HCP	0.1798				-7.01
	H	FCC				0.1752	-2.77
		HCP				0.1756	-2.75
Ni	CH₄		0.3463	0.1097			-0.02
	CH₃	FCC	0.2122	0.1118			-1.81
		HCP	0.2118	0.1118			-1.78
	CH₂	FCC	0.1921, 0.2009	0.1102	0.1154	0.1807	-4.66
		HCP	0.1911, 0.2004	0.1103	0.1159	0.1780	-4.66
	CH	FCC	0.1858	0.1101			-6.15
		HCP	0.1846	0.1103			-6.24
	C	FCC	0.1780				-6.80
		HCP	0.1779				-6.90
	H	FCC				0.1716	-2.77
		HCP				0.1714	-2.74

续表 3-2

金属	CH_x ($x=0\sim4$) 或 H	吸附位	d_{C-M}/nm	d_{C-H}/nm	$d_{C-H(M)}$/nm	d_{Ni-H}/nm	E_{ads}/eV
Cu	CH₄		0.4061	0.1097			-0.03
	CH₃	FCC	0.2245	0.1106			-1.37
		HCP	0.2257	0.1105			-1.35
	CH₂	FCC	0.1992，0.2063	0.1103	0.1113	0.2028	-3.91
		HCP	0.1993，0.2063	0.1101	0.1116	0.2082	-3.85
	CH	FCC	0.1897	0.1098			-5.09
		HCP	0.1896	0.1097			-5.01
	C	FCC	0.1847				-5.38
		HCP	0.1843				-5.31
	H	FCC				0.1728	-2.51
		HCP				0.1737	-2.49

注：H（M）为与 M 原子相连的 H 原子。

从表 3-2 可以看出，在 Ni（111）面上 CH₄ 的吸附能为 -0.02 eV，Co（111）面上为 -0.02 eV，Cu（111）面上为 -0.03 eV，与先前的实验结果[42] 和计算结果[43-44] 相一致。然而，CH₄ 在 Fe（111）面上的吸附能为 -0.40 eV，显然此吸附能的值高于其他表面上物理吸附时的能量值。本书分析了 C—Fe 之间的距离，为 0.4251 nm，符合物理吸附的特征；而 Fe（111）表面在吸附了 CH₄ 后，表面的三重位不再有 FCC 位和 HCP 位之分，因此认为强的吸附能是吸附过程中基底发生了形变引起的[45]。

CH₃ 的吸附：实验和理论计算已经证实 CH_x（$x=0\sim3$）和 H 在金属 Ni 表面上的最优吸附位为三重位[46-53]，而且物种以不同方位角吸附在 Ni 金属表面时，各稳定构型的吸附能几乎没有差别[33]。因此，这里只研究了 CH_x（$x=0\sim3$）和 H 以一种方位角方式吸附在 Ni 表面高对称的三重位上，没有区分不同的方位角。

当 CH₃ 吸附在 Ni（111）面上时，吸附构型具有 C_{3v} 对称性，C—H 键指向最近的 Ni 原子，或者说 Ni 原子处于 H 原子在表面投影的阴影里。计算得到 CH₃ 在 Ni（111）面上 FCC 位的吸附能为 -1.81 eV，比在 HCP 位（-1.78 eV）的吸附稳定。本书相关工作计算所得结果与 Wang 等[54] 的计算结果一致。

CH₃ 在 Fe、Co 和 Cu 单金属表面吸附的稳定几何构型参数及吸附能等物理量见表 3-2。不难看出，除 Fe 外，CH₃ 在各金属表面吸附时，在 FCC 位比在 HCP 位的吸附更稳定。CH₃ 在单金属 M（M=Fe，Co，Ni，Cu）表面的吸附次序依金属在元素周期表中从左到右的顺序逐渐降低。

CH₂ 的吸附：CH₂ 在 Ni（111）表面吸附时有两个不对称的 C—H 键：一个 H

指向 Ni 原子，并与 Ni 原子成键；另一个 H 指向 Ni—Ni 桥位。这导致 CH_2 中两个 C—H 键具有不同的活化特征。比如，当 CH_2 吸附在 Ni(111) 面的 FCC 位时，H 与表面 Ni 原子相连的 C—H 键键长为 0.1154 nm，而另一个 C—H 键的键长仅为 0.1102 nm；当 CH_2 吸附在 HCP 位时，H 与表面 Ni 原子相连的 C—H 键键长为 0.1159 nm，而另一个 C—H 键的键长仅为 0.1103 nm。CH_2 在 FCC 位和 HCP 位的吸附能均为 -4.66 eV。

CH_2 在 Fe、Co、Ni 和 Cu 金属表面的吸附与其在 Ni 表面吸附类似，即吸附的 CH_2 有两个不对称的 C—H 键。从表 3-2 中可以看出，与 CH_3 在金属表面的吸附能次序相同，CH_2 在各金属表面的吸附能仍是按元素周期表顺序从左到右逐渐降低。

CH 的吸附：CH 以 C 端吸附在 M(111) 面上，唯一的 H 原子垂直于金属表面。在 Ni(111) 面上，CH 在 FCC 位和 HCP 位的吸附能分别为 -6.15 eV 和 -6.24 eV，可见 CH 更喜欢吸附在 HCP 位。在 Co(111) 面上 CH 也喜欢吸附在 HCP 位，而在 Cu(111) 面上 CH 更喜欢吸附在 FCC 位。CH 在 Ni(111) 面上的吸附能依次低于 CH 在 Fe(111) 和 Co(111) 面上的吸附能，而高于 CH 在 Cu(111) 面上的吸附能。

C 的吸附：C 在 Ni(111) 面上吸附的最稳定位为 HCP 位，它的吸附能为 -6.90 eV。在 FCC 位，C 的吸附能为 -6.80 eV。C 吸附在这两个位时，C—Ni 的距离为 0.1779 nm，与实验观察和理论计算所得结果[55-56] 是一致的。在 Co(111) 面上，C 的最稳定吸附位为 HCP 位；而在 Cu(111) 面上，C 的最稳定吸附位为 FCC 位。在 Fe(111) 面上，C 吸附在三重位上。C 在 Ni(111) 面上的吸附能依次低于其在 Fe(111) 和 Co(111) 面上的吸附能，而高于其在 Cu(111) 面上的吸附能。

H 的吸附：H 吸附在 Ni(111) 面上 FCC 位的吸附能为 -2.77 eV，比在 HCP 位的吸附能（绝对值）高 0.03 eV，H—Ni 键键长为 0.1715 nm，这些计算结果与 Mortensen 等[57] 的实验和其他的理论结果[58-59] 相一致。H 在 Co(111) 面上的吸附能与 Ni(111) 面上的吸附能基本相等，只是前者的 Co—H 键比后者的 Ni—H 键键长稍短一些。H 在 Cu(111) 面上的吸附较弱，而在 Fe(111) 面上的吸附最强。

3.3.1.2 Fe(111) 面上 $CH_x(x=0\sim4)$ 吸附能的校正

由于 CH_x 物种在 Fe(111) 面上吸附时的吸附能比在其他金属上吸附时强很多，且表面的三重位不再有 HCP 位和 FCC 位的区分，因此认为这种强得多的吸附能有一部分是 Fe 基底的形变引起的。在这里把计算所得的吸附能进行了详细的分解，主要包括以下 3 个部分[60-61]：Fe(111) 表面的弛豫能（E_{relax}）、CH_x 的形变能（$E_{distort}$）、CH_x 和 Fe(111) 之间的相互作用能（E_{inter}）。它们分别用

如下公式计算:

$$E_{relax} = E_{distorted\ surface} - E_{surface} \qquad (3\text{-}3)$$

$$E_{distort} = E_{distorted\ adsorbate} - E_{adsorbate} \qquad (3\text{-}4)$$

$$E_{inter} = E_{ads} - E_{relax} - E_{distort} \qquad (3\text{-}5)$$

式中,$E_{distorted\ surface}$ 为表面吸附后发生形变的 Fe(111) 模型的能量;$E_{surface}$ 为吸附前未发生形变的 Fe(111) 模型的能量;$E_{distorted\ adsorbate}$ 为吸附后发生形变的吸附质的能量;$E_{adsorbate}$ 为吸附前未发生形变的吸附质的能量。弛豫能和形变能分别代表表面和吸附物从它们的平衡位置到它们在体系中最后的几何构型所需要的能量,相互作用能则是当两个发生形变的组分相互作用时能量的改变。为了解释清楚 CH$_x$ 吸附在 Fe(111) 表面时上述每一项能量的大小,本书也列出了 CH$_x$ 吸附在 Ni(111) 表面的每一项能量,如表 3-3 所示。

表 3-3　CH$_x$ 在 Fe(111) 和 Ni(111) 表面吸附的弛豫能、形变能和相互作用能

(eV)

CH$_x$($x=0\sim4$)	Fe(111)				Ni(111)			
	E_{ads}	E_{relax}	$E_{distort}$	E_{inter}	E_{ads}	E_{relax}	$E_{distort}$	E_{inter}
CH$_4$	-0.40	-0.36	0.01	-0.05	-0.02	0	0	-0.02
CH$_3$	-2.63	-0.34	0.52	-2.81	-1.81	0.05	0.48	-2.34
CH$_2$	-5.59	-0.34	0.08	-5.33	-4.66	0.04	0.01	-4.70
CH	-7.18	-0.34	0.02	-6.86	-6.15	0.07	0.03	-6.22
C	-8.02	-0.32	-0.01	-7.69	-6.80	0.12	0	-6.92

从表 3-3 可以看出:(1) Fe 表面的弛豫能约为-0.34 eV,而 Ni 表面的弛豫能最大是 0.12 eV,可见在吸附过程中 Fe 表面发生了较明显的弛豫,而 Ni 表面没有明显的变化。换句话说,由于 Fe 表面弛豫使计算得到的 CH$_x$ 的吸附能增大。(2) CH$_x$ 在两种金属表面的形变能相差不大。(3) CH$_x$ 与 Fe 表面的相互作用能大于与 Ni 表面的相互作用能。需要注意的是,CH$_4$ 与 Fe 表面的相互作用能为-0.05 eV,充分说明 CH$_4$ 是物理吸附在 Fe(111) 表面上。

3.3.1.3　CH$_x$($x=0\sim3$) 和 H 的共吸附

在 Ni(111)、Co(111) 和 Cu(111) 面上,FCC 位是 CH$_3$ 的最优吸附位,所以仅考虑了 CH$_x$($x=0\sim3$) 预吸附在 FCC 位,H 共吸附在其他可能的三重位上。以 Ni(111) 面为例,计算得到三种共吸附模式 Mode 1、Mode 2 和 Mode 3,如图 3-4 所示。

图 3-4 中,CH$_x$ 在 FCC 位,H 分别在图示的 1、2 和 3 的位置。在共吸附 Mode 1 中,CH$_x$ 处于 FCC 位,H 处于 HCP 位,它们以线性方式共享同一个 Ni 原子;Mode 2 中,CH$_x$ 和 H 都处于 FCC 位,它们以 Z 字形方式共享同一个 Ni 原

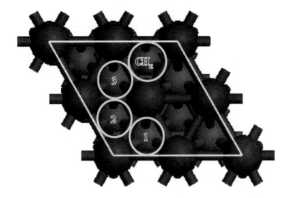

图 3-4　$CH_x(x=0\sim3)$ 和 H 在 Ni(111) 面共吸附示意图

(1、2 和 3 为 H 的三种吸附位置)

子；而 Mode 3 中，FCC 位的 CH_x 和 HCP 位的 H 是相邻的。

两个物种以共享表面原子的方式在表面共吸附时，它们之间会有横向相互作用。了解共吸附物种之间的横向相互作用的大小，需要计算共吸附物种 [CH_x/H] 与 CH_x 和 H 分别单独吸附时吸附能之间的差值（ΔE_{ads}）。差值为正值，说明共吸附的 CH_x 和 H 之间有相互排斥作用；相反地，差值为负值，说明共吸附的物种之间有相互吸引作用。如果共吸附物种之间只有轻微的相互排斥或吸引作用，即 $|\Delta E_{ads}| < 0.3$ eV，则认为共吸附模式是稳定存在的；如果 0.5 eV > $|\Delta E_{ads}| > 0.3$ eV，则认为共吸附模式是亚稳定存在的；如果 $|\Delta E_{ads}| > 0.5$ eV，则认为共吸附模式不能稳定存在。

通过优化计算，得到了 $CH_x(x=0\sim3)$ 和 H 共吸附在 Ni(111) 表面的稳定结构，它们的几何构型参数、共吸附能和横向相互作用能都列于表 3-4 中。

表 3-4　$CH_x(x=0\sim3)$ 和 H 在 M(M=Fe, Co, Ni, Cu)(111) 面
共吸附的构型参数和吸附能及横向相互作用能

金属	$CH_x(x=0\sim3)$/H	共吸附模式	d_{C-M}/nm	d_{C-H}/nm	d_{M-H}/nm	E_{ads}/eV	ΔE_{ads}/eV	$\Delta E'_{ads}$/eV
Fe	CH₃/H	Mode 1	0.2164,0.2179,0.2171	0.1736,0.1734,0.1728	0.1115,0.1113,0.1114	-5.50	0.57	0.23
		Mode 2	0.2142,0.2195,0.2150	0.1718,0.1712,0.1730	0.1117,0.1121,0.1115	-5.52	0.55	0.21
	CH₂/H	Mode 1	0.2026,0.1952,0.1960	0.1100,0.1162	0.1745,0.1749,0.1733	-8.56	0.47	0.13
		Mode 2	0.2016,0.1958,0.1967	0.1103,0.1155	0.1704,0.1713,0.1855	-8.53	0.50	0.16
	CH/H	Mode 1	0.1894,0.1887,0.1901	0.1101	0.1757,0.1754,0.1753	-10.26	0.36	0.02
		Mode 2	0.1868,0.1927,0.1877	0.1101	0.1694,0.1699,0.1924	-10.11	0.51	0.17
	C/H	Mode 1	0.1787,0.1799,0.1796		0.1730,0.1738,0.1725	-11.04	0.42	0.08
		Mode 2	0.1791,0.1811,0.1796		0.1681,0.1683,0.1863	-10.86	0.60	0.26

续表 3-4

金属	$CH_x(x=0\sim3)/H$	共吸附模式	d_{C-M}/nm	d_{C-H}/nm	d_{M-H}/nm	E_{ads}/eV	ΔE_{ads}/eV	$\Delta E'_{ads}$/eV
Co	CH_3/H	Mode 1	0.2198,0.2194,0.2201	0.1108,0.1110,0.1109	0.1723,0.1730,0.1726	−4.52	0.13	
		Mode 2	0.2184,0.2246,0.2178	0.1705,0.1708,0.1715	0.1109,0.1108,0.1118	−4.48	0.19	
	CH_2/H	Mode 1	0.1944,0.2044,0.1928	0.1099,0.1153	0.1728,0.1763,0.1695	−7.46	0.03	
		Mode 2	0.1934,0.1935,0.2046	0.1102,0.1154	0.1686,0.1689,0.1854	−7.46	0.05	
	CH/H	Mode 1	0.1885,0.1882,0.1885	0.1099	0.1740,0.1742,0.1742	−9.12	−0.18	
		Mode 2	0.1870,0.1870,0.1906	0.1100	0.1669,0.1675,0.1946	−8.95	0.01	
	C/H	Mode 1	0.1799,0.1799,0.1800		0.1715,0.1716,0.1717	−9.70	0.06	
		Mode 2	0.1801,0.1800,0.1818		0.1661,0.1660,0.1908	−9.47	0.13	
Ni	CH_3/H	Mode 1	0.2166,0.2156,0.2177	0.1111,0.1106,0.1109	0.1679,0.1671,0.1676	−4.35	0.20	
		Mode 2	0.2147,0.1284,0.2145	0.1109,0.1120,0.1107	0.1670,0.1667,0.1672	−4.32	0.26	
	CH_2/H	Mode 1	0.1913,0.2054,0.1913	0.1154,0.1101	0.1671,0.1721,0.1677	−7.34	0.10	
		Mode 2	0.1907,0.1908,0.2018	0.1157,0.1103	0.1666,0.1664,0.1784	−7.32	0.09	
	CH/H	Mode 1	0.1859,0.1857,0.1857	0.1099	0.1703,0.1718,0.1707	−8.99	−0.10	
		Mode 2	0.1851,0.1850,0.1852	0.1100	0.1668,0.1665,0.1775	−8.85	0.07	
	C/H	Mode 1	0.1770,0.1773,0.1773		0.1716,0.1657,0.1712	−9.52	0.02	
		Mode 2	0.1785,0.1766,0.1787		0.1667,0.1665,0.1739	−9.38	0.19	
		Mode 3	0.1817,0.1739,0.1808		0.1783,0.1564,0.1860	−8.98	0.56	
Cu	CH_3/H	Mode 1	0.2369,0.2247,0.2243	0.1100,0.1101,0.1101	0.1691,0.1710,0.1714	−3.74	0.12	
		Mode 2	0.2303,0.2303,0.2320	0.1101,0.1103,0.1109	0.1693,0.1669,0.1701	−3.75	0.13	
	CH_2/H	Mode 1	0.1999,0.2047,0.2041	0.1104,0.1103	0.1680,0.1729,0.1734	−6.11	0.29	
		Mode 2	0.1987,0.2062,0.2036	0.1105,0.1107	0.1643,0.1764,0.1708	−6.03	0.39	
	CH/H	Mode 1	0.1898,0.1900,0.1899	0.1097	0.1736,0.1715,0.1715	−7.27	0.31	
		Mode 2	0.1884,0.1906,0.1909	0.1097	0.1677,0.1680,0.1855	−7.20	0.40	
	C/H	Mode 1	0.1838,0.1839,0.1839		0.1703,0.1704,0.1711	−7.39	0.48	
		Mode 2	0.1828,0.1875,0.1879		0.1689,0.1698,0.1785	−7.30	0.59	

　　CH_3 和 H 的共吸附：在 Ni(111) 面上，优化仅得到两种共吸附构型，即分别以 Mode 1 和 Mode 2 共吸附的稳定构型。Mode 3 共吸附结构在优化过程中转化为 Mode 2。以 Mode 1 和 Mode 2 共吸附的 CH_3 和 H 的吸附能分别为 −4.35 eV 和 −4.32 eV，其中两种吸附模式中的横向相互作用能 ΔE_{ads} 分别为 0.20 eV 和 0.26 eV，说明共吸附的 CH_3 和 H 之间存在弱的相互排斥作用，但认为这两种吸附构型是稳定的。在研究 CH_4 第一步解离时，把 CH_3 和 H 的这两种共吸附构型

作为反应的终了状态。

CH$_2$ 和 H 的共吸附：CH$_2$ 吸附在 Ni(111) 面的 FCC 位，通过优化 H 在三个不同的其他位的共吸附构型，得到了两种稳定的共吸附结构，即分别以 Mode 1 和 Mode 2 共吸附的稳定结构，吸附能分别为 -7.34 eV 和 -7.32 eV，ΔE_{ads} 分别为 0.10 eV 和 0.09 eV，说明在 Ni(111) 面上共吸附的 CH$_2$ 和 H 之间有轻微的排斥作用，它们是稳定存在的。在研究 CH$_4$ 的第二步解离时，把以 Mode 1 和 Mode 2 共吸附的 CH$_2$ 和 H 作为反应的终了状态。

CH 和 H 的共吸附：通过优化得到了 CH 和 H 在 Ni(111) 面上共吸附的两种稳定结构，同样是以 Mode 1 和 Mode 2 共吸附的稳定构型，共吸附能分别为 -8.99 eV 和 -8.85 eV，ΔE_{ads} 分别为 -0.10 eV 和 0.07 eV，说明在 Mode 1 中共吸附的 CH 和 H 之间存在轻微的相互吸引作用；而在 Mode 2 中共吸附的 CH 和 H 之间则存在轻微的相互排斥作用。无论是存在轻微的相互吸引作用还是轻微的相互排斥作用，认为这两种模式都是稳定存在的。在研究 CH$_4$ 的第三步解离时，把以 Mode 1 和 Mode 2 共吸附的 CH 和 H 作为反应的终了状态。

C 和 H 的共吸附：通过优化得到 C 和 H 以 Mode 1 或者 Mode 2 共吸附时，它们之间有轻微的相互排斥作用，可以认为这两种模式是稳定存在的。而在共吸附 Mode 3 中，C 和 H 之间的相互排斥作用能高达 0.56 eV，认为以 Mode 3 共吸附的 C 和 H 是不稳定的。在研究 CH$_4$ 的第四步解离时，把以 Mode 1 和 Mode 2 共吸附的 C 和 H 作为反应的终了状态。

同时，本书对 Co(111) 面上 CH$_x$($x = 0 \sim 3$) 和 H 的共吸附也进行了研究，共吸附的几何构型参数、共吸附能和横向相互作用能均列于表 3-4 中。研究发现，Co(111) 面上 CH$_x$($x = 0 \sim 3$) 和 H 的共吸附情况和 Ni(111) 面有类似的结果。从表 3-4 中所列的 CH$_x$ 和 H 的横向相互作用能数据可以看出，在 Co(111) 面上 CH$_x$ 和 H 分别以共吸附 Mode 1 和 Mode 2 存在时，它们之间的横向相互作用表现为轻微的排斥作用（$\Delta E_{ads} < 0.2$ eV），因此认为所有 CH$_x$ 和 H 的共吸附结构是稳定的，在研究 CH$_4$ 的解离时，把 CH$_x$ 和 H 的共吸附结构作为相应的解离反应的终了状态结构。

随后，本书研究了 Cu(111) 面上 CH$_x$($x = 0 \sim 3$) 和 H 的共吸附，相应的共吸附几何构型参数、共吸附能和横向相互作用能也列于表 3-4 中。与在 Ni(111) 和 Co(111) 面上的共吸附情况有所不同，CH$_x$($x = 0 \sim 2$) 和 H 在 Cu 表面共吸附时，它们之间的横向相互作用表现为相对较强的排斥作用。比如 C 和 H 以 Mode 1 共吸附时，它们之间的相互排斥作用能达到了 0.48 eV，认为它们之间虽然有强烈的相互作用，但是能以亚稳态存在；而当 C 和 H 以 Mode 2

共吸附时，它们之间的相互排斥作用能达到了 0.59 eV，认为以 Mode 2 共吸附的 C 和 H 不能稳定存在，在后面的研究中没有考虑以此模式共吸附作为反应终了状态的反应路径。

为了研究 CH_4 在 Fe(111) 面上的逐步解离，首先需要研究 $CH_x(x=0\sim3)$ 和 H 在 Fe(111) 面上的共吸附。因为 THF 位是 CH_x 和 H 的最优吸附位，所以在研究 $CH_x(x=0\sim3)$ 和 H 的共吸附时，考虑 CH_x 预吸附在 THF 位，H 共吸附在其他可能的 THF 位上。和 Ni(111) 面上的共吸附模式类似，在 Fe(111) 面上共有三种可能的共吸附模式：在共吸附 Mode 1 中，CH_x 和 H 以线性方式共享同一个 Fe 原子；共吸附 Mode 2 中，CH_x 和 H 以 Z 字形方式共享同一个 Fe 原子；而共吸附 Mode 3 中，CH_x 和 H 是相邻的。

通过优化只得到了两种 CH_x 和 H 共吸附的结构，即以 Mode 1 和 Mode 2 共吸附的稳定结构，它们的几何构型参数、共吸附能和横向相互作用能等列于表 3-4，从表中可以看出，共吸附的 CH_x 和 H 之间的横向相互作用能非常大，这主要是由于横向相互作用能的计算式里包括了基底的弛豫，需要对其进行校正。从第 3.3.1.2 节对吸附能的校正数据得到基底的弛豫能约为 -0.34 eV，按照式 (3-6) 对横向相互作用能进行校正，即可得到校正后的横向相互作用能 $\Delta E'_{ads}$：

$$\Delta E'_{ads} = \Delta E_{ads} + E_{relax} \tag{3-6}$$

从表 3-4 所列校正后的横向相互作用能数据可以看出，横向相互作用能数值小于 0.3 eV，说明共吸附的 CH_x 和 H 之间有轻微的相互排斥作用，认为可以稳定存在。在研究 CH_4 解离时，把 $CH_x(x=0\sim3)$ 和 H 以 Mode 1 和 Mode 2 共吸附的构型作为 $CH_x(x=1\sim4)$ 解离相应反应的终了状态。

3.3.2 CH_4 的逐步解离

3.3.2.1 $CH_4 \longrightarrow CH_3 + H$

本书研究了 4 种单金属 M(111) 面上 CH_4 的解离。因 CH_4 在 Fe、Co 和 Cu 上的解离与在 Ni 上有类似性，因此仅详述 CH_4 在 Ni 上解离的情况，而在 Fe、Co 和 Cu 上的解离不作详细介绍，只把反应过程中相应过渡态的构型参数列于表 3-5 中，反应过程中相应的活化能和反应热列于表 3-6 中。

研究 CH_4 在 Ni 上的第一步解离，计算得到反应过程中可能的过渡态如图 3-5 所示，过渡态的构型参数列于表 3-5，反应的活化能和反应热列于表 3-6。通过研究发现 CH_4 的第一步解离有两条可能的反应路径，即物理吸附的 CH_4 经过渡态 TS1-1 或 TS1-2 脱去一个 H，生成以 Mode 1 或 Mode 2 共吸附的 CH_3 和 H。

表 3-5 CH$_4$ 在 M(M=Fe，Co，Ni，Cu) 表面解离过程中过渡态的构型参数

金属	过渡态	d_{C-M}/nm	d_{H-M}/nm	$d_{C-H(cission)}$/nm	d_{C-H}/nm
Fe	TS1-1	0.2389	0.1568	0.1572	0.1101，0.1117，0.1118
	TS1-2	0.2335	0.1659	0.1431	0.1091，0.1103，0.1107
	TS2-1	0.1980，0.2044，0.2027	0.1598	0.1700	0.1122，0.1136
	TS2-2	0.1970，0.2066，0.2067	0.1594	0.1598	0.1142，0.1105
	TS3-1	0.1868，0.1940，0.1926	0.1534	0.1569	0.1103
	TS3-2	0.1866，0.1932，0.1956	0.1545	0.1511	0.1101
	TS4-1	0.1795，0.1817，0.1896	0.1600	0.1609	
	TS4-2	0.1808，0.1812，0.1876	0.1630	0.1543	
Co	TS1-1	0.2196	0.1557	0.1629	0.1096，0.1090，0.1112
	TS1-2	0.2116	0.1536	0.1621	0.1095，0.1121，0.1092
	TS2-1	0.1949，0.2009，0.2094	0.1546	0.1718	0.1109，0.1142
	TS2-2	0.1946，0.2023，0.2095	0.1544	0.1713	0.1098，0.1123
	TS3-1	0.1856，0.1923，0.1924	0.1504	0.1603	0.1102
	TS3-2	0.1862，0.1924，0.1932	0.1507	0.1570	0.1104
	TS4-1	0.1802，0.1825，0.1859	0.1582	0.1662	
	TS4-2	0.1807，0.1825，0.1859	0.1572	0.1621	
Ni	TS1-1	0.2050	0.1498	0.1699	0.1102，0.1113，0.1084
	TS1-2	0.2053	0.1478	0.1622	0.1110，0.1116，0.1106
	TS2-1	0.1913，0.2060，0.2008	0.1509	0.1748	0.1155，0.1111
	TS2-2	0.1984，0.2035，0.2016	0.1633	0.1768	0.1135，0.1106
	TS3-1	0.1885，0.1867，0.1867	0.1492	0.1724	0.1103
	TS3-2	0.1890，0.1864，0.1869	0.1490	0.1691	0.1124
	TS4-1	0.1745，0.1764，0.1769	0.1359	0.1831	
	TS4-2	0.1757，0.1775，0.1758	0.1490	0.1669	
Cu	TS1-1	0.2381	0.1521	0.1911	0.1095，0.1098，0.1103
	TS1-2	0.2141	0.1554	0.1738	0.1090，0.1093，0.1106
	TS2-1	0.2003，0.2083，0.2088	0.1513	0.1997	0.1096，0.1099
	TS2-2	0.2023，0.2066，0.2098	0.1534	0.1928	0.1093，0.1095
	TS3-1	0.1900，0.1907，0.1907	0.1539	0.1956	0.1077
	TS3-2	0.1900，0.1917，0.1919	0.1558	0.1861	0.1106
	TS4-1	0.1856，0.1857，0.1881	0.1520	0.2028	

表 3-6 CH$_4$ 在 M(M=Fe，Co，Ni，Cu)(111) 面上解离的反应活化能和反应热

(eV)

CH$_4$ 解离的反应路径			Fe		Co		Ni		Cu	
			E_a	ΔE	E_a	ΔE	E_a	ΔE	E_a	ΔE
CH$_4$ → CH$_3$+H	Path 1-1	物理吸附 CH$_4$→TS1-1→Mode 1	1.25	-0.63	1.18	0.05	1.22	0.13	2.19	0.86
	Path 1-2	物理吸附 CH$_4$→TS1-2→Mode 2	1.02		1.14		1.18		1.88	
CH$_3$ → CH$_2$+H	Path 2-1	FCC CH$_3$→TS2-1→Mode 1	0.61	-0.32	0.72	0.11	0.78	0.10	1.49	0.70
	Path 2-2	FCC CH$_3$→TS2-2→Mode 2	0.58		0.69		0.77		1.47	
CH$_2$ → CH+H	Path 3-1	FCC CH$_2$→TS3-1→Mode 1	0.13	-0.69	0.32	-0.22	0.37	-0.26	1.10	0.32
	Path 3-2	FCC CH$_2$→TS3-2→Mode 2	0.13		0.32		0.37		1.05	
CH → C+H	Path 4-1	FCC CH→TS4-1→Mode 1	1.06	0.04	1.29	0.56	1.36	0.55	2.21	1.20
	Path 4-2	FCC CH→TS4-2→Mode 2	1.04		1.25		1.36			

Path 1-1 为物理吸附于表面 Ni 原子顶位的 CH$_4$ 经过渡态 TS1-1 解离为 CH$_3$ 和 H，接着 CH$_3$ 迁移到 FCC 位，同时 H 迁移到相反的 HCP 位。Path 1-2 为物理吸附于表面 Ni 原子顶位的 CH$_4$ 经过渡态 TS1-2 解离为 CH$_3$ 和 H，接着 CH$_3$ 迁移到 FCC 位，同时 H 迁移到相反的 HCP 位。在过渡态 TS1-2，C—H 键伸长到 0.1622 nm，即将形成的 H—Ni 键的距离为 0.1478 nm，即将形成的 C—Ni 键的距离为 0.2053 nm。上述两条路径均为吸热反应。Path 1-1 和 Path 1-2 有相似的反应历程，但 Path 1-2 有较低的活化能 (1.18 eV)，因此认为路径 Path 1-2 为 CH$_4$ 在 Ni(111) 表面第一步解离的主反应路径。

在 Co(111) 面上 CH$_4$ 第一步解离的反应路径与在 Ni(111) 面上类似，也有两条，分别为物理吸附的 CH$_4$ 经过渡态 TS1-1 或 TS1-2 解离成以 Mode 1 和 Mode 2 共吸附的 CH$_3$ 和 H。经过渡态 TS1-1 的路径 Path 1-1 的反应活化能为 1.18 eV，在过渡态 TS1-1 中，C—H 键伸长到 0.1629 nm，其他的 C—H 键键长仅有轻微的变化；经过渡态 TS1-2 的路径 Path 1-2 的反应活化能为 1.14 eV，在过渡态 TS1-2 中，C—H 键伸长为 0.1621 nm，其他 C—H 键键长变化不明显。该反应为吸热反应。Path 1-1 和 Path 1-2 有相似的反应路径，但 Path 1-2 有较低的活化能 (1.14 eV)，认为 Path 1-2 为该反应的主反应路径。不难看出，在 Co(111) 面上 CH$_4$ 的第一步解离比在 Ni(111) 面上容易。

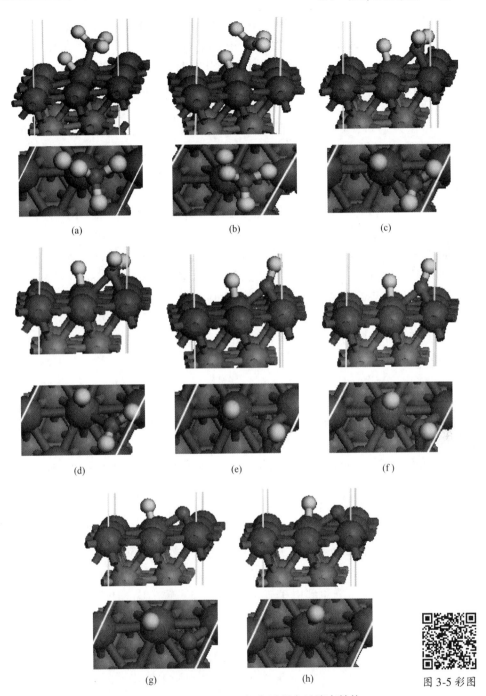

图 3-5 Ni(111) 面 CH₄ 解离过程中过渡态结构

(a) TS1-1；(b) TS1-2；(c) TS2-1；(d) TS2-2；
(e) TS3-1；(f) TS3-2；(g) TS4-1；(h) TS4-2

图 3-5 彩图

在 Cu(111) 上，CH_4 第一步解离的路径与其在 Ni 和 Co 上类似，经过渡态 TS1-1 的反应路径 Path 1-1 的活化能为 2.19 eV，而经过渡态 TS1-2 的路径 Path 1-2 的活化能为 1.88 eV。在过渡态 TS1-1 和 TS1-2 时，C—H 键的键长分别伸长到 0.1911 nm 和 0.1738 nm。该反应为吸热反应。反应的最优路径为 Path 1-2，该过程所需活化能高于 CH_4 在金属 Ni 和 Co 上解离的活化能。

CH_4 在 Fe(111) 面上的解离同样有两条反应路径。路径 Path 1-1 和 Path 1-2 分别是由物理吸附的 CH_4 经过渡态 TS1-1 和 TS1-2 生成共吸附在两个三重位的 CH_3 和 H。与单金属 Co、Ni 和 Cu 上不同的是，在 Fe(111) 面上所有的三重位是相同的三重位，没有 FCC 位和 HCP 位之分。Path 1-1 和 Path 1-2 的反应活化能分别为 1.25 eV 和 1.02 eV，可见 Path 1-2 是 CH_4 在 Fe(111) 面上第一步解离的优势路径。

需要注意的是，活化能的值不涉及能量校正，因为过渡态是由反应物在相同大小的基底上生成的，且从反应物到过渡态的过程中基底没有发生显著的弛豫变化；而对于反应热的值来说，由于在计算反应热的公式中最后的产物不是共吸附的 CH_3 和 H，而是单独吸附的 CH_3 和 H，所以产物比反应物多计算了一个单位的基底，而且在吸附过程中基底有显著的弛豫差异，因此需要对反应热进行校正，校正公式如下：

$$\Delta E = (E_{A/slab} + E_{B/slab}) - (E_{AB/slab} + E_{slab}) - E_{relax} \qquad (3-7)$$

通过上式校正反应热，得到该反应是放热反应。

从表 3-6 中数据可以看出，在单金属 Fe、Co、Ni 和 Cu 上，CH_4 的第一步解离在 Fe 上为放热反应，在其他 3 种单金属上为吸热反应，并且吸收的热量按 Co、Ni、Cu 的顺序增加；反应的活化能按单金属在元素周期表中从左到右的顺序依次增大。

3.3.2.2 $CH_3 \longrightarrow CH_2 + H$

在 Ni(111) 面上，把吸附在 FCC 位的 CH_3 作为反应起始状态结构，以 Mode 1 和 Mode 2 共吸附的 CH_2 和 H 作为反应的终了状态结构，研究 CH_3 的解离过程。该反应存在两条可能的反应路径 Path 2-1 和 Path 2-2。在反应路径中，CH_3 中的一个 H 原子通过 Ni 原子顶部由 TS2-1（或 TS2-2）解离成 CH_2 和 H，脱去 H 的 CH_3（即 CH_2）留在原来的 FCC 位上，C 上的一个 H 原子偏离 Ni 的顶部，迁移向 Ni—Ni 桥位；脱去的 H 原子迁移到相反的 HCP(FCC) 位上。从表 3-6 中的数据可以看出，这两条反应路径有几乎相同的活化能（0.78 eV 和 0.77 eV）。与 CH_4 的第一步脱 H 相比，第二步脱 H 反应在动力学上明显有利，该反应也为吸热反应。

在 Fe、Co 和 Cu 表面，CH_4 第二步解离的路径和在 Ni(111) 表面类似，这里不再详细说明。在 Fe(111) 表面，CH_4 第二步解离为放热反应，反应的最优路径为 Path 2-2，相应活化能为 0.58 eV；在 Co(111) 表面，CH_4 第二步解离为吸热反应，反应的最优路径为 Path 2-2，活化能为 0.69 eV；在 Cu(111) 表面，CH_4 第二步解离为吸热反应，反应的最优路径为 Path 2-2，活化能为 1.47 eV。

可见 CH_4 在单金属 Fe、Co、Ni 和 Cu 表面发生第二步解离时，解离的活化能随单金属在元素周期表从左到右的顺序依次升高；反应热依单金属在元素周期表中从左到右的顺序由放热变成吸热。

3.3.2.3 $CH_2 \longrightarrow CH + H$

在 Ni(111) 表面，以吸附于 FCC 位的 CH_2 为起始状态结构，以 Mode 1 和 Mode 2 共吸附的 CH 和 H 为终了状态结构，研究发现 CH_2 解离有两条可能的反应路径，分别为 Path 3-1 和 Path 3-2。在 CH_2 解离过程中，与表面 Ni 原子相连的 H 原子由于键长伸长得到活化而容易脱去，解离产物 CH 仍然留在原来的三重位上，没有脱去的 H 原子由原来的 Ni—Ni 桥位上方向 C 原子的顶部迁移；脱去的 H 原子则通过 Ni 原子迁移到相反的 HCP 位或 FCC 位。从表 3-6 可以看出，Path 3-1 和 Path 3-2 在热力学和动力学都为有利的过程，而且该反应只需克服较小的活化能，为 0.37 eV。

在单金属 Fe、Co 和 Cu 表面，CH_2 解离的过程与在 Ni 表面类似。在 Fe(111) 表面，CH_2 解离反应为放热反应，两条反应路径为竞争反应，具有相同的活化能 0.13 eV；在 Co(111) 表面，CH_2 解离反应为放热反应，两条反应路径也为竞争反应，具有相同的活化能 0.32 eV；在 Cu(111) 表面，CH_2 解离反应为吸热反应，反应的最优路径为 Path 3-2，活化能为 1.05 eV。

可见在单金属 Fe、Co、Ni 和 Cu 表面，CH_4 第三步解离反应的活化能小于其在相应金属表面第一步解离和第二步解离的活化能。该步解离反应的活化能随金属在元素周期表中从左到右的顺序依次升高；反应热数据显示在 Cu 上是吸热的，在其他金属上都是放热的。

3.3.2.4 $CH \longrightarrow C + H$

在 Ni(111) 表面，CH 的解离有两条可能的反应路径，即吸附在 FCC 位的 CH 经过渡态 TS4-1 和 TS4-2 生成以 Mode 1 和 Mode 2 共吸附的 C 和 H。从表 3-6 可知两条路径 Path 4-1 和 Path 4-2 有相等的反应活化能，为 1.36 eV。在过渡态 TS4-1 中，C—H 键伸长到 0.1831 nm，即将形成的 H—Ni 键的距离为 0.1359 nm（见表 3-5）。该反应为吸热反应。该步反应的活化能大于 CH_4 前三步解离反应的活化能。

在 Fe、Co 和 Cu 表面，CH 解离的反应路径与 Ni 表面相似。在 Fe(111) 表面，CH 解离反应为吸热反应，两条反应路径为竞争反应，活化能约为 1.04 eV；在 Co(111) 表面，Path 4-2 为优势反应路径，活化能为 1.25 eV，该反应为吸热反应；在 Cu(111) 表面，CH 解离反应只有一条反应路径，即吸附在 FCC 位的

CH 经过渡态 TS4-1 解离成以 Mode 1 共吸附的 C 和 H, 该路径为吸热反应, 反应的活化能高达 2.21 eV。

综上, CH_4 第四步解离反应中, 解离的活化能高于相应金属表面 CH_4 前三步解离的活化能; 该步解离的活化能随 M(M=Fe, Co, Ni, Cu) 金属在元素周期表中从左到右的顺序依次升高。该步反应为吸热反应, 吸热量在 Cu 表面最大, Co 表面次之, Ni 表面略低于 Co 表面, Fe 表面最小。

3.3.3 热解 C 形成的分析和比较

在 Ni(111) 面上, CH 解离生成热解 C 过程的活化能是整个反应过程中最高的, 因此认为该步骤是反应的决速步骤。当然, 也有人认为该步反应是不可进行的, 或者说热解 C 不是在 (111) 面上生成的。CH_4/CO_2 重整反应是在较高温度下进行的, 足够提供 CH 解离成热解 C 反应所需的 1.36 eV 高的能量, 因此本书认为在 Ni(111) 面上热解 C 是可以形成的, 也就是说使用 Ni 作催化剂存在积炭问题。在接下来的比较中, 以 Ni(111) 面上决速步骤的活化能 (1.36 eV) 作为参考值来评判所选的其他催化剂是否能通过抑制热解 C 生成的方式而具有抗积炭的能力。

在 Co(111) 面上, CH 解离成热解 C 过程的活化能 (1.25 eV) 也是整个反应过程中最高的, 是反应的决速步骤。但是 Co(111) 面上该步反应的活化能小于 Ni(111) 面上该步反应的活化能, 因此认为在 Co(111) 面上热解 C 更容易形成。热解 C 是积炭的前驱体, 也是碳纳米管的前驱体。热解 C 的生成不利于催化剂的抗积炭性能, 但对于碳纳米管的制备却是必需的步骤。有研究工作利用这一特性把 Co 负载在不同的载体上通过解离 CH_4 来制备碳纳米管[62-66]。Takenaka 等[67] 制备了一系列不同载体负载的 Co 催化剂, 研究了这些催化剂作用下 CH_4 解离形成碳纳米管的情况, 发现在温度 773 ~ 1073 K, CH_4 都能解离形成碳纳米管。这充分说明在 Co 催化剂作用下热解 C 的形成具有很大的优势。

在 Fe(111) 面上, CH 解离过程的活化能 (1.04 eV) 也是整个反应过程中最高的, 因此它也是反应的决速步骤。该步反应在 Fe(111) 面上的活化能小于 Ni(111) 面上的活化能, 因此认为在 Fe(111) 面上热解 C 也是容易形成的。

在 Cu(111) 面上, CH 解离过程的活化能 (2.21 eV) 同样是整个反应过程中最高的, 因此它也是反应的决速步骤。在 Cu(111) 面上活化能的值比在 Ni(111) 面上提高了 62.5%。众所周知, Cu 不易催化 C—H 键的反应, 即 CH_4 在 Cu(111) 面上不会发生解离, 那么当决速步骤的活化能提高 62.5% 时, 重整反应就很难进行了, 当然也就失去了讨论热解 C 在 Cu 表面形成的意义。以上结果已通过化学气相沉积实验得到证实。Wood 等[68] 以 Cu 作为基底在 1000 ℃ 下用化学气相沉积法解离 CH_4, 在 Cu 的各晶面上得到了足够增长的积炭 (需要说明的是, 化学气相沉积法得到的 C 是由气相的 CH_4 直接解离得到的, 以 Cu 作为基底是利用了 Cu 不同晶面的性质来使热解 C 增长为不同形状的积炭）。这充分说明 Cu 在高温下不能催化 CH_4 解离生成热解 C。

总的来说，在每一种单金属表面，CH_4 解离的决速步骤都为 CH 解离成 C 和 H 的步骤。在各决速步骤中，Co 和 Fe 表面 CH 解离的活化能比 Ni 表面解离的活化能低，因此在这两种金属表面 CH_4 解离较易形成热解 C，进而有利于积炭的生成。在 Cu 表面，决速步骤的活化能远高于 Ni 表面，因此在 Cu 表面 CH_4 解离不易形成热解 C，进而无积炭形成。换句话说，Cu 表面能抑制 CH_4 解离生成热解 C，而 Fe、Co 和 Ni 表面不能抑制热解 C 的生成。需要说明的是，笔者希望通过牺牲部分 CH_4 热解速率达到抑制热解 C 生成的目的，而在 Cu 表面由于牺牲了 62.5% 的 CH_4 热解速率，以致重整反应的进行很困难了。

3.4 C 的集聚

本节系统地研究了在金属 M(M = Fe，Co，Ni，Cu) 表面上 C+C 生成 C_2 的反应，以此反应来代表热解 C 的集聚，从微观上清晰地描述各种金属表面上生成 C_2 的反应机理。

3.4.1 热解 C 在单金属表面的迁移

催化剂的表面切片模型是周期性的，物种在催化剂表面迁移就是在周期性表面做往复移动，本节研究了物种在单金属表面的一个周期内的迁移路线，计算了它的迁移活化能。

在单金属（Fe、Co、Ni 和 Cu）表面，以 Ni(111) 面为例，C 的迁移路线如图 3-6 所示，C 在表面从 FCC→HCP→FCC 完成了一个周期的迁移。计算物种在一个周期内每一步迁移的活化能，比较其大小，找出最大的活化能。

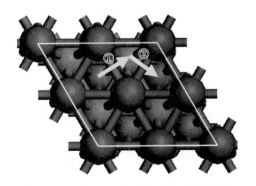

图 3-6 彩图

图 3-6 C 在 Ni(111) 表面的迁移示意图

(按箭头所指方向，①是从 FCC→HCP，②是从 HCP→FCC)

计算了 C 在单金属 M(M=Fe，Co，Ni，Cu) 表面迁移一个周期时各迁移步骤的活化能，列于表 3-7 中。

表 3-7 C 在单金属 M(M=Fe，Co，Ni，Cu) 表面的迁移活化能　　(eV)

FCC→HCP				HCP→FCC			
Fe[①]	Co	Ni	Cu	Fe	Co	Ni	Cu
0.13	0.24	0.57	0.40	—	0.42	0.47	0.34

①C 在 Fe(111) 表面迁移时，由于 Fe 表面的三重位不区分 FCC 位和 HCP 位，所以 C 在一个周期内的迁移是从一个三重位迁移到另一个三重位。

从表 3-7 可以看出，在 Fe 表面 C 的最大迁移活化能为 0.13 eV；在 Co 表面 C 的最大迁移活化能为 0.42 eV；在 Ni 表面 C 的最大迁移活化能为 0.57 eV；在 Cu 表面 C 的最大迁移活化能为 0.40 eV。可见在单金属 M(M=Fe，Co，Ni，Cu) 表面 C 迁移能力的大小顺序为 Fe>Cu>Co>Ni。

3.4.2 C+C 的共吸附

要研究热解 C 在单金属 M(M=Fe，Co，Ni，Cu) 表面的集聚反应，需要先研究热解 C 在其表面的共吸附以及集聚后的产物 C$_2$ 在表面的吸附结构。本节同样以 Ni(111) 表面热解 C+C 的共吸附为例详细说明。

通过前面的研究已经知道在 Ni(111) 表面 C 最稳定的吸附位为 HCP 位，按照前面提到的共吸附模式，同样是把一个 C 预吸附在稳定的 HCP 位，另一个 C 吸附在其他可能的三重位上。优化得到两种共吸附构型，共吸附构型参数及吸附能等列于表 3-8 中。需要注意的是，共吸附模式 Mode 2 中，C 和 C 之间存在强烈的横向相互作用，因此认为是不稳定的，在后面的研究中把按共吸附模式 Mode 1 共吸附的热解 C 作为反应的起始状态。

表 3-8 热解 C 在 M(M=Fe，Co，Ni，Cu)(111) 表面共吸附的构型参数和吸附能以及横向相互作用能

金属	共吸附模式	$d_{C1—M}$/nm	$d_{C2—M}$/nm	$d_{C—C}$/nm	E_{ads}/eV	ΔE_{ads}/eV	$\Delta E'_{ads}$/eV
Fe	Mode 1	0.1765，0.1782，0.1789	0.1767，0.1784，0.1786	0.2926	−15.76	0.10	0.37
	Mode 2	0.1790，0.1796，0.1797	0.1790，0.1796，0.1799	0.2544	−14.97	1.89	0.95
Co	Mode 1	0.1784，0.1784，0.1785	0.1786，0.1786，0.1788	0.2907	−13.50	0.43	0.14
	Mode 2	0.1808，0.1765，0.1818	0.1809，0.1807，0.1767	0.2518	−13.09	1.01	0.51
Ni	Mode 1	0.1783，0.1784，0.1784	0.1787，0.1787，0.1786	0.2900	−12.54	1.16	0.39
	Mode 2	0.1822，0.1749，0.1819	0.1822，0.1749，0.1818	0.2507	−12.57	1.23	0.62
Cu	Mode 1	0.1860，0.1860，0.1861	0.1862，0.1862，0.1864	0.2974	−9.26	1.43	0.48

注：预吸附的 C 标记为 C1，在其他可能位上吸附的 C 标记为 C2。

对于单金属 Fe(111) 和 Co(111) 面上热解 C 的共吸附，也采用同样的方法进行研究，发现热解 C 以共吸附模式 Mode 2 吸附时，C 和 C 之间存在着很强的横向相互作用，因此不考虑这种共吸附。在 Cu(111) 面上，热解 C 以共吸附模式 Mode 1 吸附时，Cu 的表面发生了重构，因此不再考虑这种共吸附状态。

3.4.3 集聚 C_2 的吸附

对集聚的 C_2 在单金属 M(M＝Fe，Co，Ni，Cu) 表面吸附的研究，以 Ni(111) 表面为例详细说明，如图 3-7 所示。吸附的稳定构型参数和吸附能列于表 3-9 中。

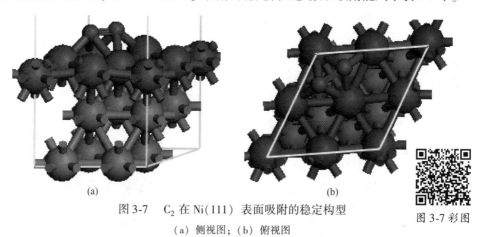

图 3-7　C_2 在 Ni(111) 表面吸附的稳定构型

(a) 侧视图；(b) 俯视图

图 3-7 彩图

表 3-9　在单金属 M(M＝Fe，Co，Ni，Cu)(111) 表面 C_2 吸附的构型参数和吸附能

金属	$d_{C1—M1}$/nm	$d_{C1—M2}$/nm	$d_{C1—M3}$/nm	$d_{C2—M1}$/nm	$d_{C2—M2}$/nm	$d_{C2—M3}$/nm	$d_{C1—C2}$/nm	E_{ads}/eV
Fe	0.1866	0.1983	0.1998	0.1870	0.1976	0.1993	0.1352	-6.93
Co	0.2046	0.2041	0.1911	0.2059	0.2053	0.1889	0.1325	-6.93
Ni	0.2009	0.2004	0.1874	0.2024	0.2019	0.1869	0.1330	-6.93
Cu	0.1914	0.2076	0.2076	0.1925	0.2070	0.2074	0.1300	-6.01

注：预吸附的 C 标记为 C1，在其他可能位上吸附的 C 标记为 C2；M1、M2 和 M3 分别为 M 上有物种吸附时切片中从最左边 M 原子开始按顺时针方向排序。

前面的研究中指出热解 C 倾向于吸附在 HCP 位，在这里，把一个热解 C 吸附在 HCP 位，另一个 C 吸附在可能的邻近位置。通过优化发现，另一个 C 只吸附在 FCC 位上。C_2 的空间构型为 C—C 轴垂直于表面法线，C—C 键的键长为 0.1330 nm，C_2 的吸附能为-6.93 eV。

C_2 在单金属 Fe、Co 和 Cu 表面的吸附与其在 Ni(111) 表面的吸附类似，吸附能及吸附的几何构型参数见表 3-9。从表 3-9 中可以看出，C—C 键的键长在金属 Fe 表面最长，在 Ni 表面次之，在 Co 表面较次之，在 Cu 表面最短；C_2 在单金属 Fe、Co、Ni 表面有相同的吸附能，强于其在金属 Cu 表面的吸附。

3.4.4 热解 C 的集聚反应

以 Ni(111) 面为例，研究了单金属 M(M=Fe，Co，Ni，Cu) 表面热解 C 的集聚反应。计算结果显示热解 C 的集聚反应为一步反应，可能的反应路径如表 3-10 所示。相应的反应活化能和反应热也列于表 3-10 中。反应过程中可能的过渡态结构如图 3-8 所示，过渡态的构型参数列于表 3-11 中。

表 3-10 热解 C 在 M(M=Fe，Co，Ni，Cu)(111) 表面的反应活化能和反应热

(eV)

C+C 的反应路径		Fe		Co		Ni		Cu	
		E_a	ΔE	E_a	ΔE	E_a	ΔE	E_a	ΔE
Path 1	C+C(Mode 1)→TS1→C$_2$	0.23	0.26	0.90	-0.80	0	-0.90	0	-3.08

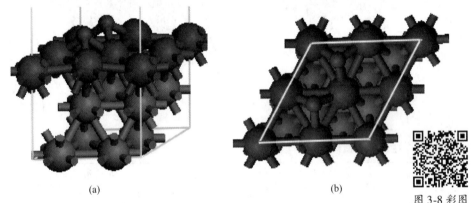

(a)   (b)

图 3-8 彩图

图 3-8 Ni(111) 表面热解 C 集聚过程中过渡态 TS1 结构

(a) 侧视图；(b) 俯视图

表 3-11 热解 C 在 M(M=Fe，Co，Ni，Cu) 表面集聚过程中过渡态的构型参数

金属	过渡态	$d_{C1—M1}$/nm	$d_{C1—M2}$/nm	$d_{C1—M3}$/nm	$d_{C2—M1}$/nm	$d_{C2—M2}$/nm	$d_{C2—M3}$/nm	$d_{C1—C2}$/nm
Fe	TS1	0.1776	0.1800	0.1882	0.1787	0.1797	0.1917	0.1989
Co	TS1	0.1821	0.1843	0.1893	0.1791	0.1824	0.2441	0.2054
Ni	TS1	0.1786	0.1821	0.1841	0.1790	0.1799	0.2386	0.2190
Cu	TS1	0.1881	0.1893	0.1896	0.1921	0.1939	0.1962	0.2464

在路径 Path 1 中，以 Mode 1 共吸附的两个热解 C 原子中，吸附于 FCC 位的 C 原子离开原来的位置，经过渡态 TS1 越过两个 Ni—Ni 桥位，到达另一个 FCC 位，并且和在 HCP 位的 C 结合生成 C$_2$。在过渡态 TS1 时，形成的 C—C 键的距

离为 0.2190 nm。该反应为放热反应，反应的活化能接近于 0，属于无能垒反应。可见在单金属 Ni 表面热解 C 很容易集聚进而形成积炭。

研究热解 C 在单金属 Fe、Co 和 Cu 表面的集聚反应，发现只有一条可能的反应路径，如表 3-10 所示，反应过程中可能的过渡态构型参数列于表 3-11 中，反应活化能和反应热列于表 3-10 中。

热解 C 在单金属 M(M=Fe，Co，Ni，Cu) 表面发生集聚反应时，在 Co 表面有最高的反应活化能，说明热解 C 在 Co 表面最不容易集聚；而在 Ni 和 Cu 表面热解 C 集聚的活化能接近于 0，说明在这两种单金属表面热解 C 很容易集聚。

3.4.5　对热解 C 集聚反应的分析

同样以 Ni(111) 面上热解 C 迁移和集聚反应的活化能作为评判各催化剂表面热解 C 是否容易集聚的参考值。可以看出，热解 C 容易在各金属表面迁移，也容易在各金属表面集聚。

3.5　积炭的消除

前面提到由于积炭的生成而使催化剂失活。事实上，生成的 C 能够和来自 CO_2 解离的 O[69-70] 结合生成 CO 而使积炭消除，这是积炭消除的关键步骤[71]；同时，C 和 O 在表面的迁移能力也可能影响到 C 消除的反应。因为 CH_4/CO_2 反应的复杂性，实验很难描述 C+O 反应以及 C 和 O 在表面迁移的细节。就笔者所知，一些研究主要集中在金属和双金属合金表面上 CO 的吸附和解离[72-77]，而对于 C+O 反应的研究却很少[78-79]。对于 C 和 O 在表面迁移，有一些文献报道过 C 在表面的迁移[80-83]，而对于 O 的迁移，据笔者所知目前没有人报道过。

本节系统地研究了 C+O 在金属 M(M=Fe，Co，Ni，Cu) 上的反应，以及 C 和 O 分别在这些催化剂表面的迁移，目的是详细描述上述金属及合金上 C 的消除反应，阐述积炭消除的微观机理，以及 C 和 O 在催化剂表面的迁移是否会影响反应中有关积炭问题的反应过程。

3.5.1　物种的吸附

3.5.1.1　O 的吸附

首先研究了 O 在 Ni(111) 面上的吸附。类似于热解 C 在 Ni(111) 面上的吸附，O 倾向于吸附在高对称的三重位，如图 3-9 所示，相应几何构型参数和吸附能列于表 3-12 中。O 在 FCC 位和 HCP 位的吸附能分别是 -5.81 eV 和 -5.72 eV。可见，O 的最优吸附位是 FCC 位，而热解 C 在 Ni(111) 面上吸附的最优位是 HCP 位。O 在这两个三重位的能量差值比较明显，达到了约 1 eV。

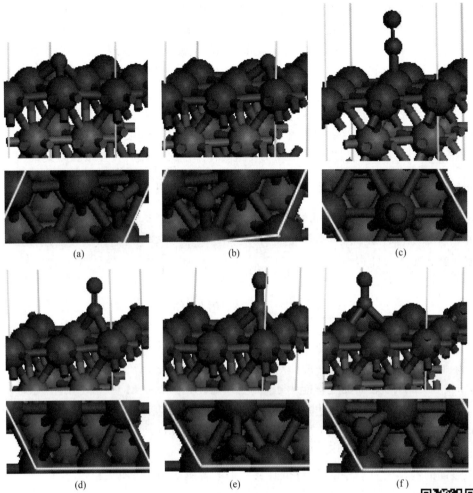

图 3-9 O 和 CO 在 Ni(111) 表面的吸附构型

(a) O 在 FCC 位；(b) O 在 HCP 位；(c) CO 在 T 位；
(d) CO 在 B 位；(e) CO 在 FCC 位；(f) CO 在 HCP 位

图 3-9 彩图

表 3-12 在单金属 M(M=Fe, Co, Ni, Cu)(111) 表面 O 吸附的构型参数和吸附能

项目	Fe	Co		Ni		Cu	
	THF	FCC	HCP	FCC	HCP	FCC	HCP
$d_{O—M}$/nm	0.1867	0.1883	0.1880	0.1858	0.1853	0.1885	0.1896
E_{ads}/eV	−7.73	−6.12	−6.16	−5.81	−5.72	−5.14	−5.00

O 吸附于单金属 Fe、Co、Cu 表面的构型参数和吸附能列于表 3-12 中。从表 3-12 中可以看出，O 稳定吸附于这些单金属表面的三重位上，这与已有的研究结

果相一致[84-85]。在这几种金属表面，除 Fe 外，O 倾向于吸附在三重位的 FCC 位，其次是 HCP 位，吸附强弱次序为 Fe>Co>Ni>Cu，即按照金属在元素周期表中从左到右的顺序 O 的吸附能依次降低。

3.5.1.2 C 和 O 的共吸附

按照前面提出的共吸附模式，研究了 C 和 O 在单金属 M（M＝Fe，Co，Ni，Cu）(111) 表面的共吸附。因为 C 的吸附比 O 强，所以考虑 C 预吸附在最优的 HCP 位，O 共吸附在其他可能的三重位上，优化得到 C 和 O 共吸附的稳定构型，构型参数和吸附能以及横向相互作用能列于表 3-13 中。

表 3-13 C 和 O 在 M（M＝Fe，Co，Ni，Cu）(111) 表面
共吸附的构型参数和吸附能以及横向相互作用能

金属	共吸附模式	C 在 M(111) 表面 $d_{\text{C—M}}$/nm	O 在 M(111) 表面 $d_{\text{O—M}}$/nm	$d_{\text{C—O}}$/nm	E_{ads}/eV	ΔE_{ads}/eV	$\Delta E'_{\text{ads}}$/eV
Fe	Mode 1	0.1779，0.1782，0.1784	0.1853，0.1853，0.1854	0.2917	−15.10	1.06	0.35
	Mode 2	0.1772，0.1801，0.1809	0.1843，0.1846，0.1862	0.2559	−14.41	1.75	0.88
Co	Mode 1	0.1779，0.1782，0.1784	0.1853，0.1853，0.1854	0.2917	−12.51	0.62	0.21
	Mode 2	0.1822，0.1766，0.1818	0.1867，0.1866，0.1864	0.2520	−12.22	0.95	0.48
Ni	Mode 1	0.1765，0.1765，0.1766	0.1842，0.1842，0.1843	0.2891	−11.85	0.86	0.29
	Mode 2	0.1796，0.1757，0.1797	0.1870，0.1823，0.1824	0.2513	−11.53	1.09	0.55
Cu	Mode 1	0.1861，0.1862，0.1862	0.1901，0.1901，0.1901	0.2977	−9.19	1.18	0.39
	Mode 2	0.1831，0.1870，0.1872	0.1898，0.1903，0.1905	0.2571	−9.31	1.20	0.60

从表 3-13 所列的 ΔE_{ads} 数据可以看出，共吸附的 C 和 O 之间有强烈的横向相互作用，需要校正。众所周知，在周期性的切片模型表面的共吸附模式 Mode 1 中，每一个 C 或 O 周围有三个 O 或 C，因此每一个 C(O) 受到来自周围三个 O(C) 的横向相互作用；而在共吸附模式 Mode 2 中，每一个 C 或 O 的周围有两个 O 或 C，每一个 C(O) 受到来自周围两个 O(C) 的横向相互作用。横向相互作用能可通过如下公式进行校正：

$$\Delta E'_{\text{ads}} = \frac{\Delta E_{\text{ads}}}{3} \quad \text{（Mode 1）} \tag{3-8}$$

$$\Delta E'_{\text{ads}} = \frac{\Delta E_{\text{ads}}}{2} \quad \text{（Mode 2）} \tag{3-9}$$

对横向相互作用能进行校正后，发现 Mode 2 中每一个 C 和 O 的相互排斥作用（$\Delta E'_{\text{ads}}$）仍比较强烈，本书认为以这种模式共吸附的 C 和 O 不能稳定存在，因此在接下来的计算中不把这种共吸附状态作为 C+O 反应的起始状态；以 Mode 1 共吸附的 C 和 O 之间的横向相互作用能经校正后较小，认为它们是稳定存在的。

在研究 C+O 反应时，把以 Mode 1 共吸附的 C 和 O 作为 C+O 反应的起始状态结构。

3.5.1.3 CO 的吸附

如图 3-9 所示，CO 在 Ni(111) 面上吸附时，能稳定地吸附于四个高对称位，吸附稳定的构型参数和吸附能列于表 3-14 中。CO 在 Ni 表面的吸附顺序为 HCP>FCC>B>T。在三重位上，CO 更倾向于吸附在 HCP 位。在研究 C+O 的反应时，分别选取 CO 吸附在 T 位、B 位和 HCP 位作为 C+O 反应的终了状态。

表 3-14 在单金属 M(M=Fe, Co, Ni, Cu)(111) 表面
CO 吸附的构型参数和吸附能

金属	吸附位	d_{C-M1}/nm	d_{C-M2}/nm	d_{C-M3}/nm	d_{C-O}/nm	E_{ads}/eV
Fe	T	0.1767			0.1182	-2.80
	B	0.1773	0.2435		0.1190	-2.79
	THF	0.1927	0.2018	0.2094	0.1206	-2.85
Co	T	0.1762			0.1174	-1.66
	B	0.1929			0.1195	-1.65
	FCC	0.1978	0.1990	0.1993	0.1203	-1.73
	HCP	0.1997	0.1984	0.2005	0.1202	-1.71
Ni	T	0.1745			0.1170	-1.52
	B	0.1887			0.1191	-1.74
	FCC	0.1956			0.1200	-1.84
	HCP	0.1947			0.1201	-1.86
Cu	T	0.1817			0.1167	-0.75
	B	0.1945			0.1181	-0.91
	FCC	0.2014	0.2025	0.2040	0.1203	-1.01
	HCP	0.2013	0.2019	0.2021	0.1191	-1.04

CO 在单金属 Fe、Co 和 Cu 表面的吸附与在 Ni 表面类似，相应的吸附构型参数和吸附能见表 3-14。研究表明 CO 能稳定吸附于各单金属的高对称位上。同样也选择了 CO 吸附在 T 位、B 位和最稳定三重位作为 C+O 反应的终了状态。

3.5.2 O 在表面的迁移

类似于 C 在表面迁移的路径，也研究了 O 的迁移。O 在单金属 M(M=Fe, Co, Ni, Cu) 表面迁移一个周期时各迁移步骤的活化能见表 3-15。

表 3-15 O 在单金属 M(M=Fe，Co，Ni，Cu) 表面的迁移活化能 (eV)

FCC→HCP				HCP→FCC			
Fe[①]	Co	Ni	Cu	Fe	Co	Ni	Cu
0.47	0.41	0.55	0.42	—	0.45	0.47	0.28

①O 在 Fe(111) 表面迁移时，由于 Fe 表面的三重位不区分 FCC 位和 HCP 位，所以 O 在一个周期内的迁移是从一个三重位迁移到另一个三重位。

从表 3-15 可以看出，在 Fe 表面，O 的最大迁移活化能为 0.47 eV；在 Co 表面，O 的最大迁移活化能为 0.45 eV；在 Ni 表面，O 的最大迁移活化能为 0.55 eV；在 Cu 表面，O 的最大迁移活化能为 0.42 eV。可见在单金属 M(M=Fe，Co，Ni，Cu) 表面，O 迁移能力的大小顺序为 Cu>Co>Fe>Ni。

3.5.3 C+O ⟶ CO

O 与热解 C 反应，能消除热解 C，也就是通常说的消除积炭。首先检查了 Ni(111) 面上 C+O 的反应，以 Mode 1 共吸附的 C 和 O 为起始状态，T 位、B 位、HCP 位吸附的 CO 为终了状态，研究发现存在两条可能的反应路径，如表 3-16 所示。反应过程中可能的过渡态结构如图 3-10 所示，过渡态的构型参数列于表 3-17 中。

需要指出的是，由于存在强烈的横向相互作用，因此反应的活化能和反应热也需要进行校正，校正公式如下：

$$E_a = E_{TS} - E_R - 2\Delta E'_{ads} \tag{3-10}$$

$$\Delta E = E_{AB/slab} - E_{A+B/slab} - 2\Delta E'_{ads} \tag{3-11}$$

式中，E_{TS} 为在催化剂表面形成过渡态时体系的总能量；E_R 为吸附质吸附在催化剂表面时体系的总能量。

路径 Path 2 中，以 Mode 1 和 C 原子共吸附的 O 越过表面 Ni 原子的顶位移动到 Ni—Ni 桥位，同时 C 离开它的三重位也移动到 Ni—Ni 桥位，然后 C 和 O 结合生成 C 端吸附于 Ni—Ni 桥位的 CO。形成的 C—O 键的距离从起始状态的 0.2891 nm 缩短到过渡态时的 0.1920 nm，到终了状态为 0.1170 nm。这步反应的活化能为 0.98 eV，该反应为放热反应。Path 3 是以 Mode 1 共吸附的 C 和 O 经过渡态 TS3 相向移动到同一个表面 Ni 原子的顶位，然后结合生成以 C 端吸附于 Ni 顶位的 CO。在过渡态 TS3 中，C—O 键的距离为 0.1849 nm。反应的活化能为 0.86 eV，该反应为放热反应。本书没有找到 Path 1 的过渡态，可能 O 很难通过 Ni 的 T 位移动。

表 3-16 C+O 在 M(M=Fe, Co, Ni, Cu)(111) 面上的反应活化能和反应热

(eV)

C+O 的反应路径		Fe		Co		Ni		Cu	
		E_a	ΔE	E_a	ΔE	E_a	ΔE	E_a	ΔE
Path 1	C+O(Mode 1)→TS1→CO(HCP)	1.29	0.81	0.78	−0.95	—	—	0	−3.22
Path 2	C+O(Mode 1)→TS2→CO(B)	—	—	0.76	−0.87	0.98	−1.46	0	−3.09
Path 3	C+O(Mode 1)→TS3→CO(T)	1.73	0.85	1.35	−0.88	0.86	−1.24	0	−2.93

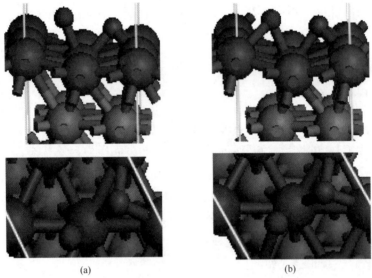

(a)   (b)

图 3-10 Ni(111) 面上 C+O 反应中可能的过渡态结构

(a) TS2; (b) TS3

图 3-10 彩图

表 3-17 C+O 在 M(M=Fe, Co, Ni, Cu) 表面反应过程中过渡态的构型参数

金属	过渡态	$d_{C—M1}$/nm	$d_{C—M2}$/nm	$d_{C—M3}$/nm	$d_{O—M1}$/nm	$d_{O—M2}$/nm	$d_{O—M3}$/nm	$d_{C—O}$/nm
Fe	TS1	0.1795	0.1872	0.1895	0.1865		0.1921	0.1815
	TS3	0.1825	0.1843	0.1948	0.1873	0.2023		0.1769
Co	TS1	0.1796	0.1880	0.1899	0.1958	0.2029	0.2150	0.1847
	TS2	0.1790	0.1866	0.1904	0.1965	0.2100	0.2025	0.1870
	TS3	0.1807	0.1866	0.2039	0.1873	0.2094	0.2401	0.1817
Ni	TS2	0.1815	0.1818	0.1821	0.1836		0.1920	
	TS3	0.1807	0.1838	0.1871	0.1854		0.1849	
Cu	TS1	0.1895	0.1897	0.1905	0.1915	0.2108	0.2193	0.2053
	TS2	0.1861	0.1889	0.1895	0.1911	0.1943	0.2306	0.2117
	TS3	0.1853	0.1917	0.1949	0.1848	0.2082	0.2158	0.2036

研究了 C+O 在单金属 Fe、Co 和 Cu 表面的反应，反应路径的活化能和反应热见表 3-16，反应过程中可能的过渡态构型参数列于表 3-17 中。

在 Fe(111) 表面，以 Mode 1 共吸附的 C 和 O 为 C+O 反应的起始状态，分别吸附在 Fe(111) 表面 T 位、B 位和 THF 位的 CO 为反应的终了状态，通过研究得知该反应有两条反应路径，即 Path 1 和 Path 3，分别是共吸附的 C 和 O 经过渡态 TS1 和 TS3 生成吸附于 THF 位和 T 位的 CO。可以看出，Path 1 有较低的反应活化能（1.29 eV），是该反应的最优路径；该反应为吸热反应。

在 Co(111) 表面，研究得知 C+O 反应路径有三条。反应的最优路径为以 Mode 1 共吸附的 C 和 O 经过渡态 TS2 生成吸附于 Co—Co 桥位的 CO，反应的活化能为 0.76 eV。该反应为放热反应。

在 Cu(111) 表面，C+O 反应路径也有三条，三条反应路径的活化能都接近于 0，说明在 Cu(111) 表面，这三条路径都是最优路径。该反应为放热反应。

根据 C+O 在单金属 M(M=Fe，Co，Ni，Cu) 表面的反应，不难发现：

（1）在同一单金属表面，C+O 反应虽然有相同的反应物和产物，且反应的起始结构相同，但是由于反应终了状态的结构不同，因此反应所经历的路径不同，反应的活化能也不等。

（2）C+O 在不同单金属表面的反应活性顺序为 Cu>Co>Ni>Fe。

（3）C+O 反应在 Fe 表面是吸热的，而在 Co、Ni、Cu 表面是放热的，放出的热量依金属在元素周期表中从左到右的顺序增加。

3.5.4 覆盖度对积炭消除的影响

有文献报道不同的覆盖度下，反应的机理有可能是不同的[86-88]。以上为 $p(2\times2)$ 上的反应，为了研究覆盖度对反应的影响，本书也研究了 $p(2\times3)$ 上的 C+O 反应。事实上，不同的覆盖度相当于共吸附物种之间的横向相互作用的强弱。$p(2\times2)$ 相当于覆盖度（ML）为 1/4，$p(2\times3)$ 相当于覆盖度为 1/6，如图 3-11 所示。$\frac{1}{4}$ML 的横向相互作用肯定强于 $\frac{1}{6}$ML，那么不同的横向相互作用是如何影响反应路径及反应活化能的呢？

3.5.4.1 C、O 和 CO 在 $\frac{1}{6}$ML 时的吸附

研究 C、O 和 CO 在 $\frac{1}{6}$ML 时的吸附，它们在 Ni(111) 面上的吸附位置和在 $\frac{1}{4}$ML 时是相同的。吸附的结构参数列于表 3-18 中。从 $\frac{1}{4}$ML 到 $\frac{1}{6}$ML，各物种的吸附能和物种到表面的距离有轻微的变化，但不太明显。

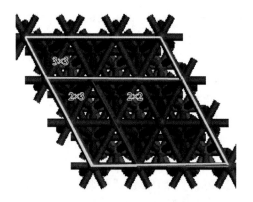

图 3-11 $p(2×2)$ 和 $p(2×3)$ 示意图

图 3-11 彩图

表 3-18 $\frac{1}{4}$ML 和 $\frac{1}{6}$ML 时 C、O 和 CO 在 Ni(111) 面上的吸附能和结构参数

吸附位置		$\frac{1}{4}$ML			$\frac{1}{6}$ML		
		E_{ads}/eV	$d_{C(O)—Ni}$/nm	$d_{C—O}$/nm	E_{ads}/eV	$d_{C(O)—Ni}$/nm	$d_{C—O}$/nm
C	FCC	−6.80	0.1783，0.1779，0.1778		−6.85	0.1773，0.1775，0.1777	
	HCP	−6.90	0.1779，0.1779，0.1778		−6.91	0.1777，0.1780，0.1781	
O	FCC	−5.81	0.1860，0.1858，0.1858		−5.79	0.1858，0.1862，0.1863	
	HCP	−5.72	0.1853，0.1853，0.1853		−5.70	0.1855，0.1859，0.1857	
CO	T	−1.52	0.1745	0.1170	−1.53	0.1746	0.1170
	B	−1.74	0.1783，0.1779	0.1170	−1.72	0.1880，0.1889	0.1192
	FCC	−1.84	0.1958，0.1956，0.1953	0.1200	−1.87	0.1951，0.1953，0.1955	0.1202
	HCP	−1.86	0.1944，0.1949，0.1957	0.1201	−1.89	0.1960，0.1945，0.1945	0.1202

C 和 O 共吸附的位置和在 $\frac{1}{4}$ML 时也是相同的，吸附的结构参数列于表 3-19 中。从表 3-19 中所列数据可以看出，随覆盖度增加，横向相互作用增强。

表 3-19 不同覆盖度下 C 和 O 在 Ni(111) 表面的共吸附能及结构参数

覆盖度	共吸附模式	E_{ads}/eV	ΔE_{ads}/eV	$\Delta E'_{ads}$/eV	$d_{C—Ni}$/nm	$d_{O—Ni}$/nm	$d_{C—O}$/nm
$\frac{1}{4}$ML	Mode 1	−11.85	0.86	0.29	0.1765，0.1765，0.1766	0.1842，0.1842，0.1843	0.2891
	Mode 2	−11.53	1.09	0.55	0.1796，0.1757，0.1797	0.1870，0.1823，0.1824	0.2513
$\frac{1}{6}$ML	Mode 1′	−12.49	0.21	0.21	0.1791，0.1761，0.1764	0.1868，0.1840，0.1854	0.3170
	Mode 2′	−12.37	0.34	0.34	0.1810，0.1769，0.1747	0.1883，0.1840，0.1829	0.2933

3.5.4.2 C+O 在 $\frac{1}{6}$ ML 时的反应

检查 C+O 在 $\frac{1}{6}$ ML 时的反应，设计了如表 3-20 所示的反应路径。Path 1'是共吸附的 C 和 O 经过渡态 TS1'伴随着 O 移动到 Ni 的顶位，然后结合生成吸附于 HCP 位的 CO。在过渡态 TS1'时，C—O 键的距离从初始状态的 0.3170 nm 到过渡态的 0.1872 nm，最后到终了状态的 0.1202 nm。计算的活化能为 1.29 eV，反应放热 1.33 eV。Path 2'和 Path 3'中过渡态的结构与 $\frac{1}{4}$ ML 时相应的过渡态结构相似。然而，过渡态的几何构型和反应能垒发生了变化。在过渡态 TS2'中，C—O 键的距离缩短到 0.1867 nm，这步反应放热 1.22 eV，反应的活化能为 1.25 eV。过渡态 TS3'中，C—O 键的距离缩短到 0.1903 nm，反应的活化能和反应热分别是 1.99 eV 和−0.97 eV。

表 3-20 $\frac{1}{6}$ **ML 时 C+O 在 Ni(111) 面上的反应活化能和反应热** （eV）

C+O 的反应路径			E_a	ΔE
$\frac{1}{6}$ML	Path 1'	C+O(Mode 1') →TS1'→CO(HCP)	1.50 (1.29)	−1.54 (−1.33)
	Path 2'	C+O(Mode 1') →TS2'→CO(B)	1.46 (1.25)	−1.43 (−1.22)
	Path 3'	C+O(Mode 1') →TS3'→CO(T)	2.20 (1.99)	−1.18 (−0.97)

注：括号里为校正后的能量。

3.5.4.3 不同覆盖度下的反应能分析

在 $\frac{1}{4}$ ML 时，Path 3 有最低的活化能垒，说明 C+O 反应生成吸附于顶位的 CO 路径是最有利的路径。在 $\frac{1}{6}$ ML 时，Path 1'和 Path 2'有最低的活化能垒，说明 C+O 反应生成吸附于桥位和三重位 CO 的路径是最有利的路径。$\frac{1}{4}$ ML 时的活化能远低于 $\frac{1}{6}$ ML，说明高覆盖度下有低的活化能，这可能是高覆盖度下较强的横向相互作用所导致的。从上面的结果可以推断：增加 C 和 O 的表面覆盖度，可以改变反应路径，同时降低反应的活化能，因而生成的 C 可以更快地与 O 反应生成 CO 而使积炭消除。

3.5.5 对积炭消除反应的分析

同样以 Ni(111) 面上 C+O 反应的活化能（0.86 eV）作为评判各催化剂表面生成的热解 C 是否可以被 O 消除的参考值。可以看出，在单金属 Fe 上 C+O 反应的活化能远大于金属 Ni 上的活化能，认为这种活性组分表面的热解 C 不易被消除掉。对于 C+O 在其他几种表面的反应，活化能都有不同程度的降低，Co 表面活化能降低了 11.6%，而 Cu 上活化能接近于 0。在金属 Co 上虽然活化能降低了，但降低的值太小，生成的 C 不能被及时消除，认为在金属 Co 表面热解 C 不能消除掉；而在 Cu 上由于 CH₄ 解离反应不能发生，因此无热解 C 可消除。

3.6 积炭问题分析

CH₄ 在有些催化剂表面具有适当的解离速率，那么在这些催化剂表面热解 C 不易生成，进而实现了对积炭的抑制。然而，在有些催化剂表面 CH₄ 虽然容易解离形成热解 C，但是如果热解 C 的消除反应的活化能远低于热解 C 集聚反应的活化能，那么生成的热解 C 在集聚为积炭之前可能被消除掉。同时，C 和 O 在表面的迁移也会影响积炭的形成。

在 Ni 和 Fe 表面，CH₄ 解离容易生成热解 C，同时热解 C 消除反应的活化能远大于热解 C 集聚反应的活化能，因此解离生成的热解 C 不能及时被消除掉而集聚生成积炭。这很好地解释了已有的实验现象。

在 Co 表面，CH₄ 解离容易生成热解 C，但是热解 C 消除反应的活化能几乎等于热解 C 集聚反应的活化能，C 和 O 在表面迁移的速率也差不多，因此解离生成的热解 C 可能会有少量的积炭出现。

在 Cu 表面，CH₄ 解离不容易生成热解 C，因此实验中通过在 Ni 基催化剂中添加少量的 Cu 来延缓热解 C 的生成，从而达到消除积炭的目的。

参 考 文 献

[1] BEEBE T P, GOODMAN D W, KAY B D, et al. Kinetics of the activate dissociative adsorption of methane on the low index planes of nickel single crystal surfaces [J]. J. Chem. Phys. , 1987, 87 (4): 2305-2315.

[2] CHORKENDORFF I, ALSTRUP I, ULLMANN S. XPS study of chemisorption of CH₄ on Ni(100) [J]. Surf. Sci. , 1990, 227 (3): 291-296.

[3] OLGAARD N B, LUNTZ A C, HOLMBLAD P M, et al. Activated dissociative chemisorption of methane on Ni(100)—A direct mechanism under thermal conditions [J]. Catal. lett. , 1995, 32 (1/2): 15-30.

[4] BURGHGRAEF H, JANSEN A P J, VAN SANTEN R A. Theoretical investigation of CH₄ decompositon on Ni: Electronic structure calculations and dynamics [J]. Faraday Discuss. , 1993, 96: 337-347.

[5] ALSTRUP I, TAVARES M T. The kinetics of carbon formation from CH+H on a silica supported nickel catalyst [J]. J. Catal. , 1992, 135 (1): 147-155.

［6］ SOLYMOSI F, ERDOHELYI A, CSERENYI J. A comparative study on the activation and reactions of CH, on supported metals ［J］. Catal. Lett. , 1992, 16（4）: 399-405.

［7］ MCCARTY J G, WISE H. Hydrogenation of surface carbon on alumina-supported nickel ［J］. J. Catal. , 1979, 57（3）: 406-416.

［8］ BARTHOLOMEW C H. Carbon deposition in steam reforming and methantion ［J］. Catal. Rev. Sci. Eng. , 1982, 24（1）: 67-112.

［9］ CEYER S T. Translational and collision-induced activation of CH_4 on Ni(111): Phenomena connection ultra-high-vacuum surface science to high-pressure heterogeneous catalysis ［J］. Langmuir, 1990, 6（1）: 82-87.

［10］ BURGHGRAEF H, JANSEN A P J, VAN SANTEN R A. Methane activation and dehydrogenation on nickel and cobalt: A computational study ［J］. Surf. Sci. , 1995, 324（2/3）: 345-356.

［11］ PURWANTO W W, MUHARAM Y. An industrial gas engine perfomance and exhaust gas emission run with gas fuel with high CO_2 gas content ［A］. Bali: Indonesia, 2000.

［12］ AU C T, LIAO M S, NG C F. A detailed theoretical treatment of the partial oxidation of methane to syngas on transition and coinage metal（M）catalysts（M=Ni, Pd, Pt, Cu）［J］. J. Phys. Chem. A, 1998, 102（22）: 3959-3969.

［13］ LIAO M S, AU C T, NG C F. Methane dissociation on Ni, Pd, Pt and Cu metal（111）surfaces—A theoretical comparative study ［J］. 1997, 272（5/6）: 445-452.

［14］ BEENGAARD H S, ALSTRUP I, CHORKENDORFF I, et al. Chemisorption of methane on Ni(100) and Ni(111) surfaces with preadsorbed potassium ［J］. J. Catal. , 1999, 187（1）: 238-244.

［15］ HAROUN M F, MOUSSOUNDA P S, LEGARE P. Theoretical study of methane adsorption on perfect and defective Ni(111) surfaces ［J］. Catal. Today, 2008, 138（1/2）: 77-83.

［16］ HAROUN M F, MOUSSOUNDE P S, LEGARE P. Dissociative adsorption of methane on Ni(111) surface with and without adatom: A theoretical study ［J］. J. Mol. Stru. : THEOCHEM. , 2009, 903（1/2/3）: 83-88.

［17］ ABILD-PEDERSEN F, LYTKEN O, ENGBAK J, et al. Methane activation on Ni(111): Effects of poisons and step defects ［J］. Surf. Sci. , 2005, 590（2/3）: 127-137.

［18］ 钱岭, 阎子峰. 担载型镍基催化剂上甲烷二氧化碳重整反应机理的研究 ［J］. 复旦学报, 2003, 42（3）: 392-395.

［19］ ROSEI R, CRESCENZI M D, SETTE F, et al. Structure of graphitic carbon on Ni(111): A surface extended-energy-loss fine-structure study ［J］. Phys. Rev. B, 1983, 28（2）: 1161-1164.

［20］ KLINK C, STENSGAARD I, BESENBACHER F, et al. An STM study of carbon-induced structures on Ni(111): Evidence for a carbidic-phase clock reconstruction ［J］. Surf. Sci. , 1995, 342（1/2/3）: 250-260.

［21］ GAMO Y, NAGASHIMA A, WAKABAYASHI M, et al. Atomic structure of monolayer graphite formed on Ni(111) ［J］. Surf. Sci. , 1997, 374（1/2/3）: 61-64.

［22］ BERTONI G, CALMELS L, ALTIBELLI A, et al. First-principles calculation of the electronic structure and EELS spectra at the graphene/Ni(111) interface ［J］. Phys. Rev. B, 2005, 71

(7): 075402-0754028.

[23] PERDEW J P, BURKE K, ERNZERHOF M. Generalized gradient approximation made simple [J]. Phys. Rev. Lett., 1996, 77: 3865-3868.

[24] KALIBAEVA G, VUILLEUMIER R, MELONI S, et al. Ab initio simulation of carbon clustering on an Ni(111) surface: A model of the poisoning of nickel-based catalysts [J]. J. Phys. Chem. B, 2006, 110 (8): 3638-3646.

[25] HELVEG S, LÓPEZ-CARTES C, SEHESTED J, et al. Atomic-scale imaging of carbon nanofibre growth [J]. Nature, 2004, 427: 426-429.

[26] ABILD-PEDERSEN F, NØRSKOV J K, ROSTRUP-NIELSEN J R, et al. Mechanisms for catalytic carbon nanofiber growth studied by ab initio density functional theory calculations [J]. Phys. Rev. B, 2006, 73 (11): 115419-115429.

[27] FUENTES-CABRERA M, BASKES M I, MELECHKO A V, et al. Bridge structure for the graphene/Ni(111) system: A first principles study [J]. Phys. Rev. B, 2008, 77 (3): 0354051-0354055.

[28] GAJEWSKI G, PAO C W. Ab initio calculations of the reaction pathways for methane decomposition over the Cu(111) surface [J]. J. Chem. Phys., 2011, 135 (6): 0647071-0647079.

[29] CHENG J, HU P, ELLIS P, et al. Chain growth mechanism in Fischer-Tropsch synthesis: A DFT study of CC coupling over Ru, Fe, Rh, and Re surfaces [J]. J. Phys. Chem. C, 2008, 112 (15): 6082-6086.

[30] SOMORJAI G A. Introduction to surface chemistry and catalysis [M]. New York: Wiley, 1994.

[31] HAMMER B, NORSKOV J K. Theoretical surface scicence and catalysis-calculations and concepts [J]. Adv. Catal., 2000, 45: 71-129.

[32] SHAH V, LI T, BAUMERT K L, et al. A comparative study of CO chemisorption on flat and stepped Ni surfaces using density functional theory [J]. Surf. Sci., 2003, 537 (1): 217-227.

[33] WANG S G, CAO D B, LI Y W, et al. CH$_4$ dissociation on Ni surfaces: Density funcitional theretical study [J]. Surf. Sci., 2006, 600 (16): 3226-3234.

[34] PAYNE M C, TETER M P, ALLAN D C, et al. Iterative minimization techniques for ab initio total-energy calculations: Molecular dynamics and conjugate gradients [J]. Rev. Mod. Phys., 1992, 64 (4): 1045-1097.

[35] MILMAN V, WINKLER B, WHITE J A, et al. Electronic structure, properties, and phase stability of inorganic crystals: A pseudopotential plane-wave study [J]. Int. J. Quantum Chem., 2000, 77 (5): 895-910.

[36] PERDEW J P, BURKE K, ERNZERHOF M. Generalized gradient approximation made simple [J]. Phys. Rev. Lett., 1996, 77 (18): 3865-3868.

[37] VANDERBILT D. Soft self-consistent pseudopotentials in a generalized eigenvalue formalism [J]. Phys. Rev. B, 1990, 41 (11): 7892-7895.

[38] MONKHORST H J, PACK J D. Special points for brillouin-zone integrations [J]. Phys. Rev. B, 1976, 13 (12): 5188-5192.

[39] ZUO Z J, HUANG W, HAN P D, et al. A density functional theory study of CH₄ dehydrogenation on Co(111) [J]. Appl. Surf. Sci. , 2010, 256 (20): 5929-5934.

[40] MOUSSOUNDA P S, HAROUN M F, MABIALA B M, et al. A DFT investigation of methane molecular adsorption on Pt(100) [J]. Surf. Sci. , 2005, 594 (1/2/3): 231-239.

[41] SORESCU D C. First-principles calculations of the adsorption and hydrogenation reactions of CH$_x$ ($x=0$, 4) species on a Fe(100) surface [J]. Phys. Rev. B, 2006, 73 (15): 155420-155436.

[42] AN W, ZENG X C, TURER C H. First-principles study of methane dehydrogenation on a bimetallic Cu/Ni(111) surface [J]. J. Chem. Phys. , 2009, 131 (17): 17470201-17470211.

[43] LEE M B, YANG Q Y, CEYER S T. Dynamics of the activated dissociative chemisorption of CH₄ and implication for the pressure gap in catalysis: A molecular beam-high resolution electron energy loss study [J]. J. Chem. Phys. , 1987, 87 (5): 2724-2741.

[44] LEE M B, YANG Q Y, TANG S L, et al. Activated dissociative chemisorption of CH₄ on Ni(111): Observation of a methyl radical and implication for the pressure gap in catalysis [J]. J. Chem. Phys. , 1986, 85 (3): 1693-1694.

[45] 刘红艳, 章日光, 王宝俊. CH₄ 在 Fe(111) 面上解离的理论研究 [J]. 太原理工大学学报 (自然科学版), 2012, 43 (5): 319-324.

[46] SIEGBAHN P E M, PANAS I. A theoretical study of CH$_x$ chemisorption on the Ni(100) and Ni(111) surfaces [J]. Surf. Sci. , 1990, 240 (1/2/3): 37-49.

[47] SWANG O, FAEGRI K, GROPEN O, et al. A theoretical study of the chemisorption of methane on a Ni(100) surface [J]. Chem. Phys. , 1991, 156 (3): 379-386.

[48] YANG H, WHITTEN J L. Chemisorption of atomic H and CH$_x$ fragments on Ni(111) [J]. Surf. Sci. , 1991, 255 (1/2): 193-207.

[49] YANG H, WHITTEN J L. Ab initio chemisorption studies of CH₃ on Ni(111) [J]. J. Am. Chem. Soc. , 1991, 113 (17): 6442-6449.

[50] YANG H, WHITTEN J L. Dissociative chemisorption of CH₄ on Ni(111) [J]. J. Chem. Phys. , 1992, 96 (7): 5529-5537.

[51] MICHAELIDES A, HU P. Methyl chemisorption on Ni (111) and C—H—M multicentre bonding: A density functional theory study [J]. Surf. Sci. , 1999, 437 (3): 362-376.

[52] MICHAELIDES A, HU P. A density functional theory study of CH₂ and H adsorption on Ni(111) [J]. J. Chem. Phys. , 2000, 112 (13): 6006-6014.

[53] MICHAELIDES A, HU P. A first principles study of CH₃ dehydrogenation on Ni(111) [J]. J. Chem. Phys. , 2000, 112 (18): 8120-8125.

[54] WANG S G, CAO D B, LI Y W, et al. CH₄ dissociation on Ni surfaces: Density funcitional theretical study [J]. Surf. Sci. , 2006, 600 (16): 3226-3234.

[55] BJØRGUM E, CHEN D, BAKKEN M G, et al. Energetic mapping of Ni catalysts by detailed kinetic modeling [J]. J. Phys. Chem. B, 2005, 109 (6): 2360-2370.

[56] XU J, SAEYS M. Improving the coking resistance of Ni-based catalysts by promotion with subsurface boron [J]. J. Catal. , 2006, 242 (1): 217-226.

[57] MORTENSEN K, BESENBACHER F, STENSGAARD I, et al. Deuterium on the Ni(111)

surface: An adsorption-position determination by transmission channeling [J]. Surf. Sci. , 1988, 205 (3): 433-446.

[58] PILLAY D, JOHANNES M D. Comparison of sulfur interaction with hydrogen on Pt(111), Ni(111) and Pt$_3$Ni(111) surfaces: The effect of intermetallic bonding [J]. Surf. Sci. , 2008, 602 (16): 2752-2757.

[59] YANG H, WHITTEN J L. Adsorption of SH and OH and coadsorption of S, O and H on Ni(111) [J]. Surf. Sci. , 1997, 370 (2/3): 136-154.

[60] DELBECQ F, ZAERA F. Origin of the selectivity for trans-to-cis isomerization in 2-butene on Pt(111) single crystal surfaces [J]. J. Am. Chem. Soc. , 2008, 130 (45): 14924-14925.

[61] LIN R J, LI F Y, CHEN H L. Computational investigation on adsorption and dissociation of the NH$_3$ molecule on the Fe(111) surface [J]. J. Phys. Chem. C, 2011, 115 (2): 521-528.

[62] TAKENAKA S, ORITA Y, MATSUNE H, et al. Structures of silica-supported Co catalysts prepared using microemulsion and their catalytic performance for the formation of carbon nanotubes through the decomposition of methane and ethylene [J]. J. Phys. Chem. C, 2007, 111 (21): 7748-7756.

[63] ZHANG Y, SMITH K J. CH$_4$ decomposition on Co catalysts: Effect of temperature, dispersion, and the presence of H$_2$ or CO in the feed [J]. Catal. Today, 2002, 77 (3): 257-268.

[64] ZHANG Y, SMITH K J. A kinetic model of CH$_4$ decomposition and filamentous carbon formation on supported Co catalysts [J]. J. Catal. , 2005, 231 (2): 354-364.

[65] ZHANG Y, SMITH K J. Carbon formation thresholds and catalyst deactivation during CH$_4$ decomposition on supported Co and Ni catalysts [J]. Catal. Lett. , 2004, 95 (1/2): 7-12.

[66] NAGY J B, BISTER G, FONSECA A, et al. On the growth mechanism of single-walled carbon nanotubes by catalytic carbon vapor deposition on supported metal catalysts [J]. J. Nanosci. Nanotechno. , 2004, 4 (4): 326-345.

[67] TAKENAKA S, ISHIDA M, SERIZAWA M, et al. Formation of carbon nanofibers and carbon nanotubes through methane decomposition over supported cobalt catalysts [J]. J. Phys. Chem. B, 2004, 108 (31): 11464-11472.

[68] WOOD J D, SCHMUCKER S W, LYONS A S, et al. Effects of polycrystalline Cu substrate on graphene growth by chemical vapor depositon [J]. Nano Lett. , 2011, 11 (11): 4547-4554.

[69] ERDÖHELYI A, CSERÉNYI J, SOLYMOSI F. Activation of CH$_4$ and its reaction with CO$_2$ over supported Rh catalysts [J]. J. Catal. , 1993, 141 (1): 287-299.

[70] TSANG S C, CLARIDGE J B, GREEN M L H. Recent advances in the conversion of methane to synthesis gas [J]. Catal. Today, 1995, 23 (1): 3-15.

[71] TOMISHIGE K, YAMAZAKI O, CHEN Y G, et al. Development of ultra-stable Ni catalysts for CO$_2$ reforming of methane [J]. Catal. Today, 1998, 45 (1/2/3/4): 35-39.

[72] LO J M H, ZIEGLER T. Adsorption and dissociation of CO on a Fe-Co alloy (110) surface: A theoretical study [J]. J. Phys. Chem. C, 2008, 112 (10): 3679-3691.

[73] HUO C F, REN J, LI Y W, et al. CO dissociation on clean and hydrogen precovered Fe (111) surfaces [J]. J. Catal. , 2007, 249 (2): 174-184.

[74] MORIKAWA Y, MORTENSEN J J, HAMMER B, et al. CO adsorption and dissociation on Pt(111) and Ni(111) surfaces [J]. Surf. Sci. , 1997, 386 (1/2/3): 67-72.

[75] LI T, BHATIA B, SHOLL D S. First-principles study of C adsorption, O adsorption, and CO dissociation on flat and stepped Ni surfaces [J]. J. Chem. Phys. , 2004, 121 (20): 10241-10249.

[76] MAVRIKAKIS M, BÄUMER M, FREUND H J, et al. Structure sensitivity of CO dissociation on Rh Surfaces [J]. Catal. Lett. , 2002, 81 (3/4): 153-156.

[77] ANDERSSON M P, ABILD-PEDERSEN F, REMEDIAKIS I N, et al. Structure sensitivity of the methanation reaction: H_2 induced CO dissociation on nickel surfaces [J]. J. Catal. , 2008, 255 (2): 6-19.

[78] MICHAELIDES A, HU P. A density functional theory study of the reaction of C+O, C+N, and C+H on close packed metal surfaces [J]. J. Chem. Phys. , 2001, 114 (13): 5792-5795.

[79] LIST F A, BLAKELY J M. Kinetics of CO formation on singular and stepped Ni surfaces [J]. Surf. Sci. , 1985, 152-153: 463-470.

[80] ZHU Y A, DAI Y C, CHEN D, et al. First-principles study of C chemisorption and diffusion on the surface and in the subsurfaces of Ni(111) during the growth of carbon nanofibers [J]. Surf. Sci. , 2007, 601 (5): 1319-1325.

[81] CINQUINI F, DELBECQ F, SAUTET P. A DFT comparative study of carbon adsorption and diffusion on the surface and subsurface of Ni and Ni_3Pd alloy [J]. Phys. Chem. Chem. Phys. , 2009, 11: 11546-11556.

[82] SIEGEL DONALD J, HAMILTON J C. First-principles study of the solubility, diffusion, and clustering of C in Ni [J]. Phys. Rev. B, 2003, 68 (9): 094105.

[83] ZHU Y A, ZHOU X G, CHEN D, et al. First-principles study of C adsorption and diffusion on the surfaces and in the subsurfaces of nonreconstructed and reconstructed Ni (100) [J]. J. Phys. Chem. C, 2007, 111 (8): 3447-3453.

[84] SOON A, TODOROVA M, DELLEY B, et al. Oxygen adsorption and stability of surface oxides on Cu(111): A first-principles investigation [J]. Phys. Rev. B, 2006, 73 (16): 165424.

[85] XU Y, MAVRIKAKIS M. Adsorption and dissociation of O_2 on Cu(111): Thermochemistry, reaction barrier and the effect of strain [J]. Surf. Sci. , 2001, 494 (2): 131-144.

[86] ZAERA F, GOPINATH C S. Effect of coverage and temperature on the kinetics of nitrogen desorption from Rh(111) surfaces [J]. J. Chem. Phys. , 2002, 116 (3): 1128-1136.

[87] ANDERSON ALFRED B, ROQUES Jérôme. Activation energies for oxygen reduction on platinum alloys: Theory and experiment [J]. J. Phys. Chem. B, 2005, 109 (3): 1198-1203.

[88] INDERWILDI O R, LEBIEDZ D, DEUTSCHMANN O, et al. Influence of initial oxygen coverage and magnetic moment on the NO decomposition on rhodium (111) [J]. J. Chem. Phys. , 2005, 122 (15): 154702.

4 第二金属（Fe，Co，Cu）的加入对积炭的影响

4.1 引　言

第1章中提到在 Ni 基催化剂中加入第二种金属，可调节 Ni 的活性和抗积炭性能。本章在 Ni 活性组分中加入第二种金属 Fe、Co 和 Cu 形成体相合金和表面合金催化剂，并研究这些催化剂催化 CH_4/CO_2 重整反应中的积炭问题。

4.2　NiM 合金催化剂模型的构建

4.2.1　NiM 合金体相的构建

首先模型化4种双金属的体相。文献报道当 Ni 与 M(M=Fe，Co，Cu)的比例近似为1时，双金属催化剂有好的催化性能和抗积炭性能[1-2]。因此，本书选择 NiM 双金属的比例为1∶1。根据 NiM 的相图[3]，当 Ni 与 M 的比例近似为1时，它们会形成均匀的面心立方固溶体合金。因此，包含1∶1的 Ni 与 M 的催化剂模型化时采用如下的方法：将面心立方的 Ni 晶胞中一半的 Ni 原子用 M 原子所代替。然后把得到的面心立方晶胞进行优化（在优化时，k 点取为 6×6×6），得到取代后面心立方晶胞的最优构型，所得结果列于表4-1中。

表4-1　Ni 晶胞和 NiM(M=Fe，Co，Cu)晶胞的点阵参数

点阵参数	Ni	NiFe			NiCo	NiCu
a/nm	0.3541	0.3565	0.3582[4]	0.3568[5]	0.3511	0.3542
c/nm	0.3541	0.3572			0.3624	0.3660
$\dfrac{c}{a}$	1	1.002			1.032	1.033

可以看出，当一半的 Ni 原子被 M 原子取代后，a 和 c 都有轻微的变化，相应地，a/c 的值也有轻微的变化，并且随加入的 M 原子在元素周期表中从左到右的顺序增大，这与加入原子的键长变化顺序一致。

4.2.2　Ni 基合金表面模型的构建

固体的表面组成常常是不同于体相的，尤其是由不同的物质组成的固体。在

金属合金中，表面偏聚现象较普遍[6]。表面偏聚现象是指两种或两种以上的金属形成合金时，一种合金组分在表面发生富集的现象。实验发现有些原子会在表面发生偏聚，那么本书相关工作所研究的双金属比例 1∶1 的 NiM 合金的表面是均匀的还是偏聚的呢？

4.2.2.1 偏聚能的计算

从理论模型直接定性预测二元合金的表面偏聚现象，需要计算添加原子在基体表面的偏聚能 E_{segr}。表面偏聚能定义为一个添加原子在表面位置（或次表面位置）和远离表面的区域所引起的模型总能量之差。在本书中，表面偏聚能是指一个 M(M=Fe，Co，Cu) 原子取代表面层的一个 Ni 原子的切片模型能量与 M 原子取代基体 Ni 原子的切片模型能量的差值[7-8]。为了准确计算添加原子的偏聚情况，这里选取了五层切片模型，如图 4-1 所示。在均匀的 Ni(111) 五层切片模型上，分别用一个 M(M=Fe，Co，Cu) 原子取代一个位置的 Ni 原子，得到 M 原子在不同位置取代时的构型。1、2、3 分别为三个不同的取代位置。1 位代表表面位，2 位代表次表面位，3 位代表体相位。然后，把取代得到的构型进行优化，得到它们最稳定的空间构型及能量值。根据得到的能量值来计算 M 原子在不同位置偏聚时的偏聚能。

图 4-1　不同 M(M=Fe，Co，Cu) 原子取代
Ni(111) 面上 Ni 原子的计算模型

偏聚能的计算公式为

$$E_{segr} = E_{surf\,1}(\text{或}\ E_{surf\,2}) - E_{surf\,3} \tag{4-1}$$

式中，$E_{surf\,1}$、$E_{surf\,2}$、$E_{surf\,3}$ 分别为 M 原子处于表面第一层、第二层和第三层时体系的总能量。E_{segr} 为负值时，说明 M 原子在表面偏聚；E_{segr} 为正值时，说明

M 在表面不发生偏聚。

4.2.2.2 合金表面模型的选取

如图 4-2 所示为偏聚能与添加的 M(M=Fe，Co，Cu) 原子取代位置的关系图。

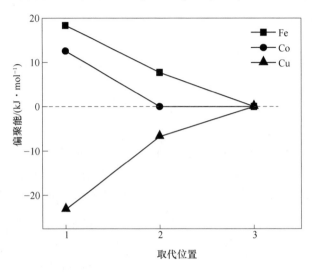

图 4-2   M(M=Fe，Co 或 Cu) 原子在 Ni(111) 表面的偏聚能

从图 4-2 可以得出，Fe 和 Co 在 Ni 的表面和次表面不会发生偏聚；而 Cu 在 Ni 的表面会发生明显的偏聚，在 Ni 的次表面发生轻微的偏聚。因此，对于 NiCo 和 NiFe 合金，采用表面和体相为均一组成的模型，分别如图 4-3 和图 4-4 所示；而对于 NiCu 合金，采用表面偏聚的模型，如图 4-5 所示。同时，为了比较偏聚表面模型与均相表面模型两者对反应的影响，也构建了 NiCu 的均相表面模型（见图 4-5）。

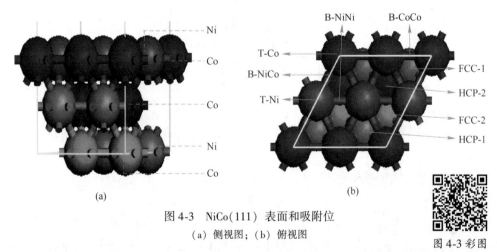

图 4-3   NiCo(111) 表面和吸附位
(a) 侧视图；(b) 俯视图

图 4-3 彩图

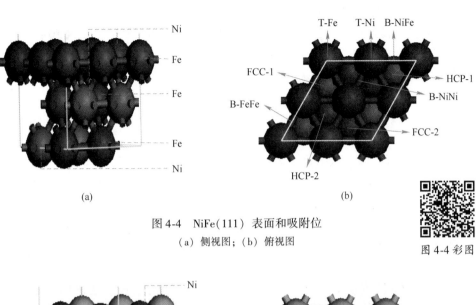

(a)　　　　　　　　　　　　(b)

图 4-4　NiFe(111) 表面和吸附位

(a) 侧视图；(b) 俯视图

图 4-4 彩图

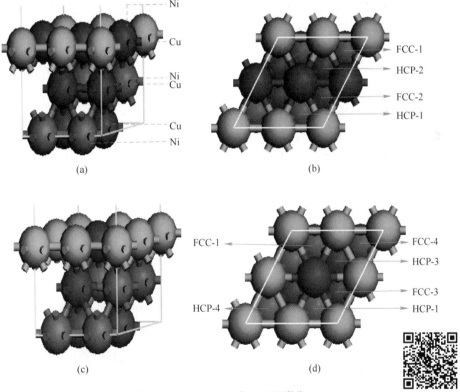

(a)　　　　　　　　　　　　(b)

(c)　　　　　　　　　　　　(d)

图 4-5　NiCu(111) 表面和吸附位

(a) 均相 NiCu(111) 侧视图；(b) 均相 NiCu(111) 俯视图；

(c) 偏聚 NiCu(111) 侧视图；(d) 偏聚 NiCu(111) 俯视图

图 4-5 彩图

(1) NiM 均相模型：沿着 (111) 方向切割体相合金 NiM(M=Fe, Co, Cu)，每个切片的厚度选取三层，为了使相邻切片之间没有相互作用，加入 10 nm 的真空层。和前面构建单金属表面模型的方法一样，为了使吸附物种的相互作用可以忽略，这里切片尺寸也选择为 $p(2×2)$，切片的底部一层固定在它们的体相位置，上面两层可以弛豫。

在 Ni(111) 面上有 4 个高对称的吸附位，即 T 位、B 位、HCP 位和 FCC 位。而在均相 NiM(M=Fe, Co, Cu)(111) 表面，由于 50% 的 Ni 原子被 M 原子取代，因此出现了一些附加的吸附位，这些吸附位分别标示在图 4-3、图 4-4 和图 4-5 中。在 NiM 双金属中存在两个不同的 T 位，分别是 Ni 原子的 T 位和 M 原子的 T 位；有三个不同的 B 位，分别是 Ni—Ni 形成的 B 位，Ni—M 形成的 B 位和 M—M 形成的 B 位；有两个不同的 HCP 或 FCC 三重位，分别是 HCP-1、HCP-2 位或 FCC-1、FCC-2 位。HCP-1 位和 FCC-1 位是由两个 M 原子和一个 Ni 原子组成的；HCP-2 位和 FCC-2 位是由两个 Ni 原子和一个 M 原子组成的。

(2) NiCu 偏聚模型[9]：在均相 NiCu 模型的基础上，交换表面的一个 Ni 原子和次表面的一个 Cu 原子，得到 NiCu 的偏聚表面模型，如图 4-5 所示。

比较图 4-5 中的均相表面和偏聚表面的活性位，可以明显看出，由于 Cu 在表面的偏聚，使得表面的三重位种类由均相表面的 4 个增加到偏聚表面的 6 个，分别为 FCC-1、FCC-3、FCC-4、HCP-1、HCP-3 和 HCP-4 位。与均相表面上相同的吸附位是 FCC-1 位和 HCP-1 位；与均相表面模型完全不同的吸附位是在偏聚表面模型上增加的 HCP-4 位和 FCC-4 位，二者均是由三个 Cu 原子组成的三重位；发生变化的是 HCP-2 位和 FCC-2 位，这里称它们为 HCP-3 位和 FCC-3 位，与前面的不同在于组成三重位的原子由原来的两个 Ni 原子和一个 M 原子，变成了现在的两个 M 原子和一个 Ni 原子。

4.2.3　模型的表面弛豫分析

优化得到合金的表面模型结构后，计算了表面的 Ni—Ni 键及 M—M(M=Fe, Co, Cu) 键的键长以及第一层和第二层中每一个原子的垂直位移，结果列在表 4-2 中。表 4-2 中的 $\Delta z(Ni^1)$ 和 $\Delta z(Ni^2)$ 分别为表面上第一层和第二层的 Ni 原子相对于表面的垂直位移，$\Delta z(M^1)$ 和 $\Delta z(M^2)$ 分别为表面上第一层和第二层添加的 M 原子相对于表面的垂直位移。其中，Δz 为负值表示原子相对于表面向真空层弛豫；反之，正值表示原子向体相弛豫。

表 4-2　各种模型表面原子间的距离以及原子的垂直位移

单金属或合金	$d_{M—M}$/nm	$d_{Ni—Ni}$/nm	$\Delta z(Ni^1)$	$\Delta z(Ni^2)$	$\Delta z(M^1)$	$\Delta z(M^2)$
Fe	0.2549	—	—	—	-0.011	-0.011

单金属或合金	d_{M-M}/nm	d_{Ni-Ni}/nm	$\Delta z(Ni^1)$	$\Delta z(Ni^2)$	$\Delta z(M^1)$	$\Delta z(M^2)$
Co	0.2518	—	—	—	0.058	0.058
Ni	—	0.2502	0.034	0.038	—	—
Cu	0.2566	—	—	—	0	0
NiFe	0.2521	0.2521	0.040	0.056	0.048	0.046
NiCo	0.2483	0.2483	0.051	0.040	0.037	0.047
均相 NiCu	0.2517	0.2517	0.048	0.011	−0.029	0.024
偏聚 NiCu	0.2518	—	0.071	0.016	−0.013	0.016

从表 4-2 中可以看出，对于单金属来说，表面层上 M—M 键的键长顺序为 Cu >Fe>Co>Ni；对于双金属合金来说，表面的 M—M 键的键长介于 Ni 和 M 原子的键长之间，它们的键长顺序为 NiFe>偏聚 NiCu>均相 NiCu>NiCo。

对于每一个原子的垂直位移来说，金属 Fe 中的 Fe 原子在第一层和第二层都有向真空层的弛豫，NiCu 合金中的 Cu 原子在第一层有向真空层的弛豫，金属 Cu 中的 Cu 原子几乎不弛豫，其他的原子都有向体相的弛豫。

总的来说，各种模型表面原子之间的距离变化不大，而且第一层和第二层的原子相对于第三层的原子有向体相或向真空层的弛豫。因此在后续的有关表面反应中，需要考虑金属及合金的表面弛豫现象。

4.3　NiM 合金催化热解 C 的生成

4.3.1　物种的吸附

4.3.1.1　CH₄ 在 NiM(111) 表面的吸附

CH_4 在 NiM(111) 表面的吸附也是物理吸附。在本章节中，如果没有特别说明，都以 NiCo 合金为例[10]。各物种在表面的吸附构型以及过渡态构型与第 3 章单金属表面的吸附构型和过渡态构型类似，在本章节中不再图示。对于 CH_4 在 NiCo(111) 表面吸附的几何构型，只考虑了两种适合 CH_4 解离的吸附结构，即 CH_4 中的三个 H 原子指向表面，另一个 H 原子指向通过表面 Ni 或 Co 的表面法线。计算的吸附能值都为 -0.01 eV，C—Ni 和 C—Co 的距离分别为 0.3871 nm 和 0.3775 nm，而 C—H 键的长度基本上相同（0.1096 nm、0.1097 nm）。显然，Co 的添加不会影响 CH_4 在 Ni 表面的吸附。

CH_4 吸附在其他合金表面的吸附能以及构型参数等见表 4-3。

表 4-3　CH$_x$($x=0\sim4$) 和 H 在 NiCo(111) 表面吸附的几何构型参数和吸附能

CH$_x$($x=$ 0~4) 或 H	吸附位		$d_{C-Ni(1,2)}$ /nm	$d_{C-Co(1,2)}$ /nm	$d_{C-H(1,2)}$ /nm	$d_{Ni(Co)-H(1,2)}$ /nm	E_{ads} /eV
CH$_4$	T(Ni)		0.3871		0.1096		-0.01
	T(Co)			0.3775	0.1097		-0.01
CH$_3$	T(Ni)	top-H	0.1966		0.1100		-1.43
		bri-H	0.1968		0.1099		-1.43
	T(Co)	top-H		0.1995	0.1100		-1.45
		bri-H		0.1995	0.1100		-1.45
	B-CoCo			0.2110	0.2110		-1.68
	FCC-1		0.2138	0.2134	0.1128		-1.90
	FCC-2		0.2124	0.2154	0.1118		-1.75
	HCP-1		0.2140	0.2141	0.1120		-1.81
	HCP-2		0.2155	0.2161	0.1116		-1.71
CH$_2$	FCC-1	top-Ni—H	0.1759	0.1951	0.1156, 0.1102	0.1759	-4.66
		top-Co—H	0.1962	0.1946, 0.2026	0.1100, 0.1151	0.1849	-4.57
	FCC-2	top-Ni—H	0.2157, 0.1950	0.2021	0.1147, 0.1102	0.1831	-4.52
		top-Co—H	0.1948	0.1977	0.1162, 0.1101	0.1787	-4.59
	HCP-1	top-Ni—H	0.2012	0.1954	0.1155, 0.1104	0.1809	-4.56
		top-Co—H	0.1956	0.1948, 0.2003	0.1156, 0.1102	0.1818	-4.64
	HCP-2	top-Ni—H	0.2019, 0.1940	0.1937	0.1156, 0.1102	0.1801	-4.56
		top-Co—H	0.1939, 0.1948	0.1976	0.1167, 0.1101	0.1772	-4.65
CH	FCC-1		0.1889	0.1878	0.1099		-6.13
	FCC-2		0.1882	0.1860	0.1100		-6.02
	HCP-1		0.1896	0.1869	0.1102		-6.12
	HCP-2		0.1880	0.1857	0.1101		-6.11
C	FCC-1		0.1826	0.1783			-6.71
	FCC-2		0.1861	0.1756			-6.60
	HCP-1		0.1819	0.1778			-6.82
	HCP-2		0.1802	0.1758			-6.74

CH$_x$($x=$ 0~4) 或 H	吸附位	$d_{C-Ni(1,2)}$ /nm	$d_{C-Co(1,2)}$ /nm	$d_{C-H(1,2)}$ /nm	$d_{Ni(Co)-H(1,2)}$ /nm	E_{ads} /eV
H	T(Ni)				0.1492	−2.15
	B-NiNi				0.1638	−2.58
	B-CoCo				0.1675	−2.58
	FCC-1				0.1710, 0.1758	−2.75
	FCC-2				0.1714, 0.1758	−2.72
	HCP-1				0.1721, 0.1751	−2.74
	HCP-2				0.1717, 0.1752	−2.72

注：(1, 2) 表示两个键是同种键，但键长不等。

从吸附能数据可以看出，CH$_4$ 在合金表面的吸附能在 −0.02~0 eV 范围内，并且 CH$_4$ 到合金表面距离都大于 0.3500 nm，因此认为 CH$_4$ 在 NiM(M=Fe, Co, Cu) 表面的吸附都是物理吸附，或者说金属 Fe、Co、Cu 的添加不会影响 CH$_4$ 在 Ni 表面的吸附。

4.3.1.2 CH$_3$ 在 NiM(111) 表面的吸附

对 CH$_3$ 在 NiCo 合金表面的吸附，考虑了两种不同的方位角：一种是 C—H 键指向邻近的金属原子，记作 top-H；另一种是 C—H 键指向邻近金属原子的桥位，记作 bri-H。

CH$_3$ 吸附在 NiCo 合金表面的 T 位时，优化得到 4 种稳定的构型。当 CH$_3$ 以 top-H 形式吸附在 NiCo 合金表面 Ni 的 T 位时，几何构型具有 C$_{3v}$ 对称性（$d_{C-H}=$ 0.1100 nm，$d_{C-Ni}=$0.1966 nm）；当 CH$_3$ 以 bri-H 形式吸附在 NiCo 合金表面 Ni 的 T 位时，几何构型也具有 C$_{3v}$ 对称性（$d_{C-H}=$ 0.1099 nm，$d_{C-Ni}=$ 0.1968 nm）。它们的吸附能均为−1.43 eV。显然，这两种不同的方位角取向对 CH$_3$ 在 NiCo(111) 表面 Ni 的 T 位的吸附几乎没有影响。

当 CH$_3$ 以 top-H 形式吸附在 NiCo 合金表面 Co 的 T 位时，几何构型同样具有 C$_{3v}$ 对称性（$d_{C-H}=$0.1100 nm，$d_{C-Co}=$0.1995 nm）；相应地，CH$_3$ 以 bri-H 形式吸附在 NiCo 合金表面 Co 的 T 位时，几何构型也具有 C$_{3v}$ 对称性（$d_{C-H}=$0.1100 nm，$d_{C-Co}=$0.1995 nm）。显然，CH$_3$ 以两种方位角吸附在 NiCo 合金表面 Co 的 T 位时，吸附能都为−1.45 eV，说明不同的方位角取向对 CH$_3$ 在 NiCo(111) 表面上的吸附几乎没有影响。因此，在后续的研究中只考虑 top-H 构型的吸附。

CH$_3$ 吸附在 NiCo 合金表面的 B 位时，只有一种稳定的构型，即 CH$_3$ 吸附在 B-CoCo 位。C—Co 的距离为 0.2110 nm，相应的吸附能为 −1.68 eV，明显强于其在 T 位的吸附。然而，在 Ni(111) 表面没有发现 CH_3 在 B 位的吸附。

CH_3 吸附在三重位时，优化得到 4 种稳定的构型。在 HCP-2 位和 FCC-2 位，CH_3 同时与两个 Ni 原子和一个 Co 原子相互作用，相应的吸附能分别为 -1.71 eV 和 -1.75 eV；然而当 CH_3 吸附在 HCP-1 位或 FCC-1 位时，CH_3 与两个 Co 原子和一个 Ni 原子成键，相应的吸附能分别为 -1.81 eV 和 -1.90 eV。

显然 CH_3 在这些高对称位的吸附能顺序为 FCC-1>HCP-1>FCC-2>HCP-2>B>T。在这些构型中，当 CH_3 在 FCC-1 位上时具有最长的 C—H 键，键长为 0.1128 nm。与 CH_3 在 Ni(111) 面上的吸附相比，在 NiCo(111) 面上 CH_3 有更大的吸附能且 C—H 键更长，说明 Co 的加入使得 CH_3 的吸附能力加强，进而使 C—H 键活化程度更高。

合金 NiFe、均相 NiCu 和偏聚 NiCu 上 CH_3 的吸附，稳定构型参数和吸附能分别列于表 4-4 ~ 表 4-6 中。

表 4-4 $CH_x(x=0 \sim 4)$ 和 H 在 NiFe(111) 表面吸附的几何构型参数和吸附能

$CH_x(x= 0 \sim 4)$ 或 H	吸附位		$d_{C—Ni(1,2)}$ /nm	$d_{C—Fe(1,2)}$ /nm	$d_{C—H(1,2)}$ /nm	$d_{Ni(Fe)—H}$ /nm	E_{ads} /eV
CH_4	T(Ni)		0.3852		0.1097		0
CH_3	T(Ni)	top-H	0.1976		0.1100		-1.52
		bri-H	0.1972		0.1101		-1.52
	T(Fe)	top-H		0.2005	0.1100		-1.53
		bri-H		0.2005	0.1100		-1.53
	B-FeFe			0.2156	0.1108		-1.80
	FCC-1		0.2103	0.2152	0.1119		-2.09
	FCC-2		0.2180	0.2117	0.1116		-1.95
	HCP-1		0.2179	0.2166	0.1116		-2.03
	HCP-2		0.2127	0.2155	0.1119		-1.90
CH_2	FCC-1	top-Ni—H	0.2011	0.1950, 0.1975	0.1152, 0.1104	0.1811	-4.81
		top-Fe—H	0.1956	0.1980, 0.1999	0.1147, 0.1102	0.1867	-4.94
	FCC-2	top-Ni—H	0.2002, 0.1961	0.1945	0.1157, 0.1103	0.1791	-4.75
		top-Fe—H	0.1968, 0.1974	0.1958	0.1158, 0.1099	0.1815	-4.88
	HCP-1	top-Ni—H	0.2021	0.1982, 0.1951	0.1132, 0.1108	0.1942	-4.75
		top-Fe—H	0.1976	0.2006, 0.1977	0.1139, 0.1104	0.1919	-4.83
	HCP-2	top-Ni—H	0.2010, 0.1960	0.1941	0.1152, 0.1105	0.1826	-4.71
		top-Fe—H	0.1962	0.1958	0.1161, 0.1100	0.1805	-4.83

续表4-4

CH$_x$($x=$ 0~4) 或 H	吸附位	$d_{C-Ni(1,2)}$ /nm	$d_{C-Fe(1,2)}$ /nm	$d_{C-H(1,2)}$ /nm	$d_{Ni(Fe)-H}$ /nm	E_{ads} /eV
CH	FCC-1	0.1908	0.1879	0.1100		-6.30
	FCC-2	0.1904	0.1861	0.1100		-6.22
	HCP-1	0.1918	0.1866	0.1102		-6.29
	HCP-2	0.1900	0.1841	0.1101		-6.23
C	FCC-1	0.1838	0.1794			-7.01
	FCC-2	0.1827	0.1759			-6.83
	HCP-1	0.1775	0.1776			-7.04
	HCP-2	0.1824	0.1735			-6.94
H	FCC-1				0.1701, 0.1780	-2.89
	FCC-2				0.1720, 0.1784	-2.88
	HCP-1				0.1706, 0.1786	-2.91
	HCP-2				0.1715, 0.1802	-2.83

注：(1，2) 表示两个键是同种键，但键长不等。

表 4-5 CH$_x$($x=0~4$) 和 H 在均相 NiCu(111) 表面吸附的几何构型参数和吸附能

CH$_x$($x=$ 0~4) 或 H	吸附位		$d_{C-Ni(1,2)}$ /nm	$d_{C-Cu(1,2)}$ /nm	$d_{C-H(1,2)}$ /nm	$d_{Ni(Cu)-H(1,2)}$ /nm	E_{ads} /eV
CH$_4$	T(Ni)		0.3678		0.1096		-0.02
CH$_3$	T(Ni)	top-H	0.1976		0.1099		-1.61
		bri-H	0.1938		0.1100		-1.61
	T(Cu)	top-H	0.1978		0.1098		-1.26
		bri-H	0.1989		0.1097		-1.25
	B-NiNi		0.2117, 0.2012		0.1138, 0.1103		-1.76
	B-NiCu		0.2038	0.2195	0.1122, 0.1100		-1.50
	FCC-1		0.2085	0.2238	0.1118, 0.1109		-1.61
	FCC-2		0.2084	0.2187	0.1124, 0.1108		-1.77
	HCP-1		0.2033	0.2267, 0.2285	0.1120, 0.1107		-1.54
	HCP-2		0.2103	0.2246	0.1122, 0.1107		-1.81

CH$_x$($x=$ 0~4) 或 H	吸附位		$d_{C-Ni(1,2)}$ /nm	$d_{C-Cu(1,2)}$ /nm	$d_{C-H(1,2)}$ /nm	$d_{Ni(Cu)-H(1,2)}$ /nm	E_{ads} /eV
CH$_2$	FCC-1	top-Ni—H	0.1923	0.1987	0.1152, 0.1099	0.1778	-4.25
		top-Cu—H	0.1881	0.2060, 0.2107	0.1114, 0.1106	0.2126	-4.27
	FCC-2	top-Ni—H	0.1876, 0.1923	0.2035	0.1158, 0.1102	0.1773	-4.70
		top-Cu—H	0.1911	0.2155	0.1116, 0.1110	0.2094	-4.66
	HCP-1	top-Ni—H	0.1902	0.1983, 0.2087	0.1123, 0.1103	0.1999	-4.20
		top-Cu—H	0.1868	0.2044, 0.2149	0.1111, 0.1104	0.2124	-4.30
	HCP-2	top-Ni—H	0.1886, 0.1937	0.2063	0.1114, 0.1103	0.1854	-4.71
		top-Cu—H	0.1917	0.2220	0.1114, 0.1109	0.2136	-4.67
CH	FCC-1		0.1792	0.1934	0.1098		-5.52
	FCC-2		0.1817	0.1985	0.1100		-6.20
	HCP-1		0.1788	0.1927	0.1098		-5.51
	HCP-2		0.1813	0.1991	0.1100		-6.18
C	FCC-1		0.1715	0.1870			-5.90
	FCC-2		0.1949	0.1744			-6.74
	HCP-1		0.1714	0.1883			-5.91
	HCP-2		0.1742	0.1937			-6.80
H	FCC-1					0.1646, 0.1764	-2.70
	FCC-2					0.1807, 0.1668	-2.81
	HCP-1					0.1626, 0.1702	-2.65
	HCP-2					0.1814, 0.1665	-2.84

注: (1, 2) 表示两个键是同种键, 但键长不等。

表4-6 CH$_x$($x=0~4$) 和 H 在偏聚 NiCu(111) 表面吸附的几何构型参数和吸附能

CH$_x$($x=$ 0~4) 或 H	吸附位	d_{C-Ni} /nm	$d_{C-Cu(1,2)}$ /nm	$d_{C-H(1,2)}$ /nm	$d_{Ni(Cu)-H(1,2)}$ /nm	E_{ads} /eV
CH$_4$	T(Ni)	0.3678		0.1096		-0.02
CH$_3$	FCC-1	0.2085	0.2271, 0.2202	0.1112		-1.66
	FCC-3	0.2071	0.2243, 0.2260	0.1111		-1.62
	FCC-4		0.2243	0.1106		-1.39
	HCP-1	0.2070	0.2258	0.1116		-1.58

$CH_x(x=0\sim4)$ 或 H	吸附位		d_{C-Ni} /nm	$d_{C-Cu(1,2)}$ /nm	$d_{C-H(1,2)}$ /nm	$d_{Ni(Cu)-H(1,2)}$ /nm	E_{ads} /eV
CH_3	HCP-3		0.2093	0.2242	0.1111		−1.60
	HCP-4			0.2278	0.1105		−1.24
CH_2	FCC-1	top-Ni—H	0.1922	0.1969	0.1153, 0.1099	0.1784	−4.35
		top-Cu—H	0.1888	0.2089	0.1110		−4.33
	FCC-3	top-Ni—H	0.1922	0.1969	0.1153, 0.1099	0.1784	−4.34
		top-Cu—H	0.1894	0.2033, 0.2144	0.1119, 0.1103	0.2035	−4.27
	FCC-4		0.2014	0.1960	0.1111	0.2123	−3.93
	HCP-1	top-Ni—H	0.1906	0.2025	0.1117	0.1895	−4.22
		top-Cu—H	0.1890	0.2018, 0.2151	0.1113, 0.1105	0.2109	−4.24
	HCP-3	top-Ni—H	0.1902	0.2002	0.1153, 0.1099	0.1786	−4.27
		top-Cu—H	0.1887	0.2095	0.1112, 0.1106		−4.27
	HCP-4			0.1958, 0.2051	0.1112, 0.1099	0.2074	−3.78
CH	FCC-1		0.1802	0.1937	0.1098		−5.61
	FCC-3		0.1802	0.1937	0.1099		−5.60
	FCC-4			0.1895	0.1097		−4.99
	HCP-1		0.1798	0.1937	0.1099		−5.54
	HCP-3		0.1798	0.1943	0.1099		−5.58
	HCP-4			0.1892	0.1098		−4.90
C	FCC-1		0.1720	0.1876			−5.98
	FCC-3		0.1722	0.1878			−5.99
	FCC-4			0.1832			−5.08
	HCP-1		0.1718	0.1882			−5.96
	HCP-3		0.1715	0.1880			−6.03
	HCP-4			0.1836			−5.09
H	FCC-1					0.1649, 0.1765	−2.72
	FCC-3					0.1638, 0.1772	−2.70
	FCC-4					0.1733	−2.51
	HCP-1					0.1649, 0.1765	−2.67
	HCP-3					0.1647, 0.1770	−2.68
	HCP-4					0.1729	−2.40

注：（1，2）表示两个键是同种键，但键长不等。

4.3.1.3 CH_2 在 NiM(111) 表面的吸附

与单金属 Ni 表面吸附不同的是，NiCo 合金表面增加了 Co 原子，因而当 CH_2 在表面吸附时，H 原子不仅会和表面的 Ni 原子成键而且也会和表面的 Co 原子成键，分别表示为 top-Ni—H 和 top-Co—H。通过优化得到 CH_2 在 NiCo(111) 面上吸附时的 8 种稳定构型，它们的几何构型参数和吸附能分别列于表 4-3 中。当 CH_2 以 top-Co—H 构型吸附在 HCP-2 位时，指向 Co 原子的 C—H 键伸长到 0.1167 nm，而另一个 C—H 键仅伸长到 0.1101 nm；而当 CH_2 以 top-Ni—H 构型吸附在 HCP-2 位时，指向 Ni 原子的 C—H 键伸长到 0.1156 nm，而另一个 C—H 键仅伸长到 0.1102 nm。在 NiCo(111) 面上，吸附能的顺序为 FCC-1(top-Ni—H) > HCP-2(top-Co—H) > HCP-1(top-Co—H) > FCC-2(top-Co—H) > FCC-1(top-Co—H) > HCP-2(top-Ni—H) = HCP-1(top-Ni—H) > FCC-2(top-Ni—H)。

在 NiFe(111) 和均相 NiCu(111) 表面，CH_2 的吸附构型与其在 NiCo(111) 面上吸附时相似。如表 4-4 所示，在 NiFe(111) 面上 CH_2 的吸附顺序为 FCC-1(top-Fe—H) > FCC-2(top-Fe—H) > HCP-2(top-Fe—H) = HCP-1(top-Fe—H) > FCC-1(top-Ni—H) > FCC-2(top-Ni—H) = HCP-1(top-Ni—H) > HCP-2(top-Ni—H)。如表 4-5 所示，而在均相 NiCu(111) 表面 CH_2 的吸附顺序为 HCP-2(top-Ni—H) > FCC-2(top-Ni—H) > HCP-2(top-Cu—H) > FCC-2(top-Cu—H) > HCP-1(top-Cu—H) > FCC-1(top-Cu—H) > FCC-1(top-Ni—H) > HCP-1(top-Ni—H)。CH_2 在 NiFe(111) 面上吸附的顺序与在 NiCo(111) 面上类似，但与均相 NiCu(111) 面上吸附顺序有所差别，这可能是 Cu 与第Ⅷ族的 Fe、Co、Ni 电子排布的不同所引起的。

CH_2 吸附在偏聚 NiCu(111) 面上的三重位时，CH_2 在每一个三重位的吸附也有两种不同的稳定构型，即 top-Ni—H 型和 top-Cu—H 型；当三重位全由 Cu 原子构成时，与单金属表面的吸附构型相同，CH_2 在每一个三重位的吸附只有一种稳定构型。如表 4-6 所示，CH_2 在偏聚 NiCu(111) 面上吸附时，最稳定的三重位为 FCC-1 位的 top-Ni—H 位，其吸附能为 -4.35 eV，低于 CH_2 在均相 NiCu(111) 面上的吸附能。其他位上的吸附顺序为 FCC-3(top-Ni—H) > FCC-1(top-Cu—H) > HCP-3(top-Ni—H) = HCP-3(top-Cu—H) = FCC-3(top-Cu—H) > HCP-1(top-Cu—H) > HCP-1(top-Ni—H) > FCC-4 > HCP-4。

4.3.1.4 CH 在 NiM(111) 表面的吸附

在 NiCo(111) 面上，CH 吸附在三重位，C—H 键垂直背向 NiCo(111) 表面。优化得到 4 种稳定构型，吸附能在 HCP-1 位上为 -6.12 eV、HCP-2 位上为 -6.11 eV，FCC-1 位上为 -6.13 eV 以及 FCC-2 位上为 -6.02 eV，可见在 FCC-1 位上 CH 吸附最稳定。然而，CH 在这些位上的吸附比在单金属 Ni 上吸附时略弱。C—H 键的键长为 0.1099 ~ 0.1102 nm，比在单金属 Ni 上吸附时的键长稍长一些。显然 Co 的加入对 Ni 基催化剂上 CH 的吸附有轻微的影响。在 NiFe(111)

面上，CH 的吸附也存在 4 种稳定的构型，同样在 FCC-1 位的吸附最稳定。而在均相 NiCu(111) 面上，CH 吸附在 FCC-2 位是最稳定的，吸附能为 -6.20 eV。吸附的 CH 偏离了三重位的中心，偏向于含有 Ni 原子的位置。在偏聚 NiCu(111) 面上，CH 吸附的稳定性顺序为 FCC-1≈FCC-3≈HCP-3>HCP-1>FCC-4>HCP-4。CH 吸附在最稳定吸附位即 FCC-1 位的吸附能为 -5.61 eV，远低于其在均相 NiCu(111) 表面的吸附。同样地，吸附的 CH 也偏离了三重位的中心，偏向于含 Ni 原子的位置。

4.3.1.5　C 在 NiM(111) 表面的吸附

在 NiCo(111) 面上，C 仅吸附在三重位，有 4 种稳定的吸附构型，见表 4-3，吸附能范围为 -6.82 ~ -6.60 eV，吸附顺序为 HCP-1>HCP-2>FCC-1>FCC-2。而 C 在单金属 Ni 上的吸附能：在 HCP 位上为 -6.90 eV，在 FCC 位上为 -6.80 eV。同样可以看出 Co 的加入对 C 的吸附影响较小。

在 NiFe(111) 面上，C 的吸附也存在 4 种稳定的构型，吸附能范围为 -7.04 ~ -6.83 eV，它们的吸附顺序为 HCP-1>FCC-1>HCP-2>FCC-2。在均相 NiCu(111) 面上，C 的吸附也有 4 种稳定的构型，吸附能的范围为 -6.80 ~ -5.90 eV，吸附顺序为 HCP-2>FCC-2>HCP-1>FCC-1。而在偏聚 NiCu(111) 面上，C 的吸附存在 6 种稳定的构型，吸附能范围为 -6.03 ~ -5.08 eV，吸附顺序为 HCP-3>FCC-3>FCC-1>HCP-1>HCP-4>FCC-4。

比较表 4-5 和表 4-6 中的吸附能数据，可以得出 C 在偏聚 NiCu 表面的吸附能远低于其在均相 NiCu 表面的吸附能，因此推测吸附能的降低使得偏聚表面的 C 容易被消除。需要注意的是，在均相 NiCu 和偏聚 NiCu 表面，C 在三重位上的吸附构型均偏离了三重位的中心位置，且倾向 Ni 原子的位置。

4.3.1.6　H 在 NiM(111) 表面的吸附

H 在 NiCo(111) 面上分别吸附在 T 位、B 位和三重位。在 T 位吸附时，H 仅吸附在 Ni 的 T 位，吸附能为 -2.15 eV，Ni—H 键的键长为 0.1492 nm。H 在 B 位吸附时有 2 种稳定构型，即 B-NiNi 位和 B-CoCo 位，吸附能都为 -2.58 eV。但是，H 吸附的几何构型参数不同：吸附在 B-NiNi 位时，H—Ni 键的键长为 0.1638 nm；而在 B-CoCo 位时，H—Co 键的键长为 0.1675 nm。H 在 NiCo(111) 面的三重位吸附时有 4 种稳定构型。它们的吸附能近似相等，约为 -2.73 eV，略低于其在单金属 Ni 上的吸附。

在合金 NiFe(111) 面上，H 的吸附类似于 C 在相应表面吸附的几何构型。H 的最优吸附位为 HCP-1 位，吸附能为 -2.91 eV。在均相 NiCu(111) 和偏聚 NiCu(111) 表面吸附时，吸附的 H 和 C 一样，在三重位也偏离了其中心，倾向 Ni 原子的位置。在均相 NiCu(111) 表面上，H 的最优吸附位为 HCP-2 位，吸附能为 -2.84 eV；

在偏聚 NiCu 表面上，H 的最优吸附位为 FCC-1 位，吸附能为 -2.72 eV，显然 H 在偏聚 NiCu 表面的吸附能低于其在均相 NiCu 表面的吸附能，说明 Cu 在合金表面的偏聚使得物种在表面的吸附能降低。

4.3.2 CH$_x$ 和 H 的共吸附

4.3.2.1 在合金 NiCo 和 NiFe 表面的共吸附

在研究合金表面 CH$_x(x=0\sim3)$ 和 H 的共吸附时，先把 CH$_3$ 预吸附在其最稳定的吸附位，H 共吸附在其他可能的三重位；而对于 CH$_2$、CH 和 C，预设其吸附在 CH$_3$ 的最稳定吸附位上，这样 CH$_4$ 在脱掉每一个 H 后不需要在表面发生迁移就可以直接脱剩余的 H，同时也方便了理论研究。

CH$_x(x=0\sim3)$ 和 H 在 NiCo(111) 面上共吸附时，有 5 种可能的共吸附构型，如图 4-6 所示。在共吸附 Mode 1 和 Mode 4 中，CH$_x$ 处于 FCC-1 位上，H 处于 HCP-1 位上，它们以线型方式共享一个 Ni 原子或 Co 原子；在共吸附 Mode 2 和 Mode 5 中，CH$_x$ 处于 FCC-1 位上，H 处于 FCC-2 位上，它们以折线型方式共享一个 Ni 原子或 Co 原子；在共吸附 Mode 3 中，CH$_x$ 和 H 都处于 FCC-1 位上，它们以折线型方式共享一个 Co 原子。

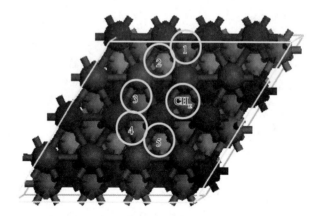

图 4-6 彩图

图 4-6 CH$_x(x=0\sim3)$ 和 H 在 NiCo(111) 表面共吸附示意图

(CH$_x$ 在 FCC-1 位，H 分别在图示的 1、2、3、4 和 5 的位置)

CH$_3$ 和 H 的共吸附：通过优化得到了 5 种 CH$_3$ 和 H 共吸附的稳定构型，它们的构型参数和共吸附能以及横向相互作用能见表 4-7。CH$_3$ 和 H 分别以 Mode 1 ~ Mode 5 共吸附在 NiCo(111) 面上时，CH$_3$ 和 H 之间的横向相互作用能为 0.15 ~ 0.22 eV，说明共吸附的 CH$_x$ 和 H 之间存在着轻微的排斥力，认为它们是稳定存在的。把这 5 种稳定的共吸附构型选为 CH$_4$ 在 NiCo(111) 面上第一步解离反应的终了状态结构。

表 4-7　$CH_x(x=0\sim3)$ 和 H 在 NiCo(111) 表面共吸附的构型参数和吸附能以及横向相互作用能

$CH_x(x=0\sim3)$/H	共吸附模式	d_{C-Ni}/nm	d_{C-Co}/nm	d_{C-H}/nm	d_{H-Ni}/nm	d_{H-Co}/nm	E_{ads}/eV	ΔE_{ads}/eV
CH₃/H	Mode 1	0.2169	0.2201, 0.2198	0.1108	0.1698	0.1724	−4.49	0.15
	Mode 2	0.2154	0.2178, 0.2229	0.1109	0.1686, 0.1674	0.1699	−4.44	0.18
	Mode 3	0.2233	0.2164, 0.2170	0.1108, 0.1115	0.1660	0.1714	−4.43	0.22
	Mode 4	0.2176	0.2195, 0.2199	0.1109	0.1693	0.1722, 0.1726	−4.49	0.15
	Mode 5	0.2157	0.2230, 0.2175	0.1107, 0.1116	0.1676, 0.1688	0.1705	−4.43	0.19
CH₂/H	Mode 1	0.1940	0.1913, 0.2050	0.1100, 0.1151	0.1699	0.1696, 0.1765	−7.42	−0.11
	Mode 2	0.1916	0.1994, 0.1988	0.1108, 0.1110	0.1649, 0.1756	0.1695	−7.27	0.02
	Mode 3	0.2048	0.1924, 0.1929	0.1154, 0.1104	0.1801	0.1687, 0.1688	−7.38	0.03
	Mode 4	0.1937	0.1919, 0.2047	0.1150, 0.1101	0.1702	0.1763, 0.1695	−7.41	−0.10
	Mode 5	0.1934	0.1917, 0.2014	0.1154, 0.1101	0.1802, 0.1672	0.1684	−7.38	0.02
CH/H	Mode 1	0.1909	0.1860, 0.1863	0.1101	0.1735	0.1732, 0.1733	−9.00	−0.13
	Mode 2	0.1897	0.1880, 0.1853	0.1099	0.1670, 0.1840	0.1676	−8.83	0.02
	Mode 3	0.1900	0.1856, 0.1854	0.1099	0.1877	0.1677, 0.1674	−8.89	−0.01
	Mode 4	0.1906	0.1868, 0.1862	0.1099	0.1739	0.1726, 0.1727	−9.00	−0.13
	Mode 5	0.1888	0.1853, 0.1881	0.1097	0.1835, 0.1672	0.1671	−8.83	0.02
C/H	Mode 1	0.1833	0.1771		0.1725	0.1699	−9.52	−0.07
	Mode 2	0.1842	0.1777, 0.1785		0.1664, 0.1797	0.1663	−9.28	0.15
	Mode 3	0.1831	0.1780		0.1807	0.1670, 0.1665	−9.38	0.08
	Mode 4	0.1832	0.1773		0.1724	0.1698	−9.52	−0.07
	Mode 5	0.1840	0.1781, 0.1789		0.1724	0.1662, 0.1664	−9.28	0.15

　　CH_2 和 H 的共吸附：通过优化 CH_2 吸附在 NiCo(111) 面上的 FCC-1 位、H 共吸附于其他三重位的共吸附结构，得到了 5 种稳定的共吸附构型。比较这 5 种共吸附模式中 CH_2 和 H 共吸附时的横向相互作用能发现，在共吸附 Mode 2、Mode 3 和 Mode 5 中，CH_2 和 H 之间几乎没有任何作用力，而在共吸附 Mode 1 和 Mode 4 中，CH_2 和 H 之间有轻微的相互吸引作用，认为 CH_2 和 H 以这 5 种模式共吸附时都是稳定存在的。同样把以这 5 种模式共吸附的 CH_2 和 H 的稳定结构作为 CH_3 解离反应的终了状态结构。

　　CH 和 H 的共吸附：通过优化 CH 吸附在 NiCo(111) 面上的 FCC-1 位、H 共吸附于其他位的共吸附结构，得到了 5 种稳定的共吸附构型。在共吸附 Mode 2、Mode 3 和

Mode 5 中，CH 和 H 之间的横向相互吸引作用可以忽略；而在共吸附 Mode 1 和 Mode 4 中，CH 和 H 之间有轻微的相互吸引作用。CH 和 H 在 NiCo(111) 面上以这 5 种共吸附模式存在时都是稳定的，把它们都作为 CH₂ 解离的终了状态结构。

　　C 和 H 的共吸附：优化得到在 NiCo(111) 面上共吸附的 C 和 H 以 5 种共吸附模式稳定存在。当 C 和 H 以共吸附 Mode 1 和 Mode 4 存在时，它们之间有轻微的相互吸引作用；而当 C 和 H 以共吸附 Mode 2、Mode 3 和 Mode 5 存在时，它们之间有轻微的相互排斥作用。同样把 C 和 H 的 5 种共吸附构型作为 CH₄ 在 NiCo(111) 面上第四步解离的终了状态结构。

　　用同样的方法研究了 $CH_x(x=0\sim3)$ 和 H 在 NiFe(111) 表面上的共吸附。考虑了 CH_x 和 H 在 NiFe 表面上的 5 种共吸附模式，如图 4-7 所示。$CH_x(x=0\sim3)$ 和 H 共吸附的构型参数和共吸附能以及横向相互作用能列于表 4-8 中。CH_x 和 H 以 5 种共吸附模式稳定存在，把它们都作为 CH₄ 在 NiFe(111) 表面解离相应反应的终了状态结构。

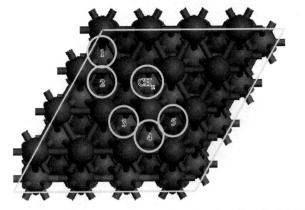

图 4-7 彩图

图 4-7　$CH_x(x=0\sim3)$ 和 H 在 NiFe(111) 表面共吸附示意图

（CH_x 在 FCC-1 位，H 分别在图示的 1、2、3、4 和 5 的位置）

表 4-8　$CH_x(x=0\sim3)$ 和 H 在 NiFe(111) 表面共吸附的
构型参数和吸附能以及横向相互作用能

$CH_x(x= 0\sim3)$ /H	共吸附模式	$d_{C—Ni}$ /nm	$d_{C—Fe}$ /nm	$d_{C—H}$ /nm	$d_{H—Ni}$ /nm	$d_{H—Fe}$ /nm	E_{ads} /eV	ΔE_{ads} /eV
CH₃/H	Mode 1	0.2135	0.2209，0.2215	0.1103，0.1114	0.1690	0.1747	-4.80	0.20
	Mode 2	0.2139	0.2191，0.2249	0.1110，0.1117	0.1674，0.1691	0.1728	-4.69	0.28
	Mode 3	0.2211	0.2173，0.2180	0.1113	0.1670	0.1731，0.1739	-4.76	0.22
	Mode 4	0.2153	0.2203，0.2221	0.1104，0.1113	0.1688	0.1748	-4.80	0.20
	Mode 5	0.2159	0.2199，0.2225	0.1109，0.1119	0.1679，0.1689	0.1726	-4.69	0.28

CH$_x$($x=$0~3)/H	共吸附模式	d_{C-Ni}/nm	d_{C-Fe}/nm	d_{C-H}/nm	d_{H-Ni}/nm	d_{H-Fe}/nm	E_{ads}/eV	ΔE_{ads}/eV
CH$_2$/H	Mode 1	0.1926	0.1936, 0.2049	0.1100, 0.1149	0.1691	0.1739, 0.1777	-7.79	0.06
	Mode 2	0.1959	0.1933, 0.2049	0.1103, 0.1143	0.1669, 0.1792	0.1710	-7.67	0.15
	Mode 3	0.2007	0.1911, 0.2002	0.1155, 0.1100	0.1760	0.1690, 0.1725	-7.68	0.15
	Mode 4	0.1961	0.1930, 0.2046	0.1150, 0.1100	0.1699	0.1730, 0.1772	-7.79	0.06
	Mode 5	0.1957	0.1938, 0.2040	0.1143, 0.1102	0.1665, 0.1810	0.1708	-7.68	0.15
CH/H	Mode 1	0.1927	0.1875, 0.1881	0.1098	0.1723	0.1748, 0.1766	-9.30	-0.09
	Mode 2	0.1917	0.1851, 0.1902	0.1098	0.1664, 0.1839	0.1707	-9.09	0.09
	Mode 3	0.1939	0.1863, 0.1867	0.1098	0.1821	0.1710, 0.1722	-9.17	0.02
	Mode 4	0.1924	0.1880	0.1098	0.1718	0.1756, 0.1764	-9.30	-0.09
	Mode 5	0.1911	0.1849, 0.1916	0.1099	0.1833, 0.1660	0.1694	-9.10	0.09
C/H	Mode 1	0.1850	0.1780		0.1725	0.1725	-9.94	-0.02
	Mode 2	0.1852	0.1773, 0.1809		0.1658, 0.1801	0.1691	-9.63	0.26
	Mode 3	0.1854	0.1781		0.1763	0.1693	-9.74	0.16
	Mode 4	0.1853	0.1778		0.1714	0.1728	-9.95	-0.03
	Mode 5	0.1850	0.1770, 0.1890		0.1777, 0.1659	0.1692	-9.64	0.25

4.3.2.2 在均相 NiCu 和偏聚 NiCu 表面的共吸附

目前普遍认为 Cu 是非活性的，也就是说 Cu 作为活性中心不利于反应的进行，因此研究 CH$_x$($x=$0~3) 和 H 在均相 NiCu(111) 和偏聚 NiCu(111) 面上的共吸附时，只研究了以 Ni 为中心的 CH$_x$ 和 H 的共吸附。如图 4-8(a) 所示的三种模式为 CH$_x$ 和

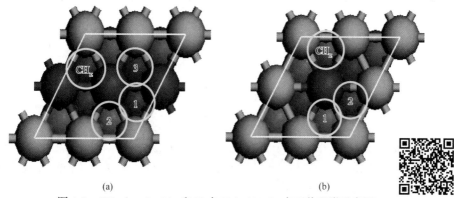

(a) (b)

图 4-8 CH$_x$ ($x=$0~3) 和 H 在 NiCu(111) 表面共吸附示意图

图4-8 彩图

（H 分别在图示的 1、2 或 3 的位置）

（a）均相表面（CH$_x$ 在 HCP-2 位）；（b）偏聚表面（CH$_x$ 在 FCC-1 位）

H 在均相 NiCu 表面共吸附，如图 4-8(b) 所示的两种模式为 CH_x 和 H 在偏聚 NiCu 表面共吸附。其构型参数和吸附能以及横向相互作用能见表4-9 和表4-10。

表 4-9　$CH_x(x=0\sim3)$ 和 H 在均相 NiCu(111) 表面
共吸附的构型参数和吸附能以及横向相互作用能

$CH_x(x=0\sim3)$/H	共吸附模式	d_{C-Ni}/nm	d_{C-Cu}/nm	d_{C-H}/nm	d_{H-Ni}/nm	d_{H-Cu}/nm	E_{ads}/eV	ΔE_{ads}/eV
CH_3/H	Mode 1	0.2131,0.2147	0.2257	0.1106,0.1113	0.2034,0.2108	0.1774	−4.43	0.19
	Mode 2	0.2140,0.2147	0.2255	0.1102,0.1108,0.1121	0.1608	0.1705,0.1718	−4.16	0.30
	Mode 3	0.2096,0.2102	0.2392	0.1106,0.1112,0.1114	0.1641	0.1732	−4.45	0.20
CH_2/H	Mode 1	0.1903,0.1916	0.2287	0.1106,0.1113	0.1643,0.1625	0.1926	−7.15	−0.03
	Mode 2	0.1914,0.1941	0.2251	0.1104,0.1112	0.1581	0.1702,0.1853	−7.05	0.27
	Mode 3	0.1903	0.2310	0.1110	0.1659	0.1863	−7.44	0.07
CH/H	Mode 1	0.1817	0.1998	0.1099	0.1645,0.1652	0.1947	−8.87	0.12
	Mode 2	0.1815,0.1831	0.1987	0.1099	0.1584	0.1705,0.1993	−8.53	0.30
	Mode 3	0.1803	0.1933	0.1097	0.1597,0.1735	0.1910	−8.85	0.17
C/H	Mode 1	0.1740	0.1917		0.1647	0.1827	−9.38	0.23
	Mode 2	0.1730,0.1763	0.1930		0.1603	0.1707,0.1848	−9.03	0.42
	Mode 3	0.1746	0.1909		0.1645	0.1899	−9.31	0.33

表 4-10　$CH_x(x=0\sim3)$ 和 H 在偏聚 NiCu(111) 表面
共吸附的构型参数和吸附能以及横向相互作用能

$CH_x(x=0\sim3)$/H	共吸附模式	d_{C-Ni}/nm	d_{C-Cu}/nm	d_{C-H}/nm	d_{H-Ni}/nm	d_{H-Cu}/nm	E_{ads}/eV	ΔE_{ads}/eV
CH_3/H	Mode 1	0.2185	0.2329, 0.2287	0.1103	0.1626	0.1742	−4.13	−0.07
	Mode 2	0.2114	0.2327, 0.2387	0.1105	0.1626	0.1711, 0.1723	−4.12	0.24
CH_2/H	Mode 1	0.1890	0.2119, 0.2074	0.1107	0.1587	0.1793, 0.1829	−6.85	−0.12
	Mode 2	0.1891	0.2069, 0.2107	0.1106, 0.1111	0.1581	0.1746, 0.1874	−6.82	0.21
CH/H	Mode 1	0.1803	0.1945, 0.1934	0.1098	0.1595	0.1807, 0.1821	−8.13	−0.12
	Mode 2	0.1803	0.1926, 0.1938	0.1097	0.1597	0.1735, 0.1910	−8.08	0.23
C/H	Mode 1	0.1724	0.1869, 0.1826		0.1606	0.1768, 0.1775	−8.34	0.04
	Mode 2	0.1734	0.1861, 0.1880		0.1617	0.1720, 0.1820	−8.28	0.40

4.3.3 NiM 合金催化热解 C 的形成

4.3.3.1 $CH_4 \longrightarrow CH_3 + H$

CH_4 在合金表面的解离与其在单金属 Ni 表面的解离相似，只是由于合金表面原子种类的增加导致表面吸附位增多，因此反应的路径也增多。

在 NiCo(111) 面上，基于物理吸附的 CH_4 和以 5 种模式共吸附的 CH_3 和 H，计算得到 5 条可能的反应路径，如表 4-11 所示。反应过程中可能存在的过渡态的几何构型参数列于表 4-12 中。路径 Path 1-1 和 Path 1-2 是吸附于 NiCo 表面 Ni 原子顶位的 CH_4 分别经过渡态 TS1-1 和 TS1-2 解离成 CH_3 和 H，解离后的 CH_3 移动到 FCC-1 位，H 移动到相反的 HCP-1 和 FCC-2 位。路径 Path 1-3、Path 1-4 和 Path 1-5 是吸附于 NiCo 表面 Co 原子顶位的 CH_4 分别经过渡态 TS1-3、TS1-4 和 TS1-5 解离成 CH_3 和 H，解离后的 CH_3 移动到 FCC-1 位，而 H 移动到相反的 FCC-1、HCP-1 和 FCC-2 位。这些过渡态的结构类似于在单金属 Ni 上 CH_4 解离的过渡态结构。路径 Path 1-3、Path 1-4 和 Path 1-5 有相近的活化能，约为 1.30 eV，而路径 Path 1-1 和 Path 1-2 的活化能较高，分别为 1.40 eV 和 1.42 eV。这说明 CH_4 在 Co 原子顶位上解离比在 Ni 原子顶位上解离有利，因此路径 Path 1-3、Path 1-4 和 Path 1-5 为反应的优势路径。在单金属 Ni(111) 表面 CH_4 第一步解离的活化能为 1.18 eV，而在 Ni 中加入 Co 后反应的活化能升高到 1.30 eV，说明 Ni 基催化剂中加入 Co 会抑制 CH_4 的第一步解离，该结果与掺杂 Au 和 Cu 到 Ni(111) 表面会阻止 CH_4 的第一步解离的事实相一致。CH_4 在 NiCo(111) 面上的第一步解离反应在热力学上是放热的。

用同样的方法研究了 CH_4 在 NiFe(111) 面上的解离。表 4-11 中列出了可能的反应路径及各反应路径对应的活化能和反应热。表 4-13 为各反应路径对应的可能的过渡态的构型参数。CH_4 在 NiFe(111) 面上的解离过程与在 NiCo(111) 面上相似，路径 Path 1-1 和 Path 1-2 分别为在 NiFe 表面的 Ni 原子顶位吸附的 CH_4 经过渡态 TS1-1 和 TS1-2 解离生成以 Mode 1 和 Mode 2 共吸附的 CH_3 和 H，这两条路径有相同的活化能，为 1.27 eV。路径 Path 1-3、Path 1-4 和 Path 1-5 为 CH_4 经过渡态 TS1-3、TS1-4 和 TS1-5 分别在 NiFe 表面的 Fe 原子顶位解离，反应需要的活化能分别为 1.30 eV、1.19 eV 和 1.25 eV。由此可以看出，CH_4 在 NiFe(111) 表面解离时，五条反应路径中最优的反应路径为 Path 1-5，即吸附在 NiFe 表面的 Fe 原子顶位上的 CH_4 经过渡态 TS1-5 解离成以 Mode 5 共吸附的 CH_3 和 H。该反应为放热反应。与 NiCo(111) 面上 CH_4 第一步解离的活化能相比较，NiFe(111) 面上第一步反应的活化能较低，即在 Ni 基催化剂中加入 Fe 比加入 Co 更容易使 CH_4 发生第一步解离。

表 4-11　CH_4 在 NiM（M=Fe，Co，Cu）(111) 面上解离的反应活化能和反应热　　　　（eV）

CH₄解离的路径		NiFe		NiCo		均相 NiCu		偏聚 NiCu	
		E_a	ΔE	E_a	ΔE	E_a	ΔE	E_a	ΔE
$CH_4 \longrightarrow CH_3 + H$	Path 1-1　CH₄（Ni T 位）→TS1-1→Mode 1	1.27	-0.31	1.40	0.05	1.25	0.07	1.32	0.33
	Path 1-2　CH₄（Ni T 位）→TS1-2→Mode 2	1.27		1.42		1.21		1.24	
	Path 1-3　CH₄（M 或 Ni T 位）→TS1-3→Mode 3	1.30		1.30		1.09			
	Path 1-4　CH₄（M T 位）→TS1-4→Mode 4	1.19		1.30					
	Path 1-5　CH₄（M T 位）→TS1-5→Mode 5	1.25	-0.20	1.29	0.21	0.74	0.05	0.77	0.32
$CH_3 \longrightarrow CH_2 + H$	Path 2-1　FCC-1→TS2-1→Mode 1	0.71		0.84		0.74		0.77	
	Path 2-2　FCC-1→TS2-2→Mode 2	0.76		0.86		0.66		0.78	
	Path 2-3　FCC-1→TS2-3→Mode 3	0.73		0.76		0.66			
	Path 2-4　FCC-1→TS2-4→Mode 4	0.74		0.77					
	Path 2-5　FCC-1→TS2-5→Mode 5	0.75		0.77					
$CH_2 \longrightarrow CH + H$	Path 3-1　FCC-1→TS3-1→Mode 1	0.35	-0.71	0.43	-0.22	0.38	-0.36	0.46	0.02
	Path 3-2　FCC-1→TS3-2→Mode 2	0.41		0.46		0.37		0.46	
	Path 3-3　FCC-1→TS3-3→Mode 3	0.32	-0.58	0.34	-0.15	0.36			
	Path 3-4　FCC-1→TS3-4→Mode 4	0.33		0.36					
	Path 3-5　FCC-1→TS3-5→Mode 5	0.36		0.40					
$CH \longrightarrow C + H$	Path 4-1　FCC-1→TS4-1→Mode 1	1.35	0.05	1.51	0.64	1.42	0.51	1.63	0.89
	Path 4-2　FCC-1→TS4-2→Mode 2	1.29		1.46		1.37		1.65	
	Path 4-3　FCC-1→TS4-3→Mode 3	1.17		1.26		1.39			
	Path 4-4　FCC-1→TS4-4→Mode 4	1.16		1.29					
	Path 4-5　FCC-1→TS4-5→Mode 5	1.17		1.34					

表 4-12 CH₄ 在 NiCo(111) 表面解离过程中过渡态的构型参数

过渡态	d_{C-Ni}/nm	$d_{C-Co(1,2)}$/nm	$d_{C-H(1,2,3)}$/nm	$d_{C-H(cission)}$/nm	d_{H-Ni}/nm	d_{H-Co}/nm
TS1-1	0.2058		0.1104, 0.1109, 0.1123	0.1656	0.1471	
TS1-2	0.2140		0.1078, 0.1120, 0.1113	0.1620	0.1498	
TS1-3		0.2202	0.1087, 0.1103, 0.1094	0.1596		0.1527
TS1-4		0.2117	0.1099, 0.1111, 0.1094	0.1695		0.1514
TS1-5		0.2115	0.1099, 0.1094, 0.1104	0.1663		0.1509
TS2-1	0.1945	0.2064, 0.2003	0.1182, 0.1099	0.1760	0.1508	
TS2-2	0.1930	0.2030, 0.2039	0.1142, 0.1117	0.1698	0.1507	
TS2-3	0.2042	0.1942, 0.2020	0.1158, 0.1130	0.1737		0.1550
TS2-4	0.2016	0.1930, 0.2050	0.1148, 0.1163	0.1731		0.1539
TS2-5	0.2034	0.1939, 0.2037	0.1139, 0.1150	0.1688		0.1566
TS3-1	0.1960	0.1899, 0.1897	0.1118	0.1741	0.1498	
TS3-2	0.1978	0.1834, 0.1916	0.1100	0.1745	0.1682	
TS3-3	0.1898	0.1875, 0.1899	0.1134	0.1588		0.1526
TS3-4	0.1890	0.1870, 0.1885	0.1144	0.1692		0.1523
TS3-5	0.1907	0.1866, 0.1893	0.1129	0.1652		0.1517
TS4-1	0.1838	0.1834, 0.1829		0.1741	0.1540	
TS4-2	0.1833	0.1791, 0.1876		0.1581	0.1627	
TS4-3	0.1907	0.1822, 0.1856		0.1664		0.1523
TS4-4	0.1796	0.1804, 0.1811		0.1700		0.1505
TS4-5	0.1915	0.1820, 0.1777		0.1629		0.1594

注：(1, 2) 和 (1, 2, 3) 表示两个键是同种键，但键长不等。

表 4-13 CH₄ 在 NiFe(111) 表面解离过程中过渡态的构型参数

过渡态	d_{C-Ni}/nm	d_{C-Fe}/nm	d_{C-H}/nm	$d_{C-H(cission)}$/nm	d_{H-Ni}	d_{H-Fe}/nm
TS1-1	0.2192		0.1114, 0.1094, 0.1104	0.1653	0.1510	
TS1-2	0.2226		0.1096, 0.1101, 0.1122	0.1566	0.1562	
TS1-3	0.2248		0.1097, 0.1102, 0.1120	0.1639		0.1552
TS1-4	0.2158		0.1097, 0.1098, 0.1111	0.1645		0.1571
TS1-5	0.2384		0.1096, 0.1110, 0.1110	0.1573		0.1628
TS2-1	0.1964	0.2023, 0.2081	0.1107, 0.1124	0.1738	0.1253	
TS2-2	0.1958	0.2068, 0.2071	0.1099, 0.1130	0.1696	0.1517	
TS2-3	0.2056	0.1982, 0.2059	0.1092, 0.1128	0.1627		0.1564
TS2-4	0.2035	0.1966, 0.2058	0.1116, 0.1106	0.1732		0.1561

过渡态	d_{C-Ni}/nm	d_{C-Fe}/nm	d_{C-H}/nm	$d_{C-H(cission)}$/nm	d_{H-Ni}/nm	d_{H-Fe}/nm
TS2-5	0.2062	0.1949，0.2072	0.1139，0.1104	0.1651		0.1567
TS3-1	0.1913	0.1881，0.1919	0.1097	0.1664	0.1507	
TS3-2	0.1910	0.1927，0.1930	0.1104	0.1658	0.1520	
TS3-3	0.1939	0.1879，0.1912	0.1095	0.1561		0.1531
TS3-4	0.1933	0.1864，0.1918	0.1097	0.1671		0.1507
TS3-5	0.1940	0.1858，0.1937	0.1096	0.1597		0.1536
TS4-1	0.1865	0.1803，0.1881		0.1741	0.1536	
TS4-2	0.1861	0.1811，0.1826		0.1707	0.1517	
TS4-3	0.1867	0.1781，0.1873		0.1580		0.1579
TS4-4	0.1869	0.1774，0.1815		0.1598		0.1578
TS4-5	0.1906	0.1780，0.1817		0.1589		0.1637

　　表 4-11 也列出了 CH_4 在均相 NiCu(111) 和偏聚 NiCu(111) 表面解离可能的反应路径及各反应路径对应的活化能和反应热，表 4-14 列出了反应过程中可能经历的过渡态的几何构型参数。CH_4 在两种 NiCu 表面 Ni 原子顶部解离成 CH_3 和 H，在两种 NiCu 表面的相应过渡态结构较为相似，且与 Ni(111) 和 NiCo(111) 面上都相似。CH_4 在均相 NiCu 表面解离时有三条可能的反应路径，即 Path 1-1、Path 1-2 和 Path 1-3，分别经过渡态 TS1-1、TS1-2 和 TS1-3 生成以 Mode 1、Mode 2 和 Mode 3 共吸附的 CH_3 和 H，相应的反应活化能分别为 1.25 eV、1.21 eV 和 1.09 eV，可见路径 Path 1-3 是最优的反应路径；而 CH_4 在偏聚 NiCu 表面解离时有两条可能的反应路径，即 Path 1-1 和 Path 1-2，相应的反应活化能分别为 1.32 eV 和 1.24 eV，可见 Path 1-2 是最优的反应路径。

表 4-14　CH_4 在 NiCu(111) 表面解离过程中过渡态的构型参数

NiCu	过渡态	d_{C-Ni}/nm	d_{C-Cu}/nm	d_{C-H}/nm	$d_{C-H(cission)}$/nm	d_{H-Ni}/nm
均相 NiCu	TS1-1	0.2082		0.1090，0.1098，0.1107	0.1667	0.1470
	TS1-2	0.2101		0.1095，0.1106，0.1108	0.1567	0.1487
	TS1-3	0.2066		0.1094，0.1103，0.1107	0.1610	0.1505
	TS2-1	0.1940，0.1967	0.2176	0.1097，0.1104	0.1744	0.1517
	TS2-2	0.1932，0.1955	0.2207	0.1108，0.1115	0.1747	0.1465
	TS2-3	0.1892，0.1993	0.2176	0.1111，0.1115	0.1680	0.1497
	TS3-1	0.1812，0.1854	0.2002	0.1094	0.1687	0.1483
	TS3-2	0.1827，0.1848	0.2010	0.1092	0.1696	0.1490

NiCu	过渡态	d_{C-Ni}/nm	d_{C-Cu}/nm	d_{C-H}/nm	$d_{C-H(cission)}$/nm	d_{H-Ni}/nm
均相 NiCu	TS3-3	0.1814, 0.1866	0.1997	0.1092	0.1628	0.1495
	TS4-1	0.1759, 0.1763	0.1933		0.1699	0.1533
	TS4-2	0.1744, 0.1761	0.1942		0.1720	0.1568
	TS4-3	0.1751, 0.1770	0.1961		0.1669	0.1567
偏聚 NiCu	TS1-1	0.2205		0.1095, 0.1108, 0.1113	0.1677	0.1474
	TS1-2	0.2190		0.1092, 0.1100, 0.1117	0.1648	0.1507
	TS2-1	0.1897	0.2103, 0.2148	0.1108, 0.1112	0.1779	0.1483
	TS2-2	0.1888	0.2110, 0.2120	0.1114, 0.1112	0.1742	0.1500
	TS3-1	0.1807	0.1950, 0.1954	0.1094	0.1755	0.1483
	TS3-2	0.1806	0.1949, 0.1959	0.1092	0.1745	0.1510
	TS4-1	0.1768	0.1890, 0.1927		0.1803	0.1533
	TS4-2	0.1733	0.1872, 0.2015		0.1610	0.1671

比较在两种 NiCu(111) 表面解离的最优路径，得出在均相 NiCu 表面 CH_4 第一步解离的活化能低于在偏聚 NiCu 表面解离的活化能。在两个表面上 CH_4 解离的反应均是吸热的。综合上述研究不难发现，即使是组成相同的双金属 NiCu 合金，由于它们的表面形貌不同，CH_4 解离的活化能也不同。

综上，在合金上的 CH_4 第一步解离反应在 NiFe 面上为放热反应，NiCo、均相 NiCu 和偏聚 NiCu 表面为吸热反应，并且吸热量按金属在元素周期表中从左到右的顺序增加，且偏聚 NiCu 表面的吸热量大于均相 NiCu 表面。然而，CH_4 解离的活化能并不是按加入 Ni 中的 M(M=Fe，Co，Cu) 金属在元素周期表从左到右的顺序依次增大，而是在 NiCo 面上的活化能最大，NiFe 面上次之，偏聚 NiCu 面上再次之，均相 NiCu 面上最低。

4.3.3.2 $CH_3 \longrightarrow CH_2 + H$

在 NiCo(111) 表面，CH_4 的第二步解离有 5 条可能的路径。路径 Path 2-1 和 Path 2-2 是由吸附于 FCC-1 位的 CH_3 分别经过渡态 TS2-1 和 TS2-2 脱掉 Ni 原子上方的一个 H，然后脱掉的 H 移动到相反的 HCP-1 或 FCC-2 位。路径 Path 2-3、Path 2-4 和 Path 2-5 是由吸附于 FCC-1 位的 CH_3 分别经过渡态 TS2-3、TS2-4 和 TS2-5 脱掉 Co 原子上方的一个 H，然后脱掉的 H 移动到相反的 FCC-1、HCP-1 或 FCC-2 位。CH_3 解离过程中过渡态的构型和单金属 Ni 表面相应过程的过渡态相似。反应路径 Path 2-3、Path 2-4 和 Path 2-5 的活化能几乎相等，并且都小于路径 Path 2-1 和 Path 2-2 的活化能；这步反应是吸热的，经 Co 原子顶位解离路径的吸热量明显小于经 Ni

原子顶位解离路径的吸热量, 反应活化能也是前者小于后者, 说明在 NiCo 表面 CH_3 通过 Co 原子顶位的解离比 Ni 原子顶位的解离在热力学和动力学都是有利的。

CH_3 在 NiFe、均相 NiCu 和偏聚 NiCu 表面的解离过程与 NiCo 表面类似。在 NiFe(111) 表面, 五条反应路径中最优的反应路径为 Path 2-1, 即通过 Ni 原子顶位上 CH_3 解离成具有共吸附 Mode 1 的 CH_2 和 H。该反应为放热反应, 反应过程中需要越过的活化能为 0.71 eV。在均相 NiCu(111) 表面, 三条反应路径中最优的反应路径为 Path 2-2 和 Path 2-3, 反应的活化能均为 0.66 eV, 该反应是吸热的; 在偏聚 NiCu(111) 表面, 两条反应路径均为反应的最优路径, 反应活化能约为 0.78 eV, 该反应为吸热反应。

综上, 在 NiFe、NiCo 和 NiCu 表面, CH_3 解离反应在 NiFe 面上为放热反应, 其他合金面上为吸热反应, 并且吸热量按金属在元素周期表中从左到右的顺序增加, 且偏聚 NiCu 表面吸热量大于均相 NiCu 表面; 然而, 反应的活化能并不是按 M(M=Fe, Co, Cu) 在元素周期表中从左到右的顺序依次增大, 而是在 NiCo 面上的活化能最大, NiFe 面上次之, 偏聚 NiCu 面上第三, 均相 NiCu 面上最低。这个次序和 CH_4 在合金表面第一步解离的次序一致。

4.3.3.3 $CH_2 \longrightarrow CH+H$

在 NiCo(111) 表面, 以吸附于 FCC-1 位的 CH_2 为反应起始状态结构, 以五种模式共吸附的 CH 和 H 为反应终了状态结构, 研究得到五条可能的 CH_2 解离路径。解离过程与 CH_2 在 Ni 表面的解离过程相似, 这里不再赘述。路径 Path 3-3 有最低的活化能 (0.34 eV), 说明它是最优反应路径。该反应的活化能与单金属 Ni 上该步反应的活化能 (0.37 eV) 近似相等, 因此认为 Co 的加入对该步反应的影响不大。该反应为放热反应。

在 NiFe、NiCu 表面, CH_2 的解离过程与其在 NiCo(111) 表面的解离过程相似。在 NiFe(111) 表面, 五条反应路径所越过的活化能都小于 CH_4 前两步解离过程中的活化能, 最优的反应路径为 Path 3-3, 反应过程中需越过的活化能为 0.32 eV, 且该反应为放热反应; 在均相 NiCu(111) 表面, 三条反应路径为竞争反应, 反应的活化能约为 0.38 eV, 该反应为放热反应; 在偏聚 NiCu(111) 表面, 两条反应路径也是竞争反应, 反应的活化能为 0.46 eV, 该反应为吸热反应。

综上, 在 NiFe、NiCo 和 NiCu 合金表面, CH_4 第三步解离反应在偏聚 NiCu 表面是吸热反应, 在其他合金表面为放热反应; 反应的活化能按 M(M=Fe, Co, Cu) 金属在元素周期表中从左到右的顺序依次升高, 且活化能的数值低于 CH_4 在相应合金表面前两步解离反应的活化能。

4.3.3.4 $CH \longrightarrow C+H$

在 NiCo(111) 表面, 以在 FCC-1 位吸附的 CH 为反应起始状态结构, 以五种共吸附模式存在的 C 和 H 作为反应终了状态结构, 研究发现 CH 解离有五条可能的反应路径，路径 Path 4-3 有最低的活化能（1.26 eV），认为此路径是动力学最优路径，且该反应为吸热反应。在单金属 Ni 表面，该步反应的活化能为 1.36 eV，而在 NiCo 合金表面该步反应的活化能比 Ni 上相应反应的活化能低 0.1 eV，所以认为加入 Co 以后加速了该步反应的进行，即 Co 的加入加速了 Ni 表面 CH 解离形成 C 的反应。

在 NiFe、NiCu 合金表面，CH 的解离过程与在 NiCo 表面相似。在 NiFe(111) 表面，Path 4-4 有最低的反应活化能（1.16 eV），是最优反应路径，该反应为吸热反应；在均相 NiCu 表面，最优反应路径为 Path 4-2，反应的活化能为 1.37 eV，该反应为吸热反应；在偏聚 NiCu(111) 表面，Path 4-1 为最优反应路径，反应活化能为 1.63 eV，该反应为吸热反应。

总的来说，在 NiFe、NiCo、NiCu 合金表面，CH_4 第四步解离反应都为吸热反应，偏聚 NiCu 表面吸热量最大，NiCo 表面次之，均相 NiCu 表面再次之，NiFe 表面最小；反应的活化能按 M(M＝Fe，Co，Cu) 金属在元素周期表中从左到右的顺序依次增大，且偏聚 NiCu 面上的活化能最大。

4.3.4　CH_4 吸附及解离过程的分析和比较

4.3.4.1　$CH_x(x=0\sim3)$ 吸附能的比较

如图 4-9 所示，给出了 $CH_x(x=0\sim3)$ 在单金属 M(M＝Fe，Co，Ni，Cu) 和合金 NiM(M＝Fe，Co，Cu) 表面的吸附能条形图。从图 4-9 中可以看出，CH_x 在各单金属表面吸附的次序为 Fe>Co>Ni>Cu，而 CH_x 在合金表面的吸附介于 Ni 和相应的金属之间，说明各物种在催化剂表面的吸附性质和催化剂表面有着密切的关系[11]。

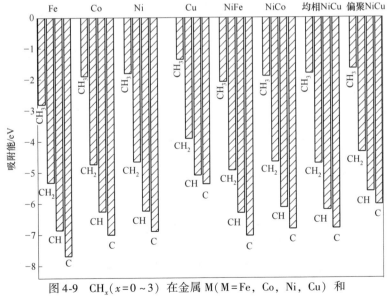

图 4-9　$CH_x(x=0\sim3)$ 在金属 M(M＝Fe，Co，Ni，Cu) 和

合金 NiM(M＝Fe，Co，Cu) 表面的吸附能图

从图 4-9 还可以看出 $CH_x(x=0\sim3)$ 在同一表面的吸附能次序为 C>CH>CH$_2$ >CH$_3$。它们之间是否存在相关性呢？Abild-Pedersen 等[12] 发现一些物种，如 $AH_x(A=O，C，N，S)$，其在催化剂表面的吸附能与 A 原子在催化剂表面的吸附能是线性相关的，其关系式如下：

$$E_{ads,AH_x} = \gamma(x)E_{ads,A} + \xi \tag{4-2}$$

式中，$E_{ads,A}$ 为 A 原子在催化剂表面的吸附能；E_{ads,AH_x} 为物种 AH_x 在催化剂表面的吸附能；ξ 为相关的系数，随物种和催化剂的不同而不同；$\gamma(x)$ 为 AH_x 的成键特征函数，它的值可从如下公式近似得到：

$$\gamma(x) = \frac{x_{max} - x}{x_{max}} \tag{4-3}$$

式中，x_{max} 为最大成键于 A 原子的数目，如 A 为 C 原子时，x_{max} 的值为 4。

基于 Ni(111) 表面，通过式 (4-2) 和式 (4-3) 计算得到 $CH_x(x=0\sim3)$ 的吸附能列于表 4-15 中。CH$_4$ 在表面是物理吸附，物理吸附与表面的性质无关，因此没有计算 CH$_4$ 在表面的吸附能。

表 4-15　用 Abild-Pedersen 公式计算得到的 $CH_x(x=0\sim3)$ 的吸附能

CH_x $(x=0\sim3)$	$\gamma(x)$	ξ	吸附能/eV						
			Fe	Co	Cu	NiFe	NiCo	均相 NiCu	偏聚 NiCu
CH$_3$	0.25	-0.11	-2.81	-1.9	-1.37	-2.09	-1.9	-1.81	-1.66
CH$_2$	0.50	-1.26	-5.33	-4.74	-3.91	-4.94	-4.66	-4.71	-4.35
CH	0.75	-1.05	-6.86	-6.26	-5.09	-6.30	-6.13	-6.20	-5.61
C	1	-6.80	-7.69	-7.0	-5.38	-7.04	-6.82	-6.80	-6.03

把通过 Abild-Pedersen 公式计算得到的 $CH_x(x=0\sim3)$ 物种在所研究催化剂表面的吸附能和利用密度泛函理论 (DFT) 方法计算得到的 CH_x 物种在催化剂表面的吸附能进行比较，可以看出它们之间存在着线性相关关系，如图 4-10 所示。

图 4-10 中纵坐标为笔者采用密度泛函理论 (DFT) 方法计算得到的 $CH_x(x=0\sim3)$ 在金属及合金表面的吸附能，横坐标为基于 Ni(111) 表面上由 Abild-Pedersen 公式计算得到的各物种在金属及合金表面的吸附能。计算平均绝对误差不超过 0.20 eV，而密度泛函理论方法本身的误差为 0.1~0.2 eV，这意味着使用 Abild-Pedersen 公式并不会显著地增加吸附物在表面上吸附能计算的不确定性，进一步说明用热解 C 在各种表面的吸附性质来对应各种表面的性质是可行的。

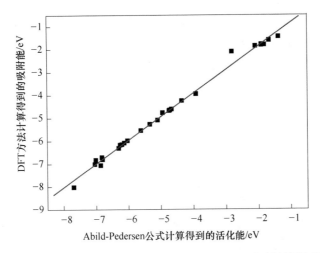

图 4-10 DFT 方法计算得到的与由 Abild-Pedersen 公式计算得到的
$CH_x(x=0\sim3)$ 在所研究的催化剂表面的吸附能的关系

4.3.4.2 CH_4 解离过程的分析和比较

在 NiCo(111) 表面，由表 4-11 中的数据分析得出，CH_4 解离过程中第一步和第四步的活化能相差不大，它们的活化能是整个反应最高的活化能，因此认为 CH_4 的第一步和第四步解离反应是整个解离过程的决速步骤。该步骤的活化能为 1.29 eV，低于单金属 Ni 上的活化能（1.36 eV）。Besenbacher 等[13] 认为把 Au 添加到 Ni 中导致了 CH_4 解离活化能的升高而抑制了积炭的形成。与之相反，添加 Co 到 Ni 中引起了 CH_4 解离活化能的降低，可以推断这会加速热解 C 的生成；换句话说，Co 的添加不能抑制热解 C 的形成。本书所得结果与 Yang 等[14] 的实验结果是一致的，Yang 等通过 CH_4 的脉冲实验得出 CH_4 在 NiCo 催化剂上解离形成热解 C 的反应活性大于在 Ni 上形成热解 C 的反应活性。

在 NiFe(111) 表面，CH_4 第一步解离反应的活化能（1.19 eV）是整个反应过程中最高的，因此它是反应的决速步骤。该步反应的活化能小于 Ni(111) 表面决速步骤的活化能，认为在 NiFe(111) 面上容易生成热解 C。目前，许多工作利用 NiFe 催化 CH_4 解离的方法来制备碳纳米管[15-17]。这些实验事实从另一个方面印证了本书的计算结果。

在均相 NiCu(111) 表面，CH 解离反应的活化能（1.37 eV）是整个反应过程中最高的，因此该步反应是 CH_4 解离反应的决速步骤。该反应活化能的值几乎等于在 Ni(111) 表面决速步骤中活化能的值，因此认为均相 NiCu 表面不能抑制热解 C 的生成。

在偏聚 NiCu(111) 表面，同样 CH 解离反应的活化能（1.63 eV）是整个反应过程中最高的，因此是反应的决速步骤。偏聚 NiCu(111) 表面活化能的值比在 Ni(111) 表面提高了 19.9％。本书认为偏聚 NiCu 表面上 CH_4 解离活化能的提高是适度的，可以实现控制热解 C 的生成，同时又保证了一定的反应速度。计算得到在均相 NiCu 和偏聚 NiCu 表面 CH_4 解离的结果，与以下的实验事实相吻合。李斗星[18] 研究了 $NiCu/Al_2O_3$ 催化下的 CH_4 解离反应，发现在反应的引导过程中，形成了富 Cu 的颗粒和富 Ni 的颗粒，富 Cu 的颗粒催化活性很低，而富 Ni 的颗粒拥有适合积炭生长的结构和组成；当反应温度较高时，催化剂颗粒因积炭失活很快，而富 Cu 的颗粒由于 Cu 对 Ni 的调变作用仍可保持一定的活性。这一实验事实可以支持本书关于抑制积炭的思路，即适当降低 CH_4 在 Ni 基催化剂表面的热解速率，这样就降低了热解 C 生成的速率，也就是牺牲部分反应活性而达到减少积炭生成的目的。

综上所述，在每一种合金表面，CH_4 解离的决速步骤由于不同金属元素的添加而不同。当加入 Fe 时，决速步骤是 CH_4 的第一步解离；加入 Co 时，决速步骤是第一步解离和第四步解离；而加入 Cu 时，不管表面是均相的还是偏聚的，反应的决速步骤都为第四步解离。在各决速步骤中，CH_4 在 NiCo 和 NiFe 表面解离的活化能比在 Ni 表面解离的活化能低，在均相 NiCu 表面决速步骤的活化能接近于在 Ni 表面的活化能，本书认为在这三种表面上热解 C 都容易形成；而在偏聚 NiCu 表面，决速步骤的活化能适度高于在 Ni 表面的活化能，因此认为在偏聚 NiCu 表面 CH_4 解离不易形成热解 C，同时又可以使 CH_4 保持一定的解离速率。

综合上面的结果，本书认为当 CH_4 解离决速步骤的活化能比在 Ni 表面提高 20%~50% 时，CH_4 在催化剂表面的解离速率得到了适度的抑制，可以实现对热解 C 形成的抑制，进而抑制积炭的生成。

为了验证本书所提出的判据的正确性，又研究了 NiAu 表面 CH_4 的解离[19]。STM 实验表明[20] 在 Ni 原子的近邻出现 Au 原子时，催化剂的电子结构和几何结构发生改变，同时研究发现 CH_4 解离活性降低。通过计算发现该反应的决速步骤为 CH_4 的第一步解离，解离的活化能为 1.77 eV，比在单金属 Ni 上提高了 30%，参照本书提出的判据，可以认为 NiAu 表面可以抑制热解 C 的生成，这与实验事实[21] 相一致，同时也说明本书提出的判据是合理的。

4.3.5 抑制热解 C 形成的因素

分析了各种催化剂活性组分表面的性质和可以抑制热解 C 形成的各种因素，列于表 4-16 中。$E_{ads,C}$ 是热解 C 在相应催化剂表面的吸附能。E_a 是反应的活化能，因为决速步骤的活化能是整个反应过程所包含的所有基元反应中最高的，因此用决速步骤的活化能代表整个反应的活化能。CH_4 在金属表面解离的反应为 $CH_4(g) + M(\text{metal surface}) \longrightarrow C/M + 2H_2(g)$，其反应热 $\Delta E = E_{C/M} + 2E_{H_2(g)} - E_{CH_4(g)} - E_M$。$q$ 是最稳定吸附的 C 原子上的 Mulliken 电荷。ε_d 是相对于费米能级的 d 带的平均能量，称为 d 带中心。对于 d 带中心，采用如下公式进行计算：

$$\varepsilon_d = \frac{\int_{-\infty}^{+\infty} E\rho_d(E)\,dE}{\int_{-\infty}^{+\infty} \rho_d(E)\,dE} \tag{4-4}$$

式中，ρ_d 为态密度在表面 d 带的投影。

表 4-16　CH_4 在金属 M(M=Fe, Co, Ni, Cu)(111) 和合金 NiM(M=Fe, Co, Cu)(111) 表面解离的吸附能、活化能、反应热、d 带中心、Mulliken 电荷

金属或合金	$E_{ads,C}/eV$	E_a/eV	$\Delta E/eV$	ε_d/eV	q/e
Fe	−8.02	1.04	1.73	−0.68	−0.55
Co	−6.83	1.25	2.54	−1.30	−0.51
Ni	−6.80	1.36	2.56	−1.39	−0.45
Cu	−5.38	2.21	3.99	−2.33	−0.54
NiFe	−7.01	1.25	2.33	−1.15	−0.49
NiCo	−6.71	1.29	2.64	−1.40	−0.46
均相 NiCu	−6.80	1.37	2.56	−1.62	−0.45
偏聚 NiCu	−5.98	1.63	3.35	−1.93	−0.47

4.3.5.1　活化能与反应热以及吸附能的关系

表 4-16 列出了 CH_4 在金属表面解离的活化能（E_a）、反应热（ΔE）、d 带中心（ε_d）、热解 C 的吸附能（$E_{ads,C}$）和 Mulliken 电荷（q）。首先分析反应热和活化能的关系，从表 4-16 中可以看出反应是吸热的，而且反应吸热越多活化能越高。同时，随着活性组分上反应活化能的升高，热解 C 的吸附变弱。换句话说，物种在活性组分表面的吸附减弱，那么活性组分对物种的活化能力降低，相应地反应需要吸收更多的热量。

根据 Brønsted-Evans-Polanyi（BEP）关系[22-23]，对反应热和反应的活化能进行相关性分析，发现它们之间呈线性相关，如图 4-11 所示，线性相关系数 R 为

0.97。同时，在热解 C 的化学吸附能和反应的活化能之间也存在着线性相关，如图 4-12 所示，R 为 0.94。这种相关性普遍存在于解离反应中。Ren 等[24] 发现甲氧基在 M(111)(M＝Cu, Ag, Au, Ni, Pd, Pt, Rh) 表面解离时，反应热和反应的活化能分别按照第Ⅷ族金属和第ⅡB 族金属线性相关。

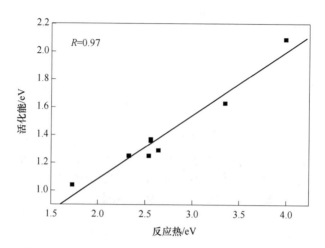

图 4-11　在各活性组分表面活化能与反应热之间的关系

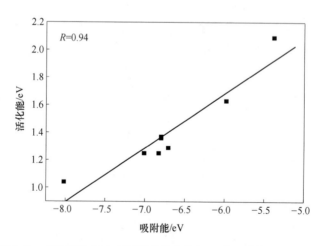

图 4-12　在各活性组分表面活化能与热解 C 的吸附能之间的关系

4.3.5.2　吸附能与 d 带中心的关系

d 带中心是一个重要的测量固体能级和特征化固体表面得失电子能力的参数。一般来说，金属活性组分 d 带中心越接近费米能级，金属的活性越高[25-27]。在本书第 4.3.4.1 节中，认为可以用热解 C 在活性组分表面的吸附性质来对应催化剂表面的性质。为验证这种方法是否可行，分析了热解 C 的吸附能和 d 带中心之间的关系。

当 d 带中心接近费米能级时，热解 C 的吸附能增大；或者说金属的活性越高，热解 C 的吸附越强。进一步分析发现，热解 C 的吸附能和 d 带中心之间有很好的线性相关关系，如图 4-13 所示，R 为 0.98。这也说明用热解 C 的吸附性质来对应表面的性质是可行的。

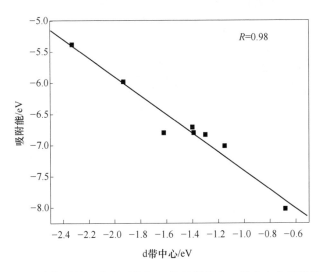

图 4-13   在各活性组分表面热解 C 的吸附能和 d 带中心之间的关系

分析热解 C 的吸附能与 C 上 Mulliken 电荷的关系，从现有的数据未能发现两者之间存在明确的相关关系。通过上面的分析可以得出：（1）d 带中心远离费米能级，物种的吸附能减弱，反应的活化能会升高，是抑制反应中热解 C 生成的微观因素。（2）反应热与反应活化能在数值上呈正相关，这是抑制反应中热解 C 生成的一个宏观指标。

4.4   NiM 合金催化积炭的形成

4.4.1   C 在 NiM(111) 表面的迁移

4.4.1.1   C 在均相合金表面的迁移

因为合金表面的活性位比单金属表面复杂，所以合金表面的迁移模型也比单金属表面要复杂一些。在均相 NiCo(111) 表面，C 的迁移路线如图 4-14 所示。物种在表面从 FCC-2→HCP-2→FCC-1→HCP-1→FCC-2 及其逆路线，都完成了一个周期的迁移。

计算 C 在均相合金表面迁移一个周期时各迁移步骤的活化能，列于表 4-17 中。

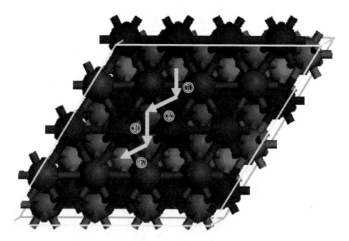

图 4-14　C 在 NiCo(111) 表面的迁移示意图

（按箭头所指方向，①是从 FCC-2→HCP-2 位，②是从 HCP-2→FCC-1 位，③是从 FCC-1→HCP-1 位，
④是从 HCP-1→FCC-2 位；相应的逆路线也是一个迁移周期）

表 4-17　C 在均相合金 NiM(M=Fe，Co，Cu)(111) 表面的迁移活化能

（eV）

FCC-2→HCP-2			HCP-2→FCC-1			FCC-1→HCP-1			HCP-1→FCC-2		
NiFe	NiCo	NiCu	NiFe	NiCo	NiCu	NiFe	NiCo	NiCu	NiFe	NiCo	NiCu
0.49	0.58	0.08	0.24	0.39	0.92	0.26	0.29	0.49	0.41	0.48	0.12
0.59	0.73	0.13	0.31	0.34	0.02	0.29	0.40	0.50	0.20	0.27	0.95

注：各迁移步骤第一行所列活化能为箭头所指路线的活化能，第二行所列活化能为其逆路线的活
　　化能。

从表 4-17 中可以看出，在 NiFe 表面 C 的最大迁移活化能为 0.59 eV；在 NiCo 表面 C 的最大迁移活化能为 0.73 eV；在 NiCu 表面 C 的最大迁移活化能为 0.95 eV。可见在均相合金 NiM(M=Fe，Co，Cu) 表面 C 迁移能力的大小次序为 NiFe>NiCo>NiCu。

4.4.1.2　C 在偏聚 NiCu 表面的迁移

C 在偏聚 NiCu(111) 表面的迁移路线比在均相合金表面更复杂。根据偏聚 NiCu(111) 表面结构，图 4-15 示意了 C 在其表面的迁移路线，C 在偏聚 NiCu 表面迁移时有如下三条路线：

HCP-1→FCC-4→HCP-3→FCC-1→HCP-1（黄色箭头所示）

HCP-1→FCC-3→HCP-4→FCC-1→HCP-1（白色箭头所示）

HCP-3→FCC-3→HCP-1→FCC-4→HCP-3（红色箭头所示）

按照每一条路线的正方向或逆方向，C 完成一个周期的迁移。

计算得到 C 在偏聚 NiCu(111) 表面的迁移活化能，列于表 4-18 中。

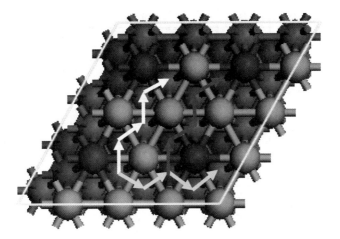

图 4-15 彩图

图 4-15　C 在偏聚 NiCu(111) 表面的迁移示意图

表 4-18　C 在偏聚 NiCu 表面的迁移活化能 （eV）

HCP-1→ FCC-4	FCC-4→ HCP-3	HCP-3→ FCC-1	FCC-1→ HCP-1	HCP-1→ FCC-3	FCC-3→ HCP-4	HCP-4→ FCC-1	HCP-3→ FCC-3
0.93, 0.05	0.08, 1.03	0.28, 0.22	0.16, 0.14	0.18, 0.21	0.98, 0.08	0.40, 1.30	0.30, 0.26

从表 4-18 中所列的数据可以看出，在偏聚 NiCu 表面 C 的最大迁移活化能为 0.98 eV。

综合上面的计算结果，发现把 M(M=Fe，Co，Cu) 添加到 Ni 中使得 C 在表面的迁移能力降低，C 迁移能力降低的次序随添加金属的变化为 Cu>Co>Fe。

4.4.2　C+C 在 NiM(111) 表面的共吸附

在合金催化剂表面，两个热解 C 原子的共吸附构型参数、吸附能以及共吸附 C 之间的横向相互作用能列于表 4-19 中。和 C+O 共吸附模式类似，在 NiCo(111) 表面得到以五种共吸附模式吸附的热解 C 结构。从计算所得的横向相互作用能数据中发现，只有以 Mode 1 和 Mode 4 共吸附的热解 C 之间横向相互作用最小，因此在研究热解 C 的集聚时把以 Mode 1 和 Mode 4 共吸附的热解 C 作为其集聚反应的起始状态。

表 4-19　热解 C 在 NiM(M=Fe，Co，Cu)(111) 表面共吸附的
构型参数、吸附能和横向相互作用能

合金	共吸附模式	d_{C1-Ni}/nm	d_{C1-M}/nm	d_{C2-Ni}/nm	d_{C2-M}/nm	d_{C1-C2}/nm	E_{ads}/eV	ΔE_{ads}/eV	$\Delta E'_{ads}$/eV
NiFe	Mode 1	0.1850	0.1734	0.1845	0.1765	0.2820	−13.64	0.41	0.14
	Mode 2	0.1866	0.1767	0.1826	0.1749	0.2304	−12.99	0.88	0.44

合金	共吸附模式	d_{C1-Ni}/nm	d_{C1-M}/nm	d_{C2-Ni}/nm	d_{C2-M}/nm	d_{C1-C2}/nm	E_{ads}/eV	ΔE_{ads}/eV	$\Delta E'_{ads}$/eV
NiFe	Mode 3	0.1839	0.1757	0.1760	0.1834	0.2515	−13.32	0.76	0.38
	Mode 4	0.1843	0.1751	0.1764	0.1850	0.2811	−13.64	0.41	0.14
	Mode 5	0.1860	0.1770	0.1798	0.1742	0.2312	−13.00	0.89	0.45
NiCo	Mode 1	0.1815	0.1767	0.1825	0.1769	0.2840	−13.15	0.38	0.13
	Mode 2	0.1853	0.1774	0.1807	0.1771	0.2440	−12.65	0.91	0.46
	Mode 3	0.1798	0.1788	0.1797	0.1788	0.2482	−12.87	0.77	0.39
	Mode 4	0.1821	0.1765	0.1818	0.1770	0.2850	−13.15	0.38	0.13
	Mode 5	0.1855	0.1773	0.1809	0.1769	0.2415	−12.65	0.91	0.46
均相NiCu	Mode 1	0.1765	0.1873	0.1783	0.1905	0.2858	−12.09	1.45	0.48
偏聚NiCu	Mode 1	0.1756	0.1863	0.1768	0.1888	0.2802	−10.66	1.36	0.45

注：预吸附的 C 为 C1，在其他可能位上吸附的 C 为 C2。

同样，也研究了 NiFe（111）表面热解 C 的共吸附，得到以五种模式共吸附的热解 C 的构型，但是只有以 Mode 1 和 Mode 4 共吸附的热解 C 是稳定存在的。在研究热解 C 的集聚反应时，把以这两种模式共吸附的热解 C 作为反应的起始状态。

对于均相 NiCu（111）和偏聚 NiCu（111）表面热解 C 的共吸附，分别只得到一种稳定的热解 C 共吸附构型，即以 Mode 1 共吸附的热解 C，把它们作为热解 C 集聚反应的起始状态。

4.4.3　C₂ 在 NiM（111）表面的吸附

C_2 在合金 NiM（M＝Fe，Co，Cu）（111）表面的吸附稳定构型参数列于表 4-20 中。C 在 NiCo（111）表面的最稳定吸附位为 HCP-1 位，因此在优化 C_2 的构型时，先把一个 C 吸附在最稳定的 HCP-1 位，另一个 C 吸附在其他可能的位置。通过优化得到两种稳定的 C_2 构型。这两种构型为一个 C 仍然吸附在 HCP-1 位，而另一个 C 分别吸附在 FCC-1 位和 FCC-2 位，C—C 轴垂直于表面法线，C—C 键的键长都为 0.1323 nm，吸附能分别为 −6.93 eV 和 −7.02 eV。在研究热解 C 在 NiCo（111）表面的集聚反应时，把这两种结构都作为反应的终了状态。

表 4-20 在合金 NiM(M=Fe，Co，Cu)(111)表面 C_2 吸附的几何构型参数及吸附能

合金	$d_{C1—Ni1}$ /nm	$d_{C1—Ni2}$ /nm	$d_{C1—M1}$ /nm	$d_{C1—M2}$ /nm	$d_{C2—Ni1}$ /nm	$d_{C2—Ni2}$ /nm	$d_{C2—M1}$ /nm	$d_{C2—M2}$ /nm	$d_{C1—C2}$ /nm	E_{ads}/eV
NiFe	0.1878	0.2062	0.2054		0.2026		0.1926	0.2035	0.1322	-7.32
	0.1899		0.2033	0.2038	0.1879		0.2041	0.2045	0.1323	-7.29
NiCo	0.2033		0.1914	0.2027	0.1875	0.2051			0.1323	-6.93
	0.1889		0.2030	0.2035	0.1886		0.2044	0.2046	0.1323	-7.02
均相 NiCu	0.1860	0.1956	0.2061		0.2011		0.1902	0.2103	0.1319	-6.65
	0.1996	0.1999	0.1903		0.2009	0.2017	0.1901		0.1316	-6.63
偏聚 NiCu	0.2003		0.1916	0.2075	0.2016		0.1912	0.2096	0.1305	-6.29
	0.2006		0.1912	0.2085	0.2022		0.1916	0.2088	0.1306	-6.32

注：预吸附的 C 标记为 C1，在其他可能位上吸附的 C 标记为 C2；切片中心的 Ni 标记为 Ni1，另一个 Ni 标记为 Ni2；M1 和 M2 分别为 M 上有物种吸附时切片中从最左边 M 原子开始按顺时针方向排序。

在 NiFe(111) 面上，C_2 的吸附结构和在 NiCo(111) 面上类似。当 C_2 中的一个 C 吸附在最稳定的 HCP-1 位时，另一个 C 分别吸附在 FCC-1 位和 FCC-2 位；吸附能分别为 -7.32 eV 和 -7.29 eV。这两种稳定结构都作为 C+C 反应的终了状态。

在均相 NiCu(111) 和偏聚 NiCu(111) 表面，C_2 的吸附结构和在 NiCo(111) 表面类似。当 C_2 中的一个 C 吸附在最稳定的 HCP-1 位时，另一个 C 分别吸附在 FCC-1 位和 FCC-2 位。在均相 NiCu(111) 表面，它们的吸附能分别为 -6.65 eV 和 -6.63 eV；而在偏聚 NiCu(111) 表面，它们的吸附能分别为 -6.29 eV 和 -6.32 eV。在研究热解 C 的集聚反应时，把这两种稳定结构分别作为在相应表面上集聚反应的终了状态。

当把金属 M(M=Fe，Co，Cu) 加入 Ni 中后，依 M 金属在元素周期表中从左到右的顺序，C_2 的吸附能依次降低。C—C 键的键长在 NiFe 和 NiCo 表面变化不明显，而在均相 NiCu 和偏聚 NiCu 表面明显缩短。

4.4.4 NiM(111) 表面 C+C 的反应

在 NiCo(111) 表面，以 Mode 1 和 Mode 4 共吸附的两个热解 C 原子为集聚反应的起始状态，以两个 C 原子分别吸附于 HCP-2 位和 FCC-2 位的 C_2 为集聚反应的终了状态，研究得到两条可能的反应路径，如表 4-21 所示；过渡态的构型参数列于表 4-22 中，反应的活化能和反应热列于表 4-21 中。

表 4-21 热解 C 在 NiM（M=Fe，Co，Cu）（111）表面集聚反应的活化能和反应热

(eV)

热解 C 集聚反应路径		NiFe		NiCo		均相 NiCu		偏聚 NiCu	
		E_a	ΔE	E_a	ΔE	E_a	ΔE	E_a	ΔE
Path 1	C+C（Mode 1）→TS1→C_2	0.108	-0.70	0.71	-0.81	0	-0.88	2.30	-2.05
Path 2	C+C（Mode 4）→TS2→C_2	0.33		0.83					

表 4-22 热解 C 在 NiM（M=Fe，Co，Cu）（111）表面集聚过程中过渡态的构型参数

合金	过渡态	d_{Cp-Ni1} /nm	d_{Cp-Ni2} /nm	d_{Cp-M1} /nm	d_{Cp-M2} /nm	d_{C-Ni1} /nm	d_{C-Ni2} /nm	d_{C-M1} /nm	d_{C-M2} /nm	d_{Cp-C} /nm
NiFe	TS1	0.1842		0.1884	0.2102	0.1855		0.1887	0.1908	0.2001
	TS2	0.1813		0.1788	0.1868	0.1848		0.1776	0.1869	0.2070
NiCo	TS1	0.1862		0.1740	0.1802	0.1797	0.2177	0.1733		0.2359
	TS2	0.1931		0.1805	0.1819	0.1852		0.1745		0.1992
均相 NiCu	TS1	0.1812	0.1814	0.2077	0.1814	0.1837		0.1944		0.2177
偏聚 NiCu	TS1	0.1793		0.1896	0.1953	0.1827		0.1929	0.1946	0.2267

注：预吸附的 C 标记为 Cp，在其他可能位上吸附的 C 不做标记；切片中心的 Ni 标记为 Ni1，另一个 Ni 标记为 Ni2；M1 和 M2 分别为 M 上有物种吸附时切片中从最左边 M 原子开始按顺时针方向排序。

Path 1 是以 Mode 1 共吸附的热解 C 中吸附在 FCC-1 位的 C 原子经过渡态 TS1 越过两个 Ni—Co 桥位到达 FCC-2 位，并且和 HCP-2 位的 C 结合生成 C_2；而 Path 2 则是以 Mode 4 共吸附的热解 C 中吸附于 FCC-1 位的 C 原子经过渡态 TS4 分别越过两个 Ni—Co 桥位到达 FCC-1 位，并且和 HCP-2 位的 C 结合生成 C_2。在过渡态 TS1 时，形成的 C—C 键的距离为 0.2359 nm；而在过渡态 TS4 时，形成的 C—C 键的距离为 0.1992 nm。两条反应路径的活化能分别为 0.71 eV 和 0.83 eV，两个反应都为放热反应。路径 Path 1 有较低的活化能（0.71 eV），因此认为 Path 1 是反应的最优路径。

在 NiCo（111）表面，CH_4 容易解离生成热解 C，同时热解 C 消除反应的活化能高于热解 C 集聚反应的活化能，因此生成的 C 容易集聚而产生积炭。如果没有其他调变因素的影响，NiCo 催化剂将不具备抗积炭性能。

热解 C 在合金 NiFe 和 NiCu 表面的集聚反应可能的路径及反应的活化能和反应热见表 4-21，反应过程中可能的过渡态的构型参数列于表 4-22 中。

在 NiFe（111）表面，热解 C 的集聚反应也有两条路径，这两条反应路径与在 NiCo(111) 表面相似。反应路径 Path 2 有较低的活化能（0.33 eV），认为该反应路径为 NiFe(111) 表面热解 C 集聚反应的最优反应路径。

在均相 NiCu(111) 表面，热解 C 的集聚反应只有一条反应路径，即以 Mode 1 共吸附的热解 C 中吸附于 FCC-2 位的 C 原子经过渡态 TS1 越过两个 Ni—Cu 桥位，和吸附于 HCP-2 位的 C 结合生成 C_2。该反应是放热反应，反应的活化能接近于 0。可见在均相 NiCu 表面，热解 C 很容易集聚生成积炭。

在偏聚 NiCu(111) 表面，以 Mode 1 共吸附的热解 C 中吸附于 HCP-1 位的 C 原子经过渡态 TS1 越过两个 Ni—Cu 桥位，和吸附于 HCP-3 位的 C 结合生成 C_2。该反应是放热反应，反应的活化能高达 2.30 eV。可见偏聚 NiCu 表面，热解 C 很难集聚生成积炭。

综合以上研究结果可以得出：热解 C 在合金 NiM（M=Fe，Co，Cu）(111) 表面发生集聚反应时，集聚的难易程度随添加 M（M=Fe，Co，Cu）原子的不同以及加入的 M 原子在表面是否偏聚等情况有关。本书的研究结果显示，在均相 NiCu 表面热解 C 最容易集聚，在 NiFe 表面次之，NiCo 表面再次之，在偏聚 NiCu 表面热解 C 最难集聚。

4.4.5 第二金属加入对 Ni 基催化剂上 C 集聚的影响

同样以 Ni(111) 面上热解 C 集聚反应的活化能作为评判各催化剂表面热解 C 是否容易集聚的参考值。在偏聚 NiCu 表面，热解 C 的集聚有最高的活化能，认为热解 C 在其表面不易集聚形成积炭；其次是在 NiCo 表面有较高的活化能，认为热解 C 可能不会在其表面集聚；而在均相 NiCu 表面，热解 C 容易集聚形成积炭。

4.5 NiM 合金催化积炭的消除

4.5.1 物种的吸附

4.5.1.1 O 在 NiM(111) 表面的吸附

O 在 NiM（M=Fe，Co，Cu）(111) 表面的吸附，类似于热解 C 在 NiM(111) 表面的吸附，O 也吸附在高对称的三重位，吸附构型参数和吸附能列于表 4-23 中。O 吸附在 NiCo(111) 表面的三重位上时，吸附构型具有 C_{2v} 对称性，吸附次序为 FCC-1>HCP-1>HCP-2>FCC-2；O 在 NiFe(111) 表面吸附时，吸附次序为 FCC-1>HCP-1>FCC-2>HCP-2；在均相 NiCu(111) 表面吸附时，吸附次序为 FCC-2>HCP-2>FCC-1>HCP-1；在偏聚 NiCu(111) 表面吸附的次序为 FCC-1>FCC-3>HCP-3>HCP-1>FCC-4>HCP-4。可见 Ni 中添加不同的金属，O 的最优吸附位会发生变化；吸附能的大小随着所添加的金属 M（M=Fe，Co，Cu）在元素周期表中从左到右的顺序依次降低，这与单金属表面 O 的吸附次序一致。对于 NiCu，O 在偏聚 NiCu 表面的吸附弱于其在均相 NiCu 表面的吸附。

表 4-23　在合金 NiM（M=Fe，Co，Cu）(111) 表面 O 吸附的几何构型参数及吸附能

吸附位	NiFe			NiCo		
	d_{O-Ni} /nm	d_{O-Fe} /nm	E_{ads}/eV	d_{O-Ni} /nm	d_{O-Co} /nm	E_{ads}/eV
FCC-1	0.1906	0.1859	−6.47	0.1880	0.1875	−6.01
FCC-2（3）	0.1906	0.1825	−6.11	0.1879	0.1846	−5.74
HCP-1	0.1932	0.1854	−6.33	0.1877	0.1867	−5.97
HCP-2（3）	0.1903	0.1821	−6.03	0.1879	0.1854	−5.76
FCC-4						
HCP-4						
吸附位	均相 NiCu			偏聚 NiCu		
	d_{O-Ni} /nm	d_{O-Cu} /nm	E_{ads}/eV	d_{O-Ni} /nm	d_{O-Cu} /nm	E_{ads}/eV
FCC-1	0.1817	0.1904	−5.41	0.1823	0.1908	−5.54
FCC-2（3）	0.1819	0.1913	−5.86	0.1817	0.1896	−5.52
HCP-1	0.1807	0.1917	−5.22	0.1812	0.1913	−5.36
HCP-2（3）	0.1818	0.1927	−5.78	0.1818	0.1917	−5.40
FCC-4					0.1887	−5.11
HCP-4					0.1894	−4.86

4.5.1.2　C+O 在 NiM(111) 表面的共吸附

用与单金属表面类似的方法，研究了 NiCo 表面 C 和 O 的共吸附。先把 C 吸附在最稳定的三重位上，然而再把 O 吸附在其他可能的三重位上，经过优化得到五种共吸附结构，共吸附的构型参数、吸附能和横向相互作用能列于表 4-24 中。

表 4-24　C 和 O 在 NiM（M=Fe，Co，Cu）(111) 表面共吸附的构型参数、吸附能和横向相互作用能

金属	共吸附模式	$d_{C-M(1,2,3)}$ /nm	$d_{O-M(1,2,3)}$ /nm	d_{C-O} /nm	E_{ads} /eV	ΔE_{ads} /eV	$\Delta E'_{ads}$ /eV
Fe	Mode 1	0.1779，0.1782，0.1784	0.1853，0.1853，0.1854	0.2917	−15.10	1.06	0.35
	Mode 2	0.1772，0.1801，0.1809	0.1843，0.1846，0.1862	0.2559	−14.41	1.75	0.88
Co	Mode 1	0.1779，0.1782，0.1784	0.1853，0.1853，0.1854	0.2917	−12.51	0.62	0.21
	Mode 2	0.1822，0.1766，0.1818	0.1867，0.1866，0.1864	0.2520	−12.22	0.95	0.48

金属	共吸附模式	$d_{C-M(1,2,3)}$ /nm	$d_{O-M(1,2,3)}$ /nm	d_{C-O} /nm	E_{ads} /eV	ΔE_{ads} /eV	$\Delta E'_{ads}$ /eV
Ni	Mode 1	0.1765，0.1765，0.1766	0.1842，0.1842，0.1843	0.2891	−11.85	0.86	0.29
	Mode 2	0.1796，0.1757，0.1797	0.1870，0.1823，0.1824	0.2513	−11.53	1.09	0.55
Cu	Mode 1	0.1861，0.1862，0.1862	0.1901，0.1901，0.1901	0.2977	−9.19	1.18	0.39
	Mode 2	0.1831，0.1870，0.1872	0.1898，0.1903，0.1905	0.2571	−9.31	1.20	0.60

同样发现共吸附的 C 和 O 之间有强烈的横向相互作用。通过比较校正后的 $\Delta E'_{ads}$，认为 C 和 O 只有以 Mode 1 和 Mode 4 共吸附时才能稳定存在，因此把以这两种模式共吸附的 C 和 O 作为在合金表面 C+O 反应的起始状态。

4.5.1.3 CO 在 NiM(111) 表面的吸附

CO 在 NiM(111) 表面吸附稳定的构型参数、吸附能列于表 4-25 中。

表 4-25 在合金 NiM(M=Fe，Co，Cu)(111) 表面 CO 吸附的几何构型参数及吸附能

合金	吸附位	d_{C-Ni1}/nm	d_{C-M1}/nm	d_{C-O}/nm	E_{ads}/eV
NiFe	T(Ni)	0.1750		0.1172	−1.56
	T(Fe)	0.1762		0.1180	−1.75
	B-NiFe	0.2090	0.1833	0.1192	−1.74
	FCC-1	0.1860	0.2097	0.1202	−1.76
	FCC-2	0.1969	0.2103	0.1201	−1.80
	HCP-1	0.1972	0.2044	0.1199	−1.75
	HCP-2	0.1984	0.1981	0.1202	−1.73
NiCo	T(Ni)	0.1748		0.1171	−1.42
	T(Co)		0.1761	0.1174	−1.64
	B-NiNi	0.1900		0.1190	−1.57
	B-CoCo		0.1915	0.1192	−1.59
	B-NiCo	0.1955	0.1870	0.1192	−1.63
	FCC-1	0.1965	0.1990	0.1201	−1.66
	FCC-2	0.1981	0.1983	0.1200	−1.63
	HCP-1	0.1977	0.1972	0.1202	−1.65
	HCP-2	0.1982	0.1948	0.1201	−1.68
均相 NiCu	T(Ni)	0.1743		0.1171	−1.66
	B-NiNi	0.1876		0.1192	−1.96
	FCC-1	0.1787	0.2267	0.1186	−1.64

合金	吸附位	d_{C-Ni1}/nm	d_{C-M1}/nm	d_{C-O}/nm	E_{ads}/eV
均相 NiCu	FCC-2	0.1886	0.2332	0.1195	-1.95
	HCP-1	0.1788	0.2216	0.1187	-1.47
	HCP-2	0.1887	0.2339	0.1194	-1.95
偏聚 NiCu	T(Ti)	0.1750		0.1171	-1.72
	T(Cu)		0.1813	0.1167	-0.71
	B-NiCu	0.1766	0.2407	0.1179	-1.68
	FCC-1	0.1786	0.2264	0.1186	-1.65
	FCC-3	0.1786	0.2272	0.1186	-1.64
	FCC-4		0.2018	0.1190	-0.99
	HCP-1	0.1756	0.2846	0.1172	-1.72
	HCP-3	0.1775	0.2338	0.1184	-1.65
	HCP-4		0.2032	0.1189	-0.89

当 CO 吸附在 NiCo(111) 表面时, 存在两种稳定构型: 一种是 CO 吸附在 Ni 原子的 T 位, 通过 C 原子与表面的 Ni 原子成键, 且 CO 的分子轴垂直于合金表面; 另一种是 CO 吸附于 Co 原子的 T 位, 吸附构型与 CO 吸附在 Ni 的 T 位类似, 吸附能为 -1.64 eV, 强于其吸附在 Ni 的 T 位 (-1.42 eV)。当 CO 吸附在 B 位时, 有三种稳定的构型, 即 CO 吸附在 B-NiNi 位、B-NiCo 位和 B-CoCo 位, 吸附能分别为 -1.57 eV、-1.63 eV 和 -1.59 eV。CO 在三重位吸附时, 有四种稳定的构型, 它们的稳定性次序为 HCP-2>FCC-1>HCP-1>FCC-2。

CO 吸附在合金 NiFe、均相 NiCu 和偏聚 NiCu 表面时, 其吸附构型与 CO 吸附在 NiCo(111) 表面类似, 即 CO 稳定吸附于 T 位、B 位和三重位, 吸附构型参数和吸附能列于表 4-25 中。在 NiFe 表面, CO 的吸附次序为 FCC-2>FCC-1>HCP-1=T(Fe)>B-NiFe>HCP-2>T(Ni); 在均相 NiCu 表面的吸附次序为 B-NiNi>HCP-2=FCC-2>T(Ni)>FCC-1>HCP-1; 而在偏聚 NiCu 表面的吸附次序为 T(Ni)=HCP-1>B-NiCu>FCC-1=HCP-3>FCC-3>FCC-4>HCP-4>T(Cu), 并且在三重位和 B 位的吸附明显偏向于 Ni 的 T 位。

显然, 在不同合金表面上 CO 的吸附次序不同, 而且吸附能按照金属在元素周期表从左到右的顺序变化不规律。在后面研究 C+O 反应时, 分别选取 CO 吸附在 T 位、B 位和最稳定的三重位作为 C+O 反应的终了状态。

4.5.2　O 在 NiM(111) 表面的迁移

4.5.2.1　O 在均相合金表面的迁移

O 在均相合金表面的迁移路线类似于 C 在均相合金表面的迁移路线。计算 O

在均相合金表面迁移一个周期时各迁移步骤的活化能，列于表 4-26 中。

表 4-26 O 在均相合金 NiM(M=Fe，Co，Cu)(111) 表面的迁移活化能

(eV)

FCC-2→HCP-2			HCP-2→FCC-1			FCC-1→HCP-1			HCP-1→FCC-2		
NiFe	NiCo	NiCu	NiFe	NiCo	NiCu	NiFe	NiCo	NiCu	NiFe	NiCo	NiCu
0.70	0.64	0.31	0.17	0.32	0.72	0.37	0.44	0.84	0.48	0.57	0.22
0.62	0.67	0.23	0.60	0.58	0.35	0.24	0.40	0.66	0.25	0.34	0.86

注：各迁移步骤第一行所列活化能为箭头所指路线的活化能，第二行所列活化能为其逆路线的活化能。

从表 4-26 中可以看出，在 NiFe 表面 O 的最大迁移活化能为 0.70 eV；在 NiCo 表面 O 的最大迁移活化能为 0.67 eV；在 NiCu 表面 O 的最大迁移活化能为 0.86 eV。可见在均相合金 NiM(M=Fe，Co，Cu) 表面，O 迁移能力的大小次序为 NiCo>NiFe>NiCu。

4.5.2.2 O 在偏聚 NiCu 表面的迁移

O 在偏聚 NiCu 表面的迁移路线类似于 C 在偏聚 NiCu 表面的迁移路线。计算 O 在偏聚 NiCu(111) 表面迁移的活化能，列于表 4-27 中。

表 4-27 O 在偏聚 NiCu 表面迁移的活化能　　　(eV)

HCP-1→ FCC-4	FCC-4→ HCP-3	HCP-3→ FCC-1	FCC-1→ HCP-1	HCP-1→ FCC-3	FCC-3→ HCP-4	HCP-4→ FCC-1	HCP-3→ FCC-3
0.67, 0.42	0.58, 0.87	0.26, 0.40	0.42, 0.25	0.29, 0.46	0.97, 0.56	0.26, 0.88	0.30, 0.42

需要指出的是在研究 O 从 HCP-4 位迁移到 FCC-1 位时，因为 NiCu 表面的偏聚，在 $p(2×2)$ 的超胞上无法研究这条迁移路径，因此采用了 $p(4×4)$ 的超胞，相应地，k 点取为 $2×2×1$。从表 4-27 可以看出，在偏聚 NiCu 表面 O 的最大迁移活化能为 0.97 eV。

综合上面的计算结果，发现把 M(M=Fe，Co，Cu) 添加到 Ni 中使得 O 在表面的迁移能力降低。按照添加金属 Cu、Fe、Co 的顺序，O 迁移能力依次降低。

4.5.3　C+O ——→ CO

合金 NiM(M=Fe，Co，Cu)(111) 表面 C+O 的反应路径、反应活化能和反应热列于表 4-28 中，反应过程中可能的过渡态构型参数列于表 4-29 中。

表 4-28　C+O 在 NiM(M=Fe，Co，Cu)(111) 表面的反应活化能和反应热　　(eV)

C+O 的反应路径		NiFe		NiCo		均相 NiCu		偏聚 NiCu	
		E_a	ΔE	E_a	ΔE	E_a	ΔE	E_a	ΔE
Path 1	C+O(Mode 1)→TS1→CO(HCP-1)	1.57	-0.58	1.56	-1.17	—	—	0	-2.68

续表 4-28

C+O 的反应路径		NiFe		NiCo		均相 NiCu		偏聚 NiCu	
		E_a	ΔE	E_a	ΔE	E_a	ΔE	E_a	ΔE
Path 2	C+O(Mode 1)→TS2→CO(B)	1.65	-0.56	1.56	-1.15	0.32	-1.84	0	-2.72
Path 3	C+O(Mode 1)→TS3→CO(T)	1.76	-0.39	1.44	-0.93	0.27	-1.53	0	-2.75
Path 4	C+O(Mode 4)→TS4→CO(HCP-1)	1.01	-0.57	—	—				
Path 5	C+O(Mode 4)→TS5→CO(B)	1.00	-0.55	1.21	-1.15				
Path 6	C+O(Mode 4)→TS6→CO(T)	1.50	-0.57	1.35	-1.16				

表 4-29　C+O 在 NiM(M=Fe, Co, Cu)(111) 表面解离过程中过渡态的构型参数

合金	过渡态	d_{C-Ni1}/nm	d_{C-Ni2}/nm	d_{C-M1}/nm	d_{C-M2}/nm	d_{O-Ni}/nm	d_{O-M}/nm	d_{C-O}/nm
NiFe	TS1	0.1870		0.1829	0.1909	0.1923	0.1965	0.1851
	TS2	0.1872		0.1803	0.2055	0.1932	0.1963	0.1858
	TS3	0.1824		0.1826	0.2117	0.1881	0.2025	0.1809
	TS4	0.1788		0.1826	0.1915	0.1997	0.1968	0.1835
	TS5	0.1794		0.1784	0.1962	0.2021	0.1946	0.1845
	TS6	0.1953		0.1810	0.1948	0.2328	0.1906	0.1735
NiCo	TS1	0.1877		0.1811	0.1858	0.1867		0.1941
	TS2	0.1873		0.1874	0.1856	0.1869		0.1947
	TS3	0.1791		0.1850	0.2046	0.1852		0.1805
	TS5	0.1805		0.1856	0.1833		0.1903	0.1899
	TS6	0.1945		0.1833	0.1923		0.1894	0.1828
均相 NiCu	TS1	0.1773	0.1788	0.1940		0.1894	0.2283	0.1898
	TS2	0.1774	0.1811	0.1946		0.1874	0.2389	0.1915
偏聚 NiCu	TS1	0.1753	0.1882	0.1883		0.1925	0.1964	0.2010
	TS2	0.1756	0.1883	0.1888		0.1938	0.1949	0.2031
	TS3	0.1885	0.1936	0.1950		0.1922	0.2013	0.2033

　　在 NiCo(111) 表面，以 Mode 1 共吸附的 C 和 O 为 C+O 反应的起始状态，分别以吸附在 NiCo 表面的 T 位、B 位和 HCP-1 位的 CO 为终了状态，研究得到五条可能的反应路径[28]。

　　路径 Path 1 是以 Mode 1 共吸附的 C 和 O 经过渡态 TS1 生成吸附在 HCP-1 位的 CO。在此过程中，O 通过表面 Ni 原子的顶部移动到 C 的顶部，并和 C 结合生成 CO，C—O 键的距离从起始状态的 0.2930 nm 缩短到过渡态的 0.1941 nm，再缩短到最后状态的 0.1202 nm。反应活化能为 1.56 eV。该反应为放热反应。在

路径 Path 2 和 Path 5，O 分别通过表面 Ni 原子和 Co 原子的顶位移动到 Ni—Co 桥位，同时 C 也离开它原来的位置移动到表面的 Ni—Co 桥位，然后 O 和 C 结合生成以 C 端吸附在 Ni—Co 桥位的 CO。在过渡态 TS2（5）时，C—O 间的距离为 0.1947（0.1899）nm。反应活化能为 1.56（1.21）eV。该反应为放热反应。路径 Path 3 和 Path 6 分别是 C 和 O 相向移动到同一个表面 Ni 原子或 Co 原子的顶端，并结合生成以 C 端吸附于该 Ni 或 Co 顶端的 CO。在过渡态 TS3（6）时，C—O 之间的距离为 0.1805（0.1828）nm。反应活化能为 1.44（1.35）eV。该反应是放热反应。没有发现路径 Path 4 中过渡态的存在，可能是因为 O 很难通过表面 Co 原子顶端移动。

在 NiCo（111）表面 C+O 所有可能的反应路径中，Path 5 有最低的活化能，认为它是 C+O 反应的最优路径，该路径需要克服的活化能比在单金属 Ni 上（0.86 eV）高 0.35 eV，说明在 NiCo 表面热解 C 的消除活性小于在单金属 Ni 表面，这与 Yang 等[14] 的实验结果一致。

在 NiFe（111）表面，C+O 有六条可能的反应路径，Path 1、Path 2 和 Path 3 分别是以 Mode 1 共吸附的 C 和 O 经过渡态 TS1、TS2 和 TS3 生成吸附在表面 HCP-1 位、Ni—Fe 桥位和表面 Ni 原子顶位的 CO；Path 4、Path 5 和 Path 6 分别是以 Mode 4 共吸附的 C 和 O 经过渡态 TS4、TS5 和 TS6 生成吸附在表面 HCP-1 位、Ni—Fe 桥位和表面 Fe 原子顶位的 CO。从表 4-28 中可以看出，Path 4 和 Path 5 有最低的活化能（约 1 eV），它们是该反应的最优路径。该反应是放热反应。

在均相 NiCu（111）表面，研究得到两条 C+O 的反应路径，分别是以 Mode 1 共吸附的 C+O 经过渡态 TS2 和 TS3 生成吸附于表面 Ni—Ni 桥位和表面 Ni 原子 T 位的 CO。Path 3 有较低的反应活化能（0.27 eV），认为它是反应的最优路径。该反应是放热反应。

在偏聚 NiCu（111）表面，研究得到三条 C+O 的反应路径，分别是以 Mode 1 共吸附的 C+O 经过渡态 TS1、TS2 和 TS3 生成吸附于表面三重位、表面 Ni—Ni 桥位和表面 Ni 原子 T 位的 CO。三条反应路径的活化能都接近于 0。该反应是放热反应。

综合 C+O 在合金 NiM（M＝Fe，Co，Cu）（111）表面的反应，发现在每一种合金表面反应都是放热的，反应热随 M（M＝Fe，Co，Cu）在元素周期表中从左到右的顺序增加，且偏聚 NiCu 表面反应热最大；反应的活化能在 NiCo 表面最大，NiFe 表面次之，均相 NiCu 表面较低，偏聚 NiCu 表面最小。

4.5.4　第二金属加入对积炭消除的影响

同样以 Ni（111）面上 C+O 反应的活化能（0.86 eV）作为评判各催化剂表

面生成的热解 C 是否可以被 O 消除的参考值。在合金 NiFe 面上 C+O 反应的活化能远大于在单金属 Ni 面上的活化能，认为在 Ni 中添加 Fe 不易消除热解 C，更不能消除积炭。对于 C+O 在其他几种表面的反应，活化能都有不同程度的降低，均相 NiCu 表面降低了 68.6%，而偏聚 NiCu 表面活化能为 0。在均相 NiCu 和偏聚 NiCu 表面，C+O 反应的活化能大幅度下降，但是 Ni 中添加 Cu 时很难生成热解 C，进而不需要积炭消除。

4.6 第二金属加入对积炭的影响

CH$_4$ 在有些催化剂表面具有适当的解离速率，那么在这些催化剂表面热解 C 不易生成，进而实现了对积炭形成的抑制。然而，在有些催化剂表面 CH$_4$ 虽然容易解离形成热解 C，但是如果热解 C 消除反应的活化能远低于热解 C 集聚反应的活化能，那么生成的热解 C 在集聚为积炭之前可能被消除掉。CH$_4$ 在偏聚 NiCu 表面解离不容易形成热解 C，即使形成少量的热解 C，因为热解 C 消除反应的活化能远低于热解 C 集聚反应的活化能，那么生成的热解 C 也会被及时消除掉，因此在偏聚 NiCu 表面的 CH$_4$/CO$_2$ 重整反应中不会有积炭产生。这一想法得到了实验结果的支持。Chen 等[29] 用浸渍法得到在 800 ℃ 下可以催化 CH$_4$/CO$_2$ 重整反应的长期稳定的 NiCu/SiO$_2$ 负载催化剂。研究发现 Cu 的添加可以调变催化活性，使 CH$_4$ 裂解的速率和 CO$_2$ 消除积炭的速率达到平衡，阻止热解 C 在 Ni 粒子表面聚集。同时有研究认为，Cu 的加入对 Ni 表面 CH$_4$/CO$_2$ 重整反应活性的调和是由于 Cu 在表面发生偏聚[20]。这些实验事实佐证了本书的理论计算结果。

在均相 NiCu 表面，CH$_4$ 解离容易生成热解 C，同时热解 C 的消除反应和热解 C 的集聚反应的活化能都较低，生成的 C 可能被消除，然而热解 C 的集聚反应是不可逆的，因此均相 NiCu 不具有优良的抗积炭性能。本书所构建的均相 NiCu 和偏聚 NiCu 表面模型可以很好地解释已有的实验现象，即为什么有的 NiCu 表面会有积炭产生。其与 NiCu 表面是否发生偏聚有关。这为实验制备 CH$_4$/CO$_2$ 重整反应催化剂提供了一个很好的理论指导线索，即在制备 NiCu 催化剂时需要采取适当的工艺，使 Cu 在表面发生偏聚。

在 NiCo 表面，CH$_4$ 容易解离生成热解 C，同时热解 C 消除反应的活化能高于热解 C 集聚反应的活化能，因此生成的 C 容易集聚而产生积炭。

对于 NiFe 表面的反应，CH$_4$ 解离容易生成热解 C，同时热解 C 消除反应的活化能远大于热解 C 集聚反应的活化能，因此由 CH$_4$ 解离生成的热解 C 不能及时被消除掉就会集聚生成积炭，因此该催化剂催化下的 CH$_4$/CO$_2$ 重整反应不可避免地会生成积炭。事实上，在笔者所了解的文献里，没有把这种催化剂用于 CH$_4$/CO$_2$ 重整反应的实验报道。

参考文献

[1] ZHANG J, WANG H, DALAI A K. Development of stable bimetallic catalysts for carbon dioxide reforming of methane [J]. J. Catal. , 2007, 249 (25): 300-310.

[2] TAKANABE K, NAGAOKA K, NARIAL K, et al. Titania-supported cobalt and nickel bimeallic catalysts for carbon dioxide reforming of methane [J]. J. Catal. , 2005, 232 (2): 268-275.

[3] MASSALSKI T B. Handbook of binary alloy phase diagrams [M]. 10th ed. Almere: ASM International, 1996.

[4] VILLARS P, CALVERT L D. Pearson's handbook of crystallographic data for intermetallic phases [M]. 2nd ed. Almere: ASM International, 1991.

[5] MOHRI T, CHEN Y J. First-principles investigation of L_{10}-disorder phase equilibria of Fe-Ni, -Pd and -Pt binary alloy systems [J]. Alloys Compd. , 2004, 383 (1/2): 23-31.

[6] DOWDEN P A, MILLER A. Surface segregation phenomena [M]. Boston: CRC Press, 1990.

[7] LOVVIK O M. Surface segregation in palladium based alloys from density-functional calculations [J]. Surf. Sci. , 2005, 583 (1): 100-106.

[8] 刘建才, 张新明, 陈明安, 等. 密度泛函理论预测微量元素在 Al (100) 表面的偏聚 [J]. 物理化学学报, 2009, 25 (12): 2519-2523.

[9] LIU H Y, ZHANG R G, YAN R X, et al. Insight into CH_4 dissociation on NiCu catalyst: A first-principles study [J]. Appl. Surf. Sci. , 2012, 258: 8177-8184.

[10] LIU H Y, ZHANG R G, YAN R X, et al. CH_4 dissociation on NiCo (111) surface: A first-principles study [J]. Appl. Surf. Sci. , 2011, 251 (21): 8955-8964.

[11] LIU H Y, WANG B J, FAN M H, et al. Study on carbon deposition associated with catalytic CH_4 reforming [J]. Fuel, 2013, 113: 712-718.

[12] ABILD-PEDERSEN F, GREELEY J, STUDT F, et al. Scaling properties of adsorption energies for hydrogen-containing molecules on transition-metal surfaces [J]. Phys. Rev Lett. , 2007, 99 (1): 016105-016108.

[13] BESENBACHER F, CHORKENDORFF I, CLARSEN B S, et al. Design of a surface alloy catalyst for steam reforming [J]. Science, 1998, 279: 1913-1915.

[14] YANG Y L, LI W Z, XU H Y. A new explanation for carbon deposition and elimination over supported Ni, Ni-Ce and Ni-Co catalysts for CO_2 reforming of CH_4 [J]. React. Kinet. Catal. Lett. , 2002, 77 (1): 155-162.

[15] FAN C, ZHOU X G, CHEN D, et al. Toward CH_4 dissociation and C diffusion during Ni/Fe-catalyzed carbon nanofiber growth: A density functional theroy study [J]. J. Chem. Phys. , 2011, 134 (13): 134704.

[16] TANAKA A, YOON S H, MOCHIDA I. Preparation of highly crystalline nanofibers on Fe and Fe-Ni catalysts with a variety of graphene plane alignments [J]. Carbon, 2004, 42 (3): 591-597.

[17] ZHOU J H, SUI Z J, LI P, et al. Structural characterization of carbon nanofibers formed from different carbon-containing gases [J]. Carbon, 2006, 44 (15): 3255-3262.

[18] 李斗星. 镍基和铁基催化剂上甲烷催化裂解反应的研究 [D]. 天津：天津大学，2008.

[19] LIU H Y, YAN R X, ZHANG R G, et al. A DFT theoretical study of CH_4 dissociation on gold-alloyed Ni(111) surface [J]. J. Nat. Gas Chem. , 2011, 20 (6): 611-617.

[20] NIELSEN L P, BESENBACHER F, STENSGAARD I, et al. Initial growth of Au on Ni(110): Surface alloying of immiscible metals [J]. Phys. Rev. Lett. , 1993, 71 (5): 754-757.

[21] CHIN Y H, KING D L, ROH H S, et al. Structure and reactivity investigations on supported Ni-Au catalysts for hydrocarbon steam reforming [J]. J. Catal. , 2006, 244 (2): 153-162.

[22] BLIGAARD T, NØRSKOV J K, DAHL S, et al. The Brønsted-Evans-Polanyi relation and the volcano curve in heterogeneous catalysis [J]. J. Catal. , 2004, 224 (1): 206-217.

[23] NØRSKOV J K, BLIGAARD T, HVOLBAK B, et al. The nature of the active site in heterogeneous metal catalysis [J]. Chem. Soc. Rev. , 2008, 37 (10): 2163-2171.

[24] REN R P, NIU C Y, BU S Y, et al. Why is metallic Pt the best catalyst for methoxy decompositon? [J]. J. Nature Gas Chem. , 2011, 20 (1): 90-98.

[25] LIMA F H B, ZHANG J, SHAO M H, et al. Catalytic activity—d-band center correlation for the O_2 reduction reaction on platinum in alkaline solutions [J]. J. Phys. Chem. C, 2007, 111 (1): 404-410.

[26] TOYODA E, JINNOUCHI R, HATANAKA T, et al. The d-band structure of Pt nanoclusters correlated with the catalytic activity for an oxygen reduction reaction [J]. J. Phys. Chem. C, 2011, 115 (43): 21236-21240.

[27] SKOPLYAK O, BARTEAU M A, CHEN J G. Reforming of oxygenates for H_2 production: Correlating reactivity of ethylene glycol and ethanol on Pt(111) and Ni/Pt(111) with surface d-band center [J]. J. Phys. Chem. B, 2006, 110 (4): 1686-1694.

[28] LIU H Y, ZHANG R G, DING F Y, et al. A first-principles study of C + O reaction on NiCo(111) surface [J]. Appl. Surf. Sci. , 2011, 257 (22): 9455-9460.

[29] CHEN H W, WANG C Y, YU C H, et al. Carbon dioxide reforming of methane reaction catalyzed by stable nickel copper catalysts [J]. Catal. Today, 2004, 97 (2/3): 173-180.

5　不同载体对重整反应中积炭的影响

5.1　引　言

通过前面的计算可知，Ni 金属作为催化剂容易使 CH_4/CO_2 重整反应产生积炭。于是有学者把 Ni 负载在载体上来调变催化剂的性质。许多氧化物，如分子筛、活性炭、碳化硅、MgO 和 Al_2O_3 等被用作负载 Ni 的载体。Wei 等[1] 把 Ni 负载在纳米尺寸的 ZrO_2、MgO 和 γ-Al_2O_3 上从而使催化剂具有高的活性和稳定性。Hwang 等[2] 报道的中孔黏土负载的 Ni 表现出高催化活性和长寿命。Hou 等[3] 报道的中孔片状 Al_2O_3 负载的 Ni 基催化剂表现出高活性、稳定性和优异的抗积炭性能。

MgO 由于其大且相对明确的表面结构和化学计量，经常被用作分散金属颗粒的催化剂载体[4]。更重要的是，它很容易在表面形成缺陷，这会直接影响催化剂的形态和性能[5-7]。此外，MgO 易于与 NiO 形成固溶体[8-9]。近年来，许多实验都集中在研究 Ni/MgO 催化剂在 CH_4/CO_2 重整反应中的抗积炭作用。Yamazaki 等[10-11] 发现镍-镁固溶体 $Ni_{0.03}Mg_{0.97}O$ 具有高且稳定的活性，催化反应 100 d 无碳沉积。Hu 和 Ruckenstein[12-14] 通过浸渍法制备了 NiO/MgO 催化剂，他们观察到还原固溶体催化剂具有优异的抗积炭性能[15]。Feng 等[16] 表明 NiO/MgO 催化剂在 800℃下焙烧时表现出更高的活性，这主要是因为金属和载体之间表现出更强的相互作用。

第 4 章中研究了双金属 NiM 催化剂，当 NiM(M＝Co，Fe，Cu) 合金中 Ni 与 M 的比例接近 1 时，负载型 NiCo 双金属催化剂表现出良好的催化性能和抑制积炭形成的能力[17-18]。

本章研究在完美的 MgO 和氧空位 MgO 负载的 Ni_4 及 Ni_2M_2 表面上热解 C 的形成以及 C 的集聚和积炭消除，并将其与在 Ni_4 表面和 Ni(111) 表面上的结果进行了比较。目的是阐明载体在 CH_4/CO_2 重整反应中对积炭的影响。

5.2　负载型 Ni 基催化剂模型的构建和计算参数的选择

5.2.1　MgO 负载的 Ni 基催化剂模型

Ni/MgO 模型是基于两个部分建立的：活性组分和载体。

活性组分：由于4个原子的 Ni(Ni$_4$) 团簇是最小的三维团簇，因此选择 Ni$_4$ 团簇作为活性组分的模型。

载体：选择 MgO(001) 稳定表面作为载体。MgO(001) 的晶格常数计算为0.4301 nm，与0.4213 nm的实验值相比，误差为2.13%；这与文献[19] 的报道一致。完美的 MgO(001) 表面用四层切片模型来表示，这在以前的研究中被证明效果很好[20]。通过在完美 MgO(001) 表面去掉一个氧原子形成氧空位 MgO(001) 表面[21-22]。选用 $p(2 \times 2)$ 超胞，采用1.2 nm的真空层将超胞隔开，确保相邻两层周期间的相互作用足够小，消除了相邻作用的影响。为了体现真实反应中催化剂的性质，两底层 MgO 被固定，上面两层 MgO 和金属活性组分弛豫。如图 5-1(a) 所示为 Ni$_4$ 负载于完美 MgO(001) 表面模型，记作 P(Ni$_4$)；如图 5-1(b) 所示为 Ni$_4$ 负载于氧空位 MgO(001) 表面模型，记作 D(Ni$_4$)；并标注 Ni$_4$ 活性组分中4个原子在不同位置的序号分别为 a、b、c、d。

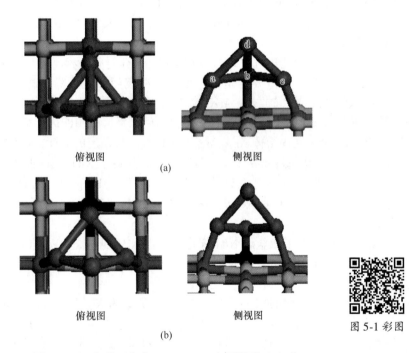

俯视图　　　　　　　　侧视图
(a)

俯视图　　　　　　　　侧视图
(b)

图 5-1 彩图

图 5-1　Ni$_4$ 负载于完美 MgO(001) 表面模型 （a） 和
Ni$_4$ 负载于氧空位 MgO(001) 表面模型 （b）

5.2.2 MgO 负载的 Ni$_2$M$_2$ 催化剂模型

通过替换活性组分的 Ni 原子，每一种 NiM 双金属催化剂模型可以得到四种不同的结构，分别命名为 Model 1、Model 2、Model 3、Model 4。以 Ni_2Fe_2/MgO 模型为例进行描述，如图 5-2 所示。

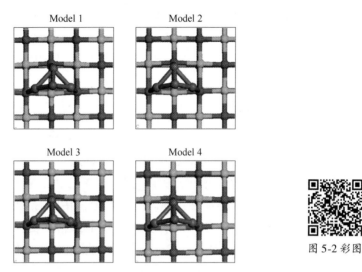

图 5-2 彩图

图 5-2 Ni_2Fe_2 簇负载于完美 MgO(001) 表面的四种不同构型

分别对 Ni_2Fe_2/MgO、Ni_2Co_2/MgO 和 Ni_2Cu_2/MgO 各自的四种不同构型进行结构优化，得到体系总能量，比较每种 Ni_2M_2/MgO 不同构型的体系总能量，选出最稳定构型。

通过比较发现 Ni_2Co_2/MgO、Ni_2Fe_2/MgO 最稳定的构型是 Model 1，因此选择 Model 1 作为其负载在完美 MgO 表面的模型，分别记作 $P(Ni_2Co_2)$ 和 $P(Ni_2Fe_2)$；而对于 Ni_2Cu_2/MgO，其最稳定构型为 Model 4，所以选择 Model 4 作为 Ni_2Cu_2/MgO 的催化剂模型进行研究，记作 $P(Ni_2Cu_2)$。

在最稳定完美表面催化剂模型的基础上，分别移除 MgO 表面 a、b、c 三个位置的氧原子而得到氧空位 Ni_2M_2/MgO，比较氧空位 $Ni_2M_2/MgO(M=Fe，Co，Cu)$ 的三种不同构型，发现最稳定的氧空位构型均为 b 位置缺 O 的构型，分别命名为 $D(Ni_2Fe_2)$、$D(Ni_2Co_2)$ 和 $D(Ni_2Cu_2)$。它们的稳定构型参数列于表 5-1 中。

表 5-1 Ni_2M_2/MgO 稳定构型中活性组分各原子间的距离、所构成的二面角及活性组分底层原子到载体表面相邻氧原子的距离

构型	d_{a-d}/nm	d_{b-d}/nm	d_{c-d}/nm	d_{a-c}/nm	d_{a-O}/nm	d_{b-O}/nm	d_{c-O}/nm	$\phi_{a-b-d-c}$/(°)
$P(Ni_2Fe_2)$	0.235	0.234	0.238	0.306	0.201	0.190	0.196	102.0
$D(Ni_2Fe_2)$	0.227	0.237	0.232	0.305	0.198	0.170	0.192	104.5
$P(Ni_2Co_2)$	0.232	0.228	0.229	0.306	0.203	0.193	0.198	104.8

构型	d_{a-d}/nm	d_{b-d}/nm	d_{c-d}/nm	d_{a-c}/nm	d_{a-o}/nm	d_{b-o}/nm	d_{c-o}/nm	$\phi_{a-b-d-c}$/(°)
D(Ni_2Co_2)	0.229	0.243	0.225	0.305	0.198	0.156	0.196	106.5
P(Ni_2Cu_2)	0.236	0.233	0.233	0.313	0.206	0.190	0.202	99.8
D(Ni_2Cu_2)	0.231	0.253	0.226	0.314	0.200	0.141	0.197	106.8

5.2.3　计算参数的选择

本书所有计算工作采用 MS 5.5 软件中 CASTEP 模块完成。计算中采用交换相关泛函即广义梯度近似（GGA）和 PBE 泛函进行结构优化，设定平面波基组的截断能是 340 eV，费米拖尾效应设为 0.10 eV。由于 NiM(M=Fe，Co，Cu）有磁性，为了能够准确描述有磁性的体系，本书采用了自旋极化的方法。数值积分采用程序中的 Medium 水平。结构优化中，其收敛精度设置为 $2.0×10^{-6}$ eV/atom，能量的收敛标准为 $2.0×10^{-5}$ eV/atom，原子间相互作用力的收敛标准为 0.5 eV/nm，位移的收敛标准为 $2×10^{-4}$ nm。系统总能量和电荷密度在布里渊（Brillouin）区积分，Monkhorst-Pack 网格参数为 2×2×1。采用 Complete LST/QST（complete linear synchronous transit and quadratic synchronous transit）完全线性同步/二次线性同步方法搜索反应的过渡态。

5.3　负载型催化剂上热解 C 的生成

研究 CH_4 在 Ni_2M_2/MgO（M=Fe，Co，Ni，Cu）上热解 C 的生成，首先要明确该反应的起始态和终态的稳定吸附构型，进而通过寻找过渡态，得到每步基元反应的活化能和反应热。

5.3.1　MgO 负载的 Ni_4 催化剂上热解 C 的生成

研究 CH_4 在完美 Ni_4/MgO（M=Fe，Co，Ni，Cu）和氧空位 Ni_4/MgO（M=Fe，Co，Ni，Cu）上热解 C 的生成过程，相应的反应物、中间体、过渡态和产物的构型如图 5-3 所示，其稳定构型参数列于表 5-2 中。

5.3.1.1　CH_x（x=0~4）和 H 的吸附

CH_4 的吸附：在完美 MgO 和氧空位 MgO 负载的 Ni_4 催化剂上，CH_4 吸附在 Ni_4 的顶部，相应的吸附能为 -0.85 eV 和 -0.72 eV。为了比较，本书也计算了 CH_4 在 Ni_4 簇上的吸附能，为 -0.22 eV，而 CH_4 在 Ni(111) 面上的吸附能为 -0.02 eV。可见当有载体出现时，CH_4 的吸附能发生了变化。

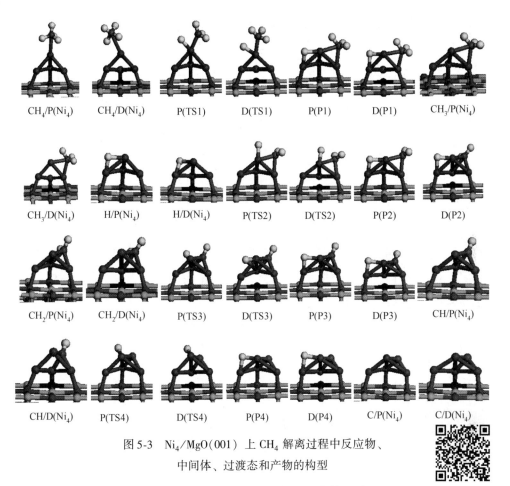

$$CH_4/P(Ni_4) \quad CH_4/D(Ni_4) \quad P(TS1) \quad D(TS1) \quad P(P1) \quad D(P1) \quad CH_3/P(Ni_4)$$

$$CH_3/D(Ni_4) \quad H/P(Ni_4) \quad H/D(Ni_4) \quad P(TS2) \quad D(TS2) \quad P(P2) \quad D(P2)$$

$$CH_2/P(Ni_4) \quad CH_2/D(Ni_4) \quad P(TS3) \quad D(TS3) \quad P(P3) \quad D(P3) \quad CH/P(Ni_4)$$

$$CH/D(Ni_4) \quad P(TS4) \quad D(TS4) \quad P(P4) \quad D(P4) \quad C/P(Ni_4) \quad C/D(Ni_4)$$

图 5-3 $Ni_4/MgO(001)$ 上 CH_4 解离过程中反应物、
中间体、过渡态和产物的构型

图 5-3 彩图

CH_3 的吸附：CH_3 在 Ni_4/MgO 模型上的稳定吸附构型在 Ni_c 和 Ni_d 的桥上，并且一个 C—H 键指向邻近的 Ni_d 原子，另外两个 C—H 键结合在桥 Ni_c—Ni_d 的两侧。C—Ni_d 键形成的键长分别为 0.2118 nm 和 0.2065 nm，C—Ni_c 键的键长在 $P(Ni_4)$ 和 $D(Ni_4)$ 上分别为 0.1923 nm 和 0.1954 nm。C—H（Ni_d）键都被拉长到 0.1131 nm，而 C—H 另外两个键的键长是 0.1102 nm。在 $P(Ni_4)$ 和 $D(Ni_4)$ 上的吸附能分别为 -2.89 eV 和 -2.42 eV。与 CH_4 在两个表面上的吸附类似，CH_3 在 $P(Ni_4)$ 上的吸附比在 $D(Ni_4)$ 上更强。本书计算的 CH_3 在 Ni_4 和 $Ni(111)$ 上的吸附能均为 -1.81 eV，比 CH_3 在 Ni_4/MgO 上的吸附弱。

CH_2 的吸附：CH_2 更倾向于吸附在两个表面 Ni_b—Ni_c—Ni_d 的三重位上。值得注意的是，在 $P(Ni_4)$ 上 CH_2 的 H 与 Ni_b 原子相互作用，C 和 H 之间的键长为 0.1175 nm，然而，在 $D(Ni_4)$ 上，相应的 H 不与任何 Ni 原子相互作用。在

表 5-2 Ni₄/MgO 以及与 CH₄ 相互作用的相关距离和角度

相关距离和角度	Ni₄/MgO		CH₄		CH₃		CH₂		CH		C		H	
	$P(Ni_4)$	$D(Ni_4)$	$P(Ni_4)$	$D(Ni_4)$	$P(Ni_4)$	$D(Ni_4)$	$P(Ni_4)$	$D(Ni_4)$	$P(Ni_4)$	$D(Ni_4)$	$P(Ni_4)$	$D(Ni_4)$	$P(Ni_4)$	$D(Ni_4)$
d_{Ni_a-O}/nm	0.1963	0.1961	0.2008	0.1945	0.1985	0.2098	0.1927	0.1935	0.1936	0.1988	0.1941	0.1910	0.1929	0.1933
d_{Ni_b-O}/nm	0.1966		0.1993		0.1933		0.1957		0.1954		0.1943		0.1956	
d_{Ni_c-O}/nm	0.1945	0.1978	0.1993	0.1988	0.1977	0.1946	0.1904	0.1904	0.1947	0.1954	0.1896	0.1912	0.1954	0.1994
$d_{Ni_a-Ni_b}/nm$	0.2225	0.2273	0.2216	0.2267	0.2260	0.2269	0.2325	0.2371	0.2367	0.2297	0.2372	0.2495	0.2364	0.2296
$d_{Ni_a-Ni_d}/nm$	0.2275	0.2275	0.2351	0.2272	0.2302	0.2254	0.2301	0.2293	0.2283	0.2298	0.2328	0.2304	0.2396	0.2343
$d_{Ni_b-Ni_c}/nm$	0.2245	0.2325	0.2231	0.2314	0.2384	0.2360	0.2373	0.2335	0.2322	0.2375	0.2704	0.2618	0.2292	0.2298
$d_{Ni_c-Ni_d}/nm$	0.2238	0.2235	0.2314	0.2230	0.2281	0.2268	0.2339	0.2376	0.2380	0.2311	0.2580	0.2368	0.2193	0.2232
$d_{Ni_d-Ni_b}/nm$	0.2400	0.2903	0.2353	0.2869	0.2352	0.2894	0.2455	0.2617	0.2515	0.2982	0.2509	0.2490	0.2337	0.2616
$\phi/(°)$	126.4	138.3	121.5	137.8	134.7	138.7	134.2	137.3	134.1	138.3	135.5	144.2	133.4	142.7
d_{C-Ni_d}/nm			0.2272	0.2382	0.2118	0.2065	0.1890	0.1871	0.1835	0.1808	0.1743	0.1766		
d_{C-Ni_c}/nm					0.1923	0.1954	0.1871	0.1849	0.1834	0.1812	0.1737	0.1751		
d_{C-Ni_b}/nm							0.2005	0.2135	0.1860	0.1874	0.1786	0.1786		
$d_{C-H(Ni)}/nm$			0.1105	0.1104	0.1131	0.1131	0.1175	0.1090	0.1101	0.1104				
d_{C-H}/nm	0.1104				0.1102	0.1102	0.1104	0.1103	0.1101	0.1104				
d_{H-Ni_d}/nm													0.1710	0.1783
d_{H-Ni_a}/nm													0.1545	0.1543

P（Ni$_4$）和 D（Ni$_4$）上的吸附能分别为-5.80 eV 和-5.06 eV。然而，CH$_2$ 在 Ni$_4$ 上的吸附能为-4.54 eV，在 Ni(111) 上的吸附能为-4.66 eV。很明显，在三个表面上的吸附能的顺序是 P（Ni$_4$）>D（Ni$_4$）>Ni(111)>Ni$_4$。

CH 的吸附：CH 在 P（Ni$_4$）和 D（Ni$_4$）上的稳定吸附构型是 C 与 Ni$_b$、Ni$_c$、Ni$_d$ 原子相互作用。C—Ni$_d$、C—Ni$_c$ 和 C—Ni$_b$ 键的键长在 P（Ni$_4$）[或 D（Ni$_4$）] 上分别为 0.1835（0.1808）nm、0.1834（0.1812）nm 和 0.1860（0.1874）nm。C—H 键在两个表面上几乎保持不变。在两个表面上相应的吸附能分别为-6.97 eV 和-6.42 eV。在 Ni$_4$ 表面上的吸附能为-6.44 eV，在 Ni(111) 表面上的吸附能为-6.24 eV。

C 的吸附：在 P（Ni$_4$）和 D（Ni$_4$）上，C 原子同时稳定吸附在 Ni$_b$、Ni$_c$ 和 Ni$_d$ 原子上，吸附能为-7.73 eV 和-7.52 eV。本书计算的 C 在 Ni$_4$ 和 Ni(111) 上的吸附能分别为-7.50 eV 和-6.90 eV。

H 的吸附：H 更倾向于吸附在 P（Ni$_4$）和 D（Ni$_4$）表面的桥位上，并通过 H—Ni$_a$ 键和 H—Ni$_d$ 键与 Ni$_a$ 原子和 Ni$_d$ 原子相互作用。在 P（Ni$_4$）和 D（Ni$_4$）上的吸附能分别为-3.49 eV 和-3.10 eV。此外，在 Ni$_4$ 表面上，吸附能为-2.62 eV。在 Ni(111) 上，吸附能为-2.77 eV。

5.3.1.2 CH$_x$($x=0\sim3$) 和 H 的共吸附

为了研究 CH$_x$（$x=1\sim4$）在 Ni$_4$ 负载的 MgO 表面的解离，需要了解 CH$_{x-1}$（$x=0\sim4$）即 CH$_x$（$x=0\sim3$）和 H 的共吸附。优化得到稳定的共吸附结构示于图 5-3。

CH$_3$ 和 H 的共吸附：在孤立吸附的 CH$_3$ 和 H 的基础上，考察了它们在 P（Ni$_4$）和 D（Ni$_4$）表面的共吸附。在 P（Ni$_4$）表面，CH$_3$ 和 H 最稳定的共吸附结构记作 P(P1)，CH$_3$ 仍然通过 C—Ni$_c$ 键和 C—Ni$_d$ 键与 Ni$_c$ 原子和 Ni$_d$ 原子相互作用，形成的键长分别为 0.1934 nm 和 0.2059 nm，H 通过 H—Ni$_a$ 键和 H—Ni$_d$ 键与 Ni$_a$ 原子和 Ni$_d$ 原子相互作用，形成的键长分别为 0.1589 nm 和 0.1634 nm，共吸附能为-6.34 eV。与它们单独吸附时相比，CH$_3$ 和 H 共吸附时与表面之间存在弱吸引力。

在 D（Ni$_4$）表面，CH$_3$ 和 H 最稳定的共吸附结构记作 D(P1)，类似于分离的 CH$_3$ 吸附，共吸附的 CH$_3$ 仍然与 Ni$_c$ 原子和 Ni$_d$ 原子相互作用，形成的 C—Ni$_c$ 键和 C—Ni$_d$ 键的键长分别为 0.1958 nm 和 0.2019 nm。同时，H 与 Ni$_a$ 原子和 Ni$_d$ 原子结合。H—Ni$_a$ 键和 H—Ni$_d$ 键的键长分别为 0.1586 nm 和 0.1621 nm，共吸附能为-5.74 eV。此时，共吸附的 CH$_3$ 和 H 之间存在轻微的相互排斥作用。选择 P(P1) 和 D(P1) 的构型分别作为 CH$_4$ 在完美 Ni$_4$/MgO 和氧空位 Ni$_4$/MgO

表面上解离成 CH_3 和 H 的最终构型。

CH_2 和 H 的共吸附：类似地，基于 CH_2 和 H 各自的孤立吸附，考察了 CH_2 和 H 的共吸附。共吸附的 CH_2 和 H 在 $P(Ni_4)$ 和 $D(Ni_4)$ 分别记作 $P(P2)$ 和 $D(P2)$。在 $P(Ni_4)$ 表面，CH_2 仍然通过 C—Ni_c 键和 C—Ni_d 键与 Ni_c 原子和 Ni_d 原子相互作用，形成的键长分别为 0.1845 nm 和 0.1889 nm，H 仍然结合 Ni_a 原子和 Ni_d 原子，H—Ni_a 键和 H—Ni_d 键的键长分别为 0.1578 nm 和 0.1685 nm。共吸附能为 -8.54 eV。此时，CH_2 和 H 之间存在弱的相互吸引作用。

在 $D(Ni_4)$ 表面，共吸附的 CH_2 与 Ni_b、Ni_c 和 Ni_d 原子相互作用，形成的 C—Ni_b、C—Ni_c 和 C—Ni_d 键的键长分别为 0.2196 nm、0.1840 nm 和 0.1868 nm。同时，H 与 Ni_a 原子和 Ni_d 原子结合。H—Ni_a 键和 H—Ni_d 键的键长分别为 0.1620 nm 和 0.1665 nm。共吸附能为 -8.25 eV，在共吸附的 CH_2 和 H 之间具有轻微的相互排斥作用。选择 $P(P2)$ 和 $D(P2)$ 的构型分别作为 CH_3 在完美 Ni_4/MgO 和氧空位 Ni_4/MgO 表面上解离成 CH_2 和 H 的最终构型。

CH 和 H 的共吸附：基于孤立吸附的 CH 和 H，研究了它们的共吸附。共吸附的 CH 和 H 在 $P(Ni_4)$ 和 $D(Ni_4)$ 分别记作 $P(P3)$ 和 $D(P3)$。在 $P(Ni_4)$ 表面，CH 仍然和 Ni_b、Ni_c、Ni_d 成键，C—Ni_b、C—Ni_c、C—Ni_d 键的键长分别为 0.1866 nm、0.1826 nm、0.1818 nm，H 仍然是与 Ni_a 原子和 Ni_d 原子成键，H—Ni_a 键和 H—Ni_d 键的键长分别为 0.1603 nm 和 0.1666 nm。它们的共吸附能为 -10.05 eV，表现为轻微的相互吸引作用。

在 $D(Ni_4)$ 表面，CH 和 H 的共吸附类似于它们在 $P(Ni_4)$ 表面的共吸附，CH 也和 Ni_b、Ni_c、Ni_d 成键，C—Ni_b、C—Ni_c、C—Ni_d 键的键长分别为 0.1902 nm、0.1774 nm、0.1815 nm，H 仍然是与 Ni_a 原子和 Ni_d 原子成键，H—Ni_a 键和 H—Ni_d 键的键长分别为 0.1584 nm 和 0.1672 nm。它们的共吸附能为 -10.30 eV，表现为轻微的相互吸引作用。

选择 $P(P3)$ 和 $D(P3)$ 构型分别作为 CH_2 在完美 Ni_4/MgO 和氧空位 Ni_4/MgO 表面上解离成 CH 和 H 的最终构型。

C 和 H 的共吸附：基于孤立吸附的 C 和 H，研究了它们的共吸附。把共吸附的 CH 和 H 在 $P(Ni_4)$ 和 $D(Ni_4)$ 最稳定的结构分别记作 $P(P4)$ 和 $D(P4)$。在这两个表面上，C 都是和 Ni_b、Ni_c、Ni_d 成键，C—Ni_b、C—Ni_c、C—Ni_d 键的键长分别为 0.1778（0.1789）nm、0.1733（0.1749）nm、0.1756（0.1770）nm，H 都是与 Ni_a 原子和 Ni_d 原子成键，H—Ni_a 键和 H—Ni_d 键的键长分别为 0.1577（0.1577）nm 和 0.1674（0.1690）nm。它们的共吸附能为 -10.96（-10.95）eV，表现为轻微的相互吸引作用。选择 $P(P4)$ 和 $D(P4)$ 构型分别作为 CH 在完美

Ni_4/MgO 和氧空位 Ni_4/MgO 表面上解离成 C 和 H 的最终构型。

5.3.1.3 CH_4 的逐步解离

基于 $CH_x(x=0\sim4)$ 的吸附和 CH_{x-1}（$x=0\sim4$）与 H 的共吸附，研究了 CH_x（$x=0\sim4$）的解离过程。

$CH_4 \longrightarrow CH_3+H$：在 $P(Ni_4)$ 表面，以吸附的 CH_4 为起始构型，首先研究了 CH_4 解离为共吸附的 CH_3 和 H。CH_4 在 Ni_d 原子顶部经过渡态 $P(TS1)$ 解离为 CH_3 和 H，然后 CH_3 移动到 Ni_c—Ni_d 桥位，同时 H 移动到 Ni_a—Ni_d 桥位。在 $P(TS1)$ 中，断裂的 C—H 键被延长到 0.1901 nm，形成的 C—Ni_d 键和 H—Ni_d 键的键长分别为 0.1819 nm 和 0.1517 nm。该反应的活化势垒为 1.50 eV，反应放热 0.78 eV。

在 $D(Ni_4)$ 表面，吸附的 CH_4 解离为共吸附的 CH_3 和 H 的反应类似于 CH_4 在 Ni_4 负载的完美 MgO 表面上的解离。CH_4 在 Ni_d 原子顶部经过渡态 $D(TS1)$ 解离为 CH_3 和 H，然后 H 移动到 Ni_a—Ni_d 桥位，而 CH_3 移动到 Ni_c—Ni_d 桥位。在 $D(TS1)$ 中，断裂的 C—H 键被延长到 0.1939 nm，形成的 C—Ni_d 键和 H—Ni_d 键的键长分别为 0.1847 nm 和 0.1479 nm。该反应的活化势垒为 1.32 eV，反应放热 0.31 eV。显然，CH_4 解离成 CH_3 和 H 的反应在氧空位 MgO 负载的 Ni_4 表面上的活化能比在完美 MgO 负载的 Ni_4 表面低 0.18 eV，并且它们的活化能高于 Ni_4 表面的活化能（0.44 eV）。Liao 等[23] 用 ADF 方法计算得到 CH_4 在 Ni_4 上解离的活化势垒为 0.44 eV，Liu 等[24] 使用 Dmol 3 程序也获得了相同的活化能。

$CH_3 \longrightarrow CH_2+H$：在 $P(Ni_4)$ 表面，以吸附在 Ni_c 和 Ni_d 桥上的最稳定的 CH_3 为初始构型，研究了 CH_3 解离的过渡态。Ni_d 原子附近的 H 原子通过过渡态 $P(TS2)$ 从 Ni_d 原子顶部的 CH_3 中离去，然后移动到 Ni_a—Ni_d 桥位。在 $P(TS2)$ 中，断裂的 C—H 键被拉长至 0.1792 nm，形成的 H—Ni_d 键的键长为 0.1493 nm。反应的活化能为 1.31 eV，反应放热 0.36 eV。

在 $D(Ni_4)$ 表面，以吸附在 Ni_c—Ni_d 桥上的 CH_3 为起始构型，CH_3 解离为共吸附的 CH_2 和 H。CH_3 通过 Ni_d 原子顶部经过渡态 $D(TS2)$ 脱去 H 原子形成 CH_2 和 H，然后 H 移动到 Ni_a 和 Ni_d 的桥位，并且 CH_2 移动到 Ni_b、Ni_c 和 Ni_d 的三重位上。在 $D(TS2)$ 中，断裂的 C—H 键被拉长到 0.1792 nm，形成的 H—Ni_d 键的键长为 0.1493 nm。该反应的活化势垒为 0.95 eV，反应放热 0.95 eV。显然，在氧空位 MgO 负载的 Ni_4 表面上 CH_3 解离成 CH_2 和 H 的反应的活化能比在完美 MgO 负载的 Ni_4 表面低 0.36 eV。它们的活化能分别高于 Ni_4 和 $Ni(111)$ 表面的活化能（在这两个面上 CH_3 解离的活化能分别为 0.37 eV 和 0.77 eV）。

$CH_2 \longrightarrow CH+H$：在 $P(Ni_4)$ 表面，把吸附在三重位的 CH_2 作为解离的起始

构型，首先 CH_2 在 Ni_b 原子的顶部经过渡态 P（TS3）脱除 H 原子，脱掉的 H 原子移动到 Ni_a—Ni_d 桥位。在过渡态 P（TS3），断裂的 C—H 键伸长到 0.1852 nm，形成的 H—Ni_b 键的距离为 0.1530 nm。反应的活化能为 1.13 eV，反应吸热 0.17 eV。

在 D（Ni_4）表面，同样是把三重位的 CH_2 作为解离的起始构型，接近 Ni_b 原子的 H 原子经过渡态 D（TS3）从 CH_2 上解离，然后 H 移动到 Ni_a—Ni_d 桥位。在过渡态 D（TS3），断裂的 C—H 键伸长到 0.1655 nm，形成的 H—Ni_b 键的距离为 0.1589 nm。反应的活化能为 0.72 eV，反应吸热 0.80 eV。显然，在 D（Ni_4）表面 CH_2 解离的活化能比在 P（Ni_4）表面低 0.41 eV。另外，CH_2 在 Ni_4 上解离的活化能为 0.26 eV，在 Ni（111）上解离的活化能为 0.37 eV。

CH ——→C+H：在 P（Ni_4）表面，CH 剩余的 H 原子在 Ni_d 原子的顶部经过渡态 P（TS4）脱除，移动到 Ni_a—Ni_d 桥位。在过渡态 P（TS4），断裂的 C—H 键伸长到 0.1696 nm，形成的 H—Ni_d 键的距离为 0.1505 nm。反应的活化能为 1.45 eV，反应吸热 0.01 eV。

在 D（Ni_4）表面，剩余的 H 原子经过渡态 D（TS4）移动到 Ni_a—Ni_b 桥位。在过渡态 D（TS4），断裂的 C—H 键伸长到 0.1590 nm，形成的 H—Ni_d 键的距离为 0.1538 nm。反应的活化能为 0.93 eV，反应吸热 0.55 eV。显然，在 D（Ni_4）表面 CH 解离的活化能比在 P（Ni_4）表面低 0.52 eV。另外，CH 在 Ni_4 上解离的活化能为 0.81 eV。

5.3.1.4 解离过程的能量分析

图 5-4 显示了 CH_4 在完美 Ni_4/MgO 表面（红线）、氧空位 Ni_4/MgO 表面（蓝线）和 Ni_4 表面（黑线）以及 Ni（111）表面（粉线）解离的势能曲线。从图 5-4 可以看出，在 P（Ni_4）、D（Ni_4）和 Ni_4 表面上，CH_4 解离成热解 C 在热力学上是不利的，而在 Ni（111）表面上有可能产生碳。从熵增的角度来看，CH_4 可能在前三个表面解离成 CH_3 和 CH_2；在 Ni（111）表面，CH_4 可以解离成碳。因此可以得出结论：当存在载体负载且金属-载体之间有相互作用或活性组分 Ni 存在于小尺寸颗粒中时主要产物是 CH_3，不会发生积炭。此外，当仅产生 CH_3 时，Ni_4/MgO 的活化能低于 Ni（111）的活化能，这表明当存在载体且载体和金属之间有强金属-载体相互作用时，反应活性增加。本书的 DFT 结果与实验[25-26] 的结果一致，并给出了实验技术无法获得的微观原因。

5.3.1.5 吸附过程的电子分析

为了进一步研究当载体存在且金属和载体之间存在相互作用时，载体对 CH_x 和 H 在 Ni_4/MgO 上吸附的影响，分析了 Ni_4 中所涉及的吸附物种与游离 CH_x 和

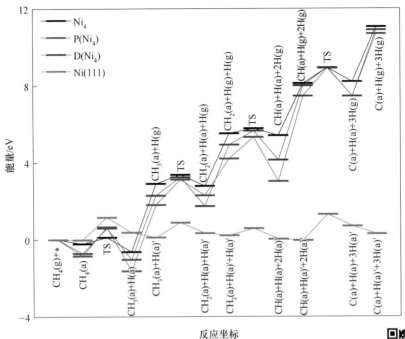

图 5-4 Ni₄/MgO(001) 表面以及 Ni₄ 和 Ni(111) 表面
CH₄ 解离的势能曲线

图 5-4 彩图

H 的电子变化。

　　如图 5-5 所示,首先,与孤立的 CH_4 [图 5-5(a)]相比,当 CH_4 分子吸附在 Ni_4 和 Ni_4/MgO 上时,CH_4 的未填充轨道获得电子,并向下移动远离费米能级,表明电荷从表面转移到 CH_4 分子。也就是说,与孤立的 CH_4 相比,表面吸附的 CH_4 获得了电子,因此它们带负电荷,这与表 5-3 中显示的 Mulliken 电荷一致。其次,在 Ni_4 和 Ni_4/MgO 上的表面 Ni 原子的 sp 杂化轨道与 s、p 和 d 轨道之间存在共振。因此,它们之间形成了牢固的化学键。然而,在 CH_4 和 Ni_4/MgO 之间的共振强于 CH_4 和 Ni_4 之间的共振,它们之间主要的差别就是 MgO 的存在导致了载体和金属之间有强相互作用,使得 Ni 和 CH_4 从 MgO 获得了电子,因此 CH_4 在 Ni_4/MgO 表面的吸附强于 Ni_4。最后,当 CH_4 吸附在 $P(Ni_4)$ 和 $D(Ni_4)$ 表面时,CH_4 与 $P(Ni_4)$ 表面的 sp 杂化比在 $D(Ni_4)$ 表面离费米能级更远。一般来说,轨道越远离费米能级,分子就越稳定。因此,CH_4 在 $P(Ni_4)$ 表面的吸附比在 $D(Ni_4)$ 表面更稳定。这很好地解释了 CH_4 在 $P(Ni_4)$ 表面的吸附强于 $D(Ni_4)$。

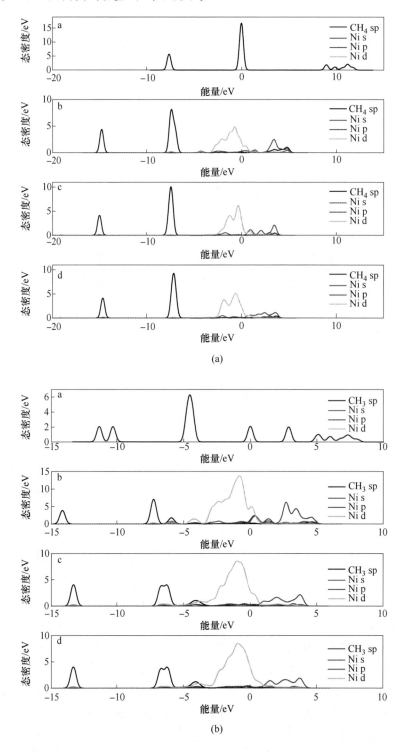

(a)

(b)

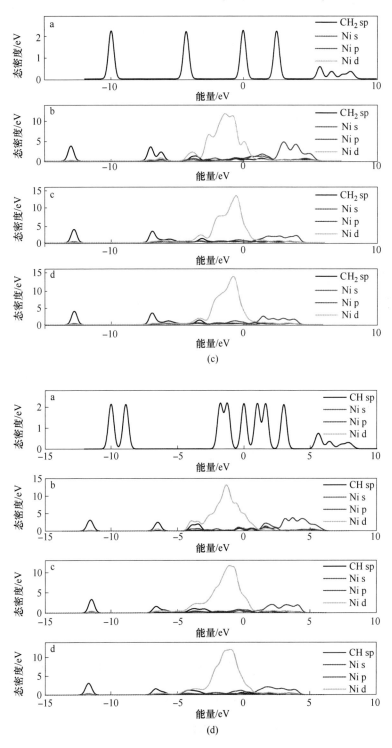

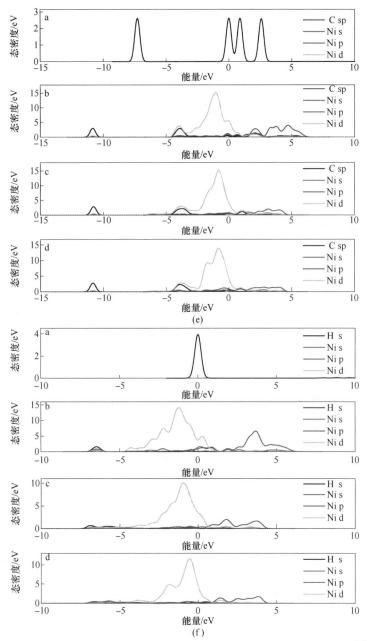

图 5-5 孤立的 $CH_x(x=0\sim4)$ 和 H 以及它们吸附在 Ni_4/MgO 和 Ni_4 表面

a—孤立的 $CH_x(x=0\sim4)$ 和 H；b—$CH_x(x=0\sim4)$ 和 H 吸附在 Ni_4 表面；

c—$CH_x(x=0\sim4)$ 和 H 吸附在 $P(Ni_4)$ 表面；d—$CH_x(x=0\sim4)$ 和 H

吸附在 $D(Ni_4)$ 表面

（a）CH_4 吸附在表面；（b）CH_3 吸附在表面；（c）CH_2 吸附在表面；

（d）CH 吸附在表面；（e）C 吸附在表面；（f）H 吸附在表面

图 5-5 彩图

表 5-3 $CH_x(x=0\sim4)$ 和 H 吸附在不同催化剂表面时的 Mulliken 电荷 (e)

催化剂表面	CH_4		CH_3		CH_2		CH		C		H	
	CH_4	Ni_4	CH_3	Ni_4	CH_2	Ni_4	CH	Ni_4	C	Ni_4	H	Ni_4
$P(Ni_4)$	-0.36	-0.58	-0.68	-0.66	-0.75	-0.65	-0.62	-0.63	-0.56	-0.66	-0.30	-0.72
$D(Ni_4)$	-0.32	-1.18	-0.71	-1.20	-0.69	-1.19	-0.63	-1.13	-0.51	-1.24	-0.24	-1.22
Ni_4	-0.46		-0.61		-0.68		-0.61		-0.57		-0.22	

对于 $CH_x(x=0\sim3)$ 和 H 的吸附来说，图 5-5 中的 b、c 和 d 未充满的轨道从表面获得了电子，所以轨道下移远离费米能级，在 CH_3 和 Ni 之间产生了强共振。在图 5-5 中 b 的共振看起来弱于 c 和 d，相应的吸附能也弱。因此，相比于没有载体存在时，有载体存在且载体和金属之间存在强相互作用时，物种的吸附能也增强。另外，对于图 5-5 中的 c 和 d，PDOS 图看不出明显的区别。

5.3.2　MgO 负载的 $Ni_2M_2/MgO(M=Fe，Co，Cu)$ 催化剂上热解 C 的生成

5.3.2.1　$CH_x(x=0\sim4)$ 和 H 的吸附

$CH_x(x=0\sim4)$ 和 H 的吸附在 MgO 负载的 $Ni_2M_2/MgO(M=Fe，Co，Cu)$ 催化剂上的稳定构型与在 Ni_4/MgO 上的吸附构型类似，因此在这里就不再图示了。

CH_4 的吸附：当 CH_4 吸附在 Ni_2Fe_2/MgO 上时，$P(Ni_2Fe_2)$ 和 $D(Ni_2Fe_2)$ 上 C 原子与活性组分 Ni_d 原子的距离分别为 0.2510 nm 和 0.2272 nm，C—H 键的键长几乎保持不变，与自由态 CH_4 分子中的 C—H 键键长相等，CH_4 在 Ni_2Fe_2/MgO 上的吸附能分别为 -0.04 eV 和 -0.03 eV。CH_4 在 NiFe(111) 面上的吸附能为 0 eV。

CH_4 在 $P(Ni_2Co_2)$ 和 $D(Ni_2Co_2)$ 表面均吸附在双金属活性组分 Ni_2Co_2 簇 Ni_d 原子的顶位。CH_4 中 C 原子与顶位 Ni_d 原子的距离分别为 0.2542 nm 和 0.2721 nm。CH_4 中的 C—H 键键长约为 0.1104 nm，与自由态的 CH_4 分子中的 C—H 键键长相等，其吸附能分别为 0.40 eV 和 0.07 eV，当 CH_4 吸附在 $P(Ni_4)$、$D(Ni_4)$ 和 $Ni_4/Al_2O^{[27]}$ 表面时，吸附能分别为 0.05 eV、0.09 eV 和 0.04 eV。吸附能值不为负说明 CH_4 分子吸附在负载型金属活性组分上与活性组分间有轻微的相互排斥作用。基于上述 C 原子与顶位 Ni_d 原子距离及 CH_4 吸附能的分析可以发现，CH_4 在活性组分上的吸附均属于物理吸附，且 MgO 载体及金属-载体间的相互作用对 CH_4 的吸附没有明显影响。

CH_4 在 Ni_2Cu_2/MgO 上吸附时，C 原子与活性组分 Ni_d 原子的距离分别为 0.2093 nm 和 0.2222 nm，吸附态 CH_4 中 C—H 键的键长与自由态 CH_4 分子中的 C—H 键键长相等，CH_4 分子没有发生形变。CH_4 分子的吸附为物理吸附，吸附能分别为 -0.02 eV 和 -0.13 eV。

CH_3 吸附：CH_3 在 Ni_2Fe_2/MgO 上吸附时，最稳定的吸附位是 Ni_a—Ni_d 形成的桥位，CH_3 中 C—H_b 键的方向指向顶位的 Ni_d 原子，其他两个 C—H 键分别指向桥位两侧。在 $P(Ni_2Fe_2)$ 和 $D(Ni_2Fe_2)$ 上，C 原子与活性组分 Ni_a 原子、Ni_d 原子所形成键的键长分别为 0.1984 nm、0.2040 nm 和 0.1983 nm、0.2082 nm。C—H_b 键被活化伸长，键长为 0.1143 nm，其余 C—H 键键长几乎不变。CH_3 在 Ni_2Fe_2/MgO 上的吸附能分别为-1.99 eV 和-2.21 eV。CH_3 在 $D(Ni_2Fe_2)$ 上的吸附能大于 CH_3 在 $P(Ni_2Fe_2)$ 上的吸附能。

CH_3 在 Ni_2Co_2/MgO 上的吸附构型与 CH_3 在 Ni_2Fe_2/MgO 上的吸附构型完全相似。在 $P(Ni_2Co_2)$ 上，所形成的 C—Ni_a 键和 C—Ni_d 键的键长分别为 0.1953 nm 和 0.2074 nm，在 $D(Ni_2Co_2)$ 上，C—Ni_a 键和 C—Ni_d 键的键长分别为 0.2064 nm 和 0.1972 nm。对于 C—H 键，在 $P(Ni_2Co_2)$ 和 $D(Ni_2Co_2)$ 中，平行于 Ni_a—Ni_d 键的 C—H_b 键的键长分别为 0.1148 nm 和 0.1149 nm。CH_3 在 $P(Ni_2Co_2)$ 和 $D(Ni_2Co_2)$ 上的吸附能分别为-2.30 eV 和-2.22 eV；可以看出在 $D(Ni_2Co_2)$ 催化剂上 CH_3 的吸附能稍大于 $P(Ni_2Co_2)$ 上的吸附能，在 $P(Ni_2Co_2)$ 上的吸附能与在 $P(Ni_4)$ 上的吸附能（-2.36 eV）相差不大，而在 $D(Ni_2Co_2)$ 上的吸附能大于在 $D(Ni_4)$ 上的吸附能（-1.89 eV）。

Ni_2Cu_2/MgO 上 CH_3 吸附在 Ni_d—Cu_a 桥位，C 原子与活性组分原子形成键的键长在 $P(Ni_2Cu_2)$ 和 $D(Ni_2Cu_2)$ 上的平均值都为 0.2010 nm。同样地，C—H_b 键的键长被活化伸长为 0.1142 nm，其余 C—H 键的键长不变。CH_3 在 $P(Ni_2Cu_2)$ 和 $D(Ni_2Cu_2)$ 上的吸附能分别为-2.33 eV 和-2.39 eV。同样地，$D(Ni_2Cu_2)$ 上 CH_3 的吸附能大于 $P(Ni_2Cu_2)$ 上 CH_3 的吸附能。

比较发现，CH_3 在 Ni_2Cu_2/MgO 上吸附能最大，而在 Ni_2Fe_2/MgO 上吸附能最小，吸附能顺序依次为 $D(Ni_2Cu_2)$>$P(Ni_2Cu_2)$>$P(Ni_2Co_2)$>$D(Ni_2Co_2)$>$D(Ni_2Fe_2)$>$P(Ni_2Fe_2)$。在 Ni_2Fe_2/MgO 和 Ni_2Cu_2/MgO 上，CH_3 在氧空位 MgO 表面负载的 Ni_2Fe_2 和 Ni_2Cu_2 上的吸附能大于对应的完美 MgO 表面负载的 Ni_2Fe_2 和 Ni_2Co_2 催化剂上的吸附能；而在 Ni_2Co_2/MgO 上，结果是相反的。

CH_2 吸附：CH_2 在 Ni_2Fe_2/MgO 上吸附的最稳定构型位于 Ni_a—Fe_b—Ni_d 三重位，在 $P(Ni_2Fe_2)$ 和 $D(Ni_2Fe_2)$ 上，C 原子与活性组分所形成键的键长的平均值分别为 0.1984 nm 和 0.1932 nm；其中，一个 C—H 键被活化伸长为 0.1144 nm，其吸附能分别为-4.49 eV 和-4.78 eV。CH_2 在 $D(Ni_2Fe_2)$ 上的吸附能大于其在 $P(Ni_2Fe_2)$ 上的吸附能。

CH_2 物种在 Ni_2Co_2/MgO 上最稳定的吸附位是 Ni_a—Co_b—Ni_d 三重位，在 $P(Ni_2Co_2)$ 上，CH_2 物种的 C 原子与活性组分形成的 C—Ni_a 键、C—Co_b 键和 C—Ni_d 键的键长分别为 0.1892 nm、0.2000 nm 和 0.1913 nm，两个 C—H 键的键长分别为 0.1150 nm 和 0.1110 nm。在 $D(Ni_2Co_2)$ 上，C 原子与活性组分原子形

成键的键长分别为 0.1852 nm、0.2032 nm 和 0.1900 nm，两个 C—H 键的键长分别为 0.1157 nm 和 0.1110 nm，CH_2 在 $P(Ni_2Co_2)$ 和 $D(Ni_2Co_2)$ 上的吸附能分别为 -4.72 eV 和 -4.74 eV，可见 CH_2 在两种催化剂上的吸附能近似，与 CH_2 在 Ni_4/MgO 上的吸附能大小几乎相等。

在 Ni_2Cu_2/MgO 上，CH_2 同样吸附于三重位，其与活性组分形成的 C—M 键的平均键长在 $P(Ni_2Cu_2)$ 和 $D(Ni_2Cu_2)$ 上分别为 0.1918 nm 和 0.1990 nm；其中，一个 C—H 键被活化，在 $P(Ni_2Cu_2)$ 和 $D(Ni_2Cu_2)$ 上分别伸长 0.1150 nm 和 0.1123 nm，CH_2 在 $P(Ni_2Cu_2)$ 和 $D(Ni_2Cu_2)$ 上的吸附能分别为 -4.61 eV 和 -4.18 eV。显然，CH_2 在 $P(Ni_2Cu_2)$ 上的吸附能大于其在 $D(Ni_2Cu_2)$ 上的吸附能，此结果与 CH_3 在 Ni_2Cu_2/MgO 和 CH_2 在 Ni_2Fe_2/MgO 上的吸附相反。

比较发现，CH_2 在各种催化剂上的吸附能顺序为 $D(Ni_2Fe_2)>D(Ni_2Co_2)>P(Ni_2Co_2)>P(Ni_2Cu_2)>P(Ni_2Fe_2)>D(Ni_2Cu_2)$，在 Ni_2Fe_2/MgO 和 Ni_2Co_2/MgO 上，CH_2 吸附在氧空位 MgO 表面负载的 Ni_2Fe_2 和 Ni_2Co_2 上的吸附能大于相对应的完美表面上的吸附能；而在 Ni_2Cu_2/MgO 上，结果是相反的。

CH 吸附：CH 在 Ni_2Fe_2/MgO 上最稳定的吸附位是三重位，C 原子吸附于 Ni_a—Fe_b—Ni_d 三重位，且 C—H 键的方向垂直于 Ni_a—Fe_b—Ni_d 三个原子所形成的平面。在 $P(Ni_2Fe_2)$ 和 $D(Ni_2Fe_2)$ 上，C 原子与活性组分 Ni_2Fe_2 形成的 C—Fe_a 键、C—Fe_b 键、C—Ni_d 键的键长分别为 0.1864 nm、0.1857 nm、0.1824 nm 和 0.1825 nm、0.1873 nm、0.1850 nm，小于 CH_2 吸附于 $P(Ni_2Fe_2)$ 和 $D(Ni_2Fe_2)$ 上时形成的 C—Ni(Fe) 键的键长。可以看出 $D(Ni_2Fe_2)$ 吸附 CH 物种时形成的 C—Ni(Fe) 键的键长也小于吸附 CH_2 物种时形成的 C—Ni(Fe) 键。CH 物种在 $P(Ni_2Fe_2)$ 和 $D(Ni_2Fe_2)$ 上的吸附能分别为 -6.42 eV 和 -6.39 eV，CH 在 $P(Ni_2Fe_2)$ 上的吸附能大于在 $D(Ni_2Fe_2)$ 上的吸附能。

CH 物种在 Ni_2Co_2/MgO 上最稳定的吸附构型如 Ni_2Fe_2/MgO 上 CH 的吸附。在 $P(Ni_2Co_2)$ 和 $D(Ni_2Co_2)$ 上，C 原子与活性组分 Ni_2Co_2 形成的 C—Ni_a 键、C—Co_b 键、C—Ni_d 键的键长分别为 0.1811 nm、0.1918 nm、0.1788 nm 和 0.1810 nm、0.1891 nm、1.845 nm。对于 CH 物种的吸附，C 原子与活性组分形成键的键长小于 CH_2 物种吸附时 C—Ni(M) 键的键长，CH 物种在 $P(Ni_2Co_2)$ 和 $D(Ni_2Co_2)$ 上的吸附能分别为 -6.40 eV 和 -6.35 eV；显然，CH 物种在 $P(Ni_2Co_2)$ 上的吸附能略大于其在 $D(Ni_2Co_2)$ 上的吸附能。

在 Ni_2Cu_2/MgO 上，CH 的吸附同样是位于三重位，其与活性组分形成的 C—M 键的平均键长分别为 0.1835 nm 和 0.1838 nm；其中 C—H 键的键长为 0.1100 nm 和 0.1107 nm，CH 在 $P(Ni_2Cu_2)$ 和 $D(Ni_2Cu_2)$ 上的吸附能分别为 -6.31 eV 和 -6.36 eV。不同于 CH 物种在 Ni_2Fe_2/MgO 和 Ni_2Co_2/MgO 上的吸附，CH 物种在 $D(Ni_2Cu_2)$ 上的吸附能大于其在 $P(Ni_2Cu_2)$ 上的吸附能。

比较发现，CH 在各种催化剂上的吸附能顺序为 P(Ni_2Fe_2)>P(Ni_2Co_2)>D(Ni_2Fe_2)>D(Ni_2Cu_2)>D(Ni_2Co_2)>P(Ni_2Cu_2)。比较同种 MgO 表面负载的催化剂上 CH 物种吸附，在 Ni_2Fe_2/MgO 上 CH 物种的吸附能最大。

C 原子吸附：C 原子在 Ni_2M_2/MgO 上的吸附位置与 CH 物种吸附位置是一样的，都吸附于 Ni_a—M_b—Ni_d 三重位。

C 原子在 Ni_2Fe_2/MgO 上最稳定的吸附位是三重位，与活性组分形成键的键长的平均值在 P(Ni_2Fe_2) 上为 0.1784 nm，在 D(Ni_2Fe_2) 上为 0.1779 nm；其吸附能分别为-7.10 eV 和-7.18 eV。

在 P(Ni_2Co_2) 和 D(Ni_2Co_2) 中所形成的 C—Ni_a 键、C—Co_b 键和 C—Ni_d 键的键长的平均值分别为 1.760 nm 和 1.780 nm，其吸附能分别为-7.11 eV 和-6.98 eV。

在 Ni_2Cu_2/MgO 上，C 同样吸附于三重位，与活性组分形成键的 C—M 键的平均键长在 P(Ni_2Cu_2) 上为 1.780 nm，在 D(Ni_2Cu_2) 上为 0.179 nm。C 在 P(Ni_2Cu_2) 和 D(Ni_2Cu_2) 上的吸附能分别为-6.94 eV 和-7.09 eV。

C 原子在催化剂上的吸附能顺序为 D(Ni_2Fe_2)>P(Ni_2Co_2)>P(Ni_2Fe_2)>D(Ni_2Cu_2)>D(Ni_2Co_2)>P(Ni_2Cu_2)。C 原子吸附时与活性组分形成键的键长要小于其他 CH_x 物种吸附时形成键的键长，并且 C 原子的吸附能大于其他 CH_x 物种的吸附能。

H 原子吸附：H 原子在 Ni_2M_2/MgO 上的最稳定的吸附位是 M_c—Ni_d 形成的桥位。H 原子在 P(Ni_2Fe_2) 和 D(Ni_2Fe_2) 上的吸附能分别为-3.09 eV 和-2.95 eV；在 P(Ni_2Co_2) 和 D(Ni_2Co_2) 上，H 原子的吸附能为-3.09 eV 和-3.01 eV；在 P(Ni_2Cu_2) 和 D(Ni_2Cu_2) 上，其吸附能分别为-2.87 eV 和-2.99 eV。

5.3.2.2　$CH_x(x=0\sim3)$ 和 H 的共吸附

$CH_x(x=0\sim3)$ 和 H 在负载 Ni_2M_2/MgO 双金属催化剂表面共吸附时，它们之间会有轻微的相互吸引或排斥作用，与表面的成键情况与 Ni_4/MgO 上的情况类似，这里不再赘述，详细共吸附参数见表 5-4，共吸附能列于表 5-5 中。

表 5-4　$CH_x(x=0\sim3)$ 和 H 在 Ni_2M_2/MgO(M=Fe, Co, Cu) 上共吸附的稳定构型参数　　　　　　　　　　　　　　(nm)

$CH_x(x=0\sim3)$+H	键长	P(Ni_2Fe_2)	D(Ni_2Fe_2)	P(Ni_2Co_2)	D(Ni_2Co_2)	P(Ni_2Cu_2)	D(Ni_2Cu_2)
CH_3+H	$d_{C—Ni_d}$	0.200	0.204	0.202	0.203	0.199	0.197
	$d_{C—Ni(M)_a}$	0.196	0.197	0.195	0.197	0.202	0.200
	平均值	0.198	0.201	0.199	0.200	0.201	0.199
	$d_{C—H_b}$	0.115	0.114	0.115	0.114	0.114	0.114
	$d_{H_a—Ni_d}$	0.161	0.160	0.165	0.164	0.163	0.161
	$d_{H_a—Ni(M)_c}$	0.169	0.171	0.164	0.164	0.161	0.161

$CH_x(x=0\sim3)+H$	键长	$P(Ni_2Fe_2)$	$D(Ni_2Fe_2)$	$P(Ni_2Co_2)$	$D(Ni_2Co_2)$	$P(Ni_2Cu_2)$	$D(Ni_2Cu_2)$
	d_{C-Ni_d}	0.187	0.190	0.187	0.188	0.186	0.185
	$d_{C-Ni(M)_a}$	0.189	0.187	0.189	0.188	0.188	0.189
CH_2+H	平均值	0.188	0.189	0.188	0.188	0.187	0.187
	$d_{H_b-Ni_d}$	0.166	0.166	0.170	0.170	0.169	0.168
	$d_{H_b-Ni(M)_c}$	0.167	0.167	0.162	0.161	0.157	0.156
	d_{C-Ni_d}	0.183	0.186	0.183	0.183	0.180	0.181
	$d_{C-Ni(M)_a}$	0.187	0.185	0.182	0.181	0.187	0.185
	$d_{C-Ni(M)_b}$	0.188	0.188	0.190	0.191	0.187	0.189
$CH+H$	平均值	0.186	0.186	0.185	0.185	0.185	0.185
	$d_{H_c-Ni_d}$	0.168	0.166	0.169	0.168	0.171	0.171
	$d_{H_c-Ni(M)_c}$	0.170	0.169	0.164	0.164	0.159	0.161
	d_{C-Ni_d}	0.175	0.179	0.176	0.180	0.178	0.177
	$d_{C-Ni(M)_a}$	0.180	0.176	0.176	0.177	0.192	0.192
	$d_{C-Ni(M)_b}$	0.177	0.179	0.179	0.179	0.179	0.180
$C+H$	平均值	0.177	0.178	0.177	0.179	0.183	0.183
	$d_{H_d-Ni_d}$	0.166	0.168	0.170	0.169	0.175	0.175
	$d_{H_d-Ni(M)_c}$	0.169	0.169	0.162	0.165	0.159	0.160

表 5-5　CH_x $(x=0\sim3)$ 和 H 在 $Ni_2M_2/MgO(M=Fe,\ Co,\ Cu)$ 上的共吸附能

(eV)

$CH_x(x=0\sim3)+H$	$P(Ni_2Fe_2)$	$D(Ni_2Fe_2)$	$P(Ni_2Co_2)$	$D(Ni_2Co_2)$	$P(Ni_2Cu_2)$	$D(Ni_2Cu_2)$
CH_3+H	-5.74	-5.66	-5.65	-5.61	-5.60	-5.80
CH_2+H	-7.68	-7.74	-7.80	-7.68	-7.78	-7.88
$CH+H$	-9.53	-9.56	-9.63	-9.59	-9.58	-9.43
$C+H$	-9.98	-10.21	-10.16	-10.13	-9.51	-9.87

5.3.2.3　CH_4 的逐步解离

$CH_4 \longrightarrow CH_3 + H$：基于 CH_4 吸附和 CH_3+H 共吸附的稳定构型，进行过渡态搜索。CH_4 分子中的一个 C—H 键会拉长断裂，CH_3 和 H_a 原子会同时吸附在 Ni_d 原子上，即 CH_4 解离为 CH_3+H 的过渡态结构，相应的构型参数列于表 5-6 中，相应的活化能和反应热列于表 5-7 中。

如表 5-7 所示，对于 Ni_2Fe_2/MgO，CH_4 在 $P(Ni_2Fe_2)$ 和 $D(Ni_2Fe_2)$ 上解离

的活化能分别为 0.81 eV 和 0.89 eV，反应中吸热，相应的反应热为 0.26 eV 和 0.20 eV；在 P(Ni$_2$Co$_2$) 和 D(Ni$_2$Co$_2$) 上的活化能分别为 0.96 eV 和 1.06 eV，相应的反应热均为 -0.98 eV，为放热反应。CH$_4$ 在 P(Ni$_2$Cu$_2$) 和 D(Ni$_2$Cu$_2$) 上解离的活化能分别为 0.86 eV 和 0.54 eV，反应热为 -0.85 eV 和 -0.99 eV。

可以发现，对于 CH$_4$ ——→CH$_3$+H 的解离，在 Ni$_2$Co$_2$/MgO 上的活化能最高，而在 D(Ni$_2$Cu$_2$) 上的活化能最低，并且在 Ni$_2$Fe$_2$/MgO 和 Ni$_2$Co$_2$/MgO 上，CH$_4$ 在完美 MgO 表面负载活性组分催化剂上解离的活化能低于在氧空位 MgO 表面负载时的活化能；而在 Ni$_2$Cu$_2$/MgO 上，有缺陷的 MgO 载体负载的 Ni$_2$Cu$_2$ 催化剂上 CH$_4$ 解离的活化能低于完美面 MgO 作载体时的活化能。

表5-6　CH$_x$(x=0~4) 在 Ni$_2$M$_2$/MgO(M=Fe，Co，Cu) 上
解离时的过渡态构型参数　　　　　　　　（nm）

CH$_x$(x=0~3)+H	键长	P(Ni$_2$Fe$_2$)	D(Ni$_2$Fe$_2$)	P(Ni$_2$Co$_2$)	D(Ni$_2$Co$_2$)	P(Ni$_2$Cu$_2$)	D(Ni$_2$Cu$_2$)
CH$_3$+H	d_{C-Ni_d}	0.205	0.206	0.191	0.195	0.190	0.191
	$d_{C-Ni(M)_a}$	0.380	0.383	0.378	0.376	0.367	0.395
	d_{C-H_a}	0.183	0.193	0.173	0.180	0.190	0.215
	$d_{H_a-Ni_d}$	0.158	0.152	0.153	0.152	0.150	0.152
	$d_{H_a-Ni(M)_c}$	0.306	0.315	0.321	0.310	0.264	0.188
CH$_2$+H	d_{C-Ni_d}	0.207	0.205	0.194	0.185	0.184	0.186
	$d_{C-Ni(M)_a}$	0.191	0.187	0.187	0.188	0.191	0.192
	d_{C-H_b}	0.173	0.196	0.201	0.240	0.185	0.207
	$d_{H_b-Ni_d}$	0.163	0.151	0.228	0.147	0.151	0.143
	$d_{H_b-Ni(M)_c}$	0.400	0.374	0.159	0.304	0.318	0.342
CH+H	d_{C-Ni_d}	0.199	0.190	0.183	0.189	0.180	0.180
	$d_{C-Ni(M)_a}$	0.184	0.186	0.181	0.181	0.182	0.196
	$d_{C-Ni(M)_b}$	0.191	0.192	0.185	0.186	0.236	0.187
	d_{C-H_c}	0.166	0.157	0.191	0.200	0.168	0.165
	$d_{H_c-Ni_d}$	0.158	0.255	0.221	0.181	0.154	0.167
	$d_{H_c-Ni(M)_c}$	0.381	0.331	0.276	0.237	0.348	0.298
C+H	d_{C-Ni_d}	0.201	0.191	0.183	0.177	0.172	0.173
	$d_{C-Ni(M)_a}$	0.183	0.182	0.176	0.177	0.189	0.189
	$d_{C-Ni(M)_b}$	0.202	0.198	0.189	0.181	0.180	0.178
	d_{C-H_d}	0.182	0.191	0.160	0.165	0.172	0.225
	$d_{H_d-Ni_d}$	0.156	0.207	0.165	0.169	0.167	0.144
	$d_{H_d-Ni(M)_c}$	0.320	0.285	0.278	0.266	0.277	0.322

表5-7 $CH_x(x=1\sim4)$ 在 $Ni_2M_2/MgO(M=Fe,Co,Cu)$ 上
解离反应的活化能和反应热 （eV）

解离反应的活化能和反应热		$P(Ni_2Fe_2)$	$D(Ni_2Fe_2)$	$P(Ni_2Co_2)$	$D(Ni_2Co_2)$	$P(Ni_2Cu_2)$	$D(Ni_2Cu_2)$
$CH_4 \longrightarrow CH_3+H$	E_a	0.81	0.89	0.96	1.06	0.86	0.54
	ΔE	0.26	0.20	-0.98	-0.98	-0.85	-0.99
$CH_3 \longrightarrow CH_2+H$	E_a	0.66	0.96	0.92	1.09	1.46	0.90
	ΔE	0.08	0.07	-0.23	-0.16	-0.13	-0.19
$CH_2 \longrightarrow CH+H$	E_a	0.67	0.68	0.53	0.70	0.88	0.68
	ΔE	-0.21	0.16	-0.45	-0.44	-0.52	-0.80
$CH \longrightarrow C+H$	E_a	0.71	1.19	1.17	1.36	1.52	1.28
	ΔE	0.58	0.63	0.24	0.20	0.77	0.46

$CH_3 \longrightarrow CH_2+H$：$CH_3$ 解离生成 CH_2+H，靠近 Ni_d 原子的 H 原子会远离 C 原子，C—H 键断裂，H 原子向 Ni_d—M_c 桥位靠近，CH_2 仍吸附于 Ni_d—M_a 桥位，即为 CH_3 解离生成 CH_2+H 的过渡态。CH_3 在 Ni_2Fe_2/MgO 上的解离为吸热反应，在 $P(Ni_2Fe_2)$ 和 $D(Ni_2Fe_2)$ 上反应的活化能分别为 0.66 eV 和 0.96 eV，反应热分别为 0.08 eV 和 0.07 eV。CH_3 在 $P(Ni_2Co_2)$ 和 $D(Ni_2Co_2)$ 上解离的活化能分别为 0.92 eV 和 1.09 eV，相应的反应热为 -0.23 eV 和 -0.16 eV，明显 CH_3 在 $P(Ni_2Co_2)$ 上解离的活化能低于在 $D(Ni_2Co_2)$ 上解离的活化能。在 $P(Ni_2Cu_2)$ 和 $D(Ni_2Cu_2)$ 上，CH_3 解离的活化能分别为 1.46 eV 和 0.90 eV，反应热分别为 -0.13 eV 和 -0.19 eV。

可以看出，CH_3 在 $P(Ni_2Co_2)$ 上解离的活化能最低，反应最容易进行；在 $P(Ni_2Cu_2)$ 上活化能最高，解离不易进行。并且在 Ni_2Fe_2/MgO 和 Ni_2Co_2/MgO 上，CH_3 在完美 MgO 表面负载活性组分催化剂上的解离活化能低于在氧空位 MgO 表面负载时的解离活化能，而在 Ni_2Cu_2/MgO 上，结果是相反的。这与 CH_4 解离的结果是一致的。

$CH_2 \longrightarrow CH+H$：对于 CH_2 的解离，H_c 原子远离 C 原子，C—H_c 键断裂，H 原子向 Ni_d—M_c 桥位靠近，经过渡态形成 CH+H 共吸附态。在 $P(Ni_2Fe_2)$ 和 $D(Ni_2Fe_2)$ 上的活化能分别为 0.67 eV 和 0.68 eV，反应热为 -0.21 eV 和 0.16 eV；在 $P(Ni_2Co_2)$ 和 $D(Ni_2Co_2)$ 上此过程的活化能分别为 0.53 eV 和 0.70 eV，反应热分别为 -0.45 eV 和 -0.44 eV。CH_2 在 $P(Ni_2Cu_2)$ 和 $D(Ni_2Cu_2)$ 上解离的活化能分别为 0.88 eV 和 0.68 eV，解离的反应热为 -0.52 eV 和 -0.80 eV。

CH_2 在各种催化剂上解离的活化能均相对较低，解离容易进行。对于完美和有缺陷的 MgO 载体负载不同活性组分催化剂的比较，完美 MgO 载体负载的

Ni_2Fe_2 和 Ni_2Co_2 催化剂上 CH_2 解离的活化能低于有缺陷的 MgO 载体负载相应活性组分催化剂上的解离活化能，而对于 Ni_2Cu_2，结果正好相反，这与 CH_4 和 CH_3 的解离结果一致。

$CH \longrightarrow C+H$：CH 解离生成 C+H，H 原子首先会远离 C 原子向 Ni_d—M_c 桥位靠近，C—H 键断裂，H 原子吸附于 Ni_d—M_b 桥位上，H 原子与 C 原子间的距离为 0.160 nm 和 0.154 nm，此即为 CH 解离的过渡态，经过渡态生成共吸附态的 C+H。在 Ni_2Fe_2/MgO 上，CH 解离为吸热反应，反应的活化能在 $P(Ni_2Fe_2)$ 和 $D(Ni_2Fe_2)$ 上分别为 0.71 eV 和 1.19 eV，反应热为 0.58 eV 和 0.63 eV；在 $P(Ni_2Co_2)$ 和 $D(Ni_2Co_2)$ 上此过程为吸热反应，反应热分别为 0.24 eV 和 0.20 eV，活化能为 1.17 eV 和 1.36 eV；在 $P(Ni_2Cu_2)$ 和 $D(Ni_2Cu_2)$ 上，CH 解离的活化能分别为 1.52 eV 和 1.28 eV，相应的反应热为 0.77 eV 和 0.46 eV。

对于 CH 的解离，反应的活化能在 $P(Ni_2Fe_2)$ 上最低，在其他催化剂上均相对较高，在 $P(Ni_2Cu_2)$ 上最高，且反应均为吸热反应。对于完美和有缺陷的 MgO 载体负载不同催化剂的比较，与前面 CH_x 解离结果一致。

5.3.2.4 形成热解 C 的分析

比较 CH_4 连续解离各步反应的活化能，对于 Ni_2Fe_2/MgO 催化剂来说，在 $P(Ni_2Fe_2)$ 上 CH_4 解离各步反应中活化能最高的是 $CH_4 \longrightarrow CH_3+H$，为 0.81 eV，该步反应为 CH_4 解离的决速步骤；在 $D(Ni_2Fe_2)$ 上，CH_4 解离的决速步骤为 $CH \longrightarrow C+H$，反应的活化能为 1.19 eV。比较完美和有缺陷的 MgO 载体负载 Ni_2Fe_2 形成的催化 CH_4 解离的决速步骤发现，$D(Ni_2Fe_2)$ 催化 CH_4 解离的决速步骤的活化能要高于 $P(Ni_2Fe_2)$ 催化 CH_4 解离的决速步骤的活化能，在 $P(Ni_2Fe_2)$ 上 CH_4 解离的决速步骤的活化能较低，反应更易进行，容易生成热解 C；而对于 $D(Ni_2Fe_2)$，CH_4 解离的决速步骤为 $CH \longrightarrow C+H$，该步反应的活化能较高，且为吸热反应，所以反应过程中存在最多的物种为 CH。

对于 Ni_2Co_2/MgO 上 CH_4 的解离，$P(Ni_2Co_2)$ 和 $D(Ni_2Co_2)$ 上 CH_4 解离的决速步骤均为 $CH \longrightarrow C+H$，活化能分别为 1.17 eV 和 1.36 eV，并且均为吸热反应。$D(Ni_2Co_2)$ 上 CH_4 解离的活化能高于 $P(Ni_2Co_2)$ 上 CH_4 解离的活化能，更不容易生成热解 C。反应过程中存在最多的物种均为 CH 物种。

对于 Ni_2Cu_2/MgO 上 CH_4 的解离，$P(Ni_2Cu_2)$ 和 $D(Ni_2Cu_2)$ 上 CH_4 解离的决速步骤同样为 $CH \longrightarrow C+H$，活化能分别为 1.52 eV 和 1.28 eV，并且均为吸热反应。$P(Ni_2Cu_2)$ 上 CH_4 解离的决速步骤的活化能高于 $D(Ni_2Cu_2)$ 上 CH_4 解离的决速步骤的活化能，说明完美 MgO 作载体时，热解 C 生成较难。反应过程中存在最多的物种均为 CH 物种。

比较 $P(Ni_2Fe_2)$、$D(Ni_2Fe_2)$、$P(Ni_2Co_2)$、$D(Ni_2Co_2)$、$P(Ni_2Cu_2)$、$D(Ni_2Cu_2)$ 上 CH_4 解离的决速步骤的活化能，顺序依次为 $P(Ni_2Cu_2)>P(Ni_2Co_2)$

>P(Ni₂Fe₂)、D(Ni₂Co₂)>D(Ni₂Cu₂)>D(Ni₂Fe₂)。完美 MgO 负载的活性组分形成的催化剂中，P(Ni₂Cu₂) 上 CH₄ 解离的活化能最高；而有缺陷的 MgO 负载的活性组分形成的催化剂中，D(Ni₂Co₂) 上 CH₄ 解离的决速步骤的活化能最高。可以看出完美和有缺陷的 MgO 负载 Ni₂Fe₂ 形成的催化剂上 CH₄ 解离最容易进行，热解 C 最容易生成，而 Ni₂Co₂/MgO 和 Ni₂Cu₂/MgO 上生成热解 C 相对较难。

5.4　热解 C 在负载型催化剂表面的集聚

Ni₄/MgO 表面 CH₄ 解离生成热解 C 的活化能较高，热解 C 不易生成，所以本书在接下来的研究中没有考虑该表面上热解 C 的集聚和消除。

5.4.1　C+C 在 Ni₂M₂/MgO(M=Fe，Co，Cu) 上的共吸附

两个 C 原子在催化剂 Ni₂M₂/MgO(M=Fe，Co，Cu) 上的共吸附构型与前面在 Ni₄/MgO 上共吸附时类似，因此不再图示。结构参数列于表5-8 中。

表5-8　两个 C 原子共吸附在 Ni₂M₂/MgO(M=Fe，Co，Cu) 上的稳定构型参数

（nm）

键长	P(Ni₂Fe₂)	D(Ni₂Fe₂)	P(Ni₂Co₂)	D(Ni₂Co₂)	P(Ni₂Cu₂)	D(Ni₂Cu₂)
$d_{C_A-Ni_d}$	0.182	0.185	0.179	0.183	0.179	0.185
$d_{C_A-Ni(M)_a}$	0.175	0.175	0.173	0.173	0.179	0.182
$d_{C_A-Ni(M)_b}$	0.177	0.176	0.176	0.177	0.185	0.179
平均值	0.178	0.179	0.176	0.178	0.181	0.182
$d_{C_B-Ni_d}$	0.185	0.184	0.184	0.184	0.181	0.185
$d_{C_B-Ni(M)_c}$	0.173	0.173	0.169	0.170	0.181	0.183
$d_{C_B-Ni(M)_b}$	0.181	0.186	0.180	0.183	0.186	0.181
平均值	0.180	0.181	0.178	0.179	0.183	0.183
$d_{C_A-C_B}$	0.266	0.267	0.248	0.261	0.273	0.287

可以发现，在 Ni₂Cu₂/MgO 上 C 原子与活性组分形成键的平均键长最大，在 P(Ni₂Cu₂) 和 D(Ni₂Cu₂) 上，C_A—Ni(Cu) 的平均距离为 0.181 nm 和 0.182 nm；C_B—Ni(Cu) 的平均距离均为 0.183 nm；Ni₂Fe₂/MgO 上次之，C_A—Ni(Fe) 的平均距离为 0.178 nm 和 0.179 nm，C_B—Ni(Fe) 的平均距离为 0.180 nm 和 0.181 nm；Ni₂Co₂/MgO 上平均键长最小，C_A—Ni(Co) 的平均距离为 0.176（0.178）nm；C_B—Ni(Co) 的平均距离为 0.178（0.179）nm。

C+C 的共吸附能列于表5-9 中，其中在 P(Ni₂Cu₂) 和 D(Ni₂Cu₂) 上的吸附能最小，分别为 -12.70 eV 和 -13.89 eV；然后是在 P(Ni₂Fe₂) 和 D(Ni₂Fe₂)

上，两个 C 原子的共吸附能分别为 -14.32 eV 和 -14.31 eV；在 P（Ni$_2$Co$_2$）和 D（Ni$_2$Co$_2$）上最大，两个 C 原子的共吸附能分别为 -14.41 eV 和 -14.42 eV。

表 5-9　Ni$_2$M$_2$/MgO（M=Fe，Co，Cu）上 C+C 及 C$_2$ 的吸附能和转移电荷

吸附能和转移电荷		P（Ni$_2$Fe$_2$）	D（Ni$_2$Fe$_2$）	P（Ni$_2$Co$_2$）	D（Ni$_2$Co$_2$）	P（Ni$_2$Cu$_2$）	D（Ni$_2$Cu$_2$）
C+C	$E_{co\text{-}ads}$/eV	-14.32	-14.31	-14.41	-14.42	-12.70	-13.89
	转移电荷/e	-0.44	-0.44	-0.38	-0.38	-0.42	-0.51
C$_2$	E_{ads}/eV	-7.6	-7.41	-7.72	-7.33	-7.48	-7.29
	转移电荷/e	-0.37	-0.38	-0.37	-0.38	-0.43	-0.41

C+C 共吸附在 P（Ni$_2$Fe$_2$）和 D（Ni$_2$Fe$_2$）上，转移到 C+C 物种上的电荷相等，均为 -0.44 e；相似地，在 P（Ni$_2$Co$_2$）和 P（Ni$_2$Co$_2$）上，转移到吸附物种上的电荷也相等，为 -0.38 e；这与 C+C 的共吸附能一致，在完美和有缺陷的催化剂上，共吸附能几乎相等；而在 Ni$_2$Cu$_2$/MgO 上，D（Ni$_2$Cu$_2$）转移到吸附物种上的电荷多于 P（Ni$_2$Cu$_2$）转移到吸附物种上的电荷，而吸附物种的共吸附能也是同样的顺序。

5.4.2　C$_2$ 在 Ni$_2$M$_2$/MgO（M=Fe，Co，Cu）上的吸附

C$_2$ 物种在催化剂 Ni$_2$M$_2$/MgO（M=Fe，Co，Cu）上的吸附构型与前面 Ni$_4$/MgO 上的吸附构型类似。C$_2$ 物种吸附在三重位上，其中一个 C 原子在三重位，另一个 C 原子在中间的桥位。C$_2$ 稳定吸附的构型参数列于表 5-10 中，C—C 键的键长约为 0.133 nm，比自由态的 C$_2$ 物种的 C—C 键的键长（0.127 nm）稍长。

表 5-10　C$_2$ 吸附在 Ni$_2$M$_2$/MgO（M=Fe，Co，Cu）上的稳定构型参数　　　（nm）

键长	P（Ni$_2$Fe$_2$）	D（Ni$_2$Fe$_2$）	P（Ni$_2$Co$_2$）	D（Ni$_2$Co$_2$）	P（Ni$_2$Cu$_2$）	D（Ni$_2$Cu$_2$）
$d_{C_A-Ni_d}$	0.192	0.204	0.206	0.200	0.190	0.189
$d_{C_A-Ni(M)_a}$	0.177	0.184	0.177	0.178	0.180	0.181
$d_{C_A-Ni(M)_b}$	0.210	0.207	0.207	0.203	0.199	0.214
$d_{C_B-Ni_d}$	0.193	0.196	0.190	0.195	0.193	0.197
$d_{C_B-Ni(M)_b}$	0.199	0.199	0.197	0.207	0.193	0.191
$d_{C_A-C_B}$	0.133	0.133	0.133	0.133	0.134	0.133

C$_2$ 物种的吸附能见表 5-9，在每一种 Ni$_2$M$_2$/MgO 上，完美催化剂上 C$_2$ 物种的吸附能均大于有缺陷催化剂上 C$_2$ 物种的吸附能；并且可以看出，C$_2$ 物种在 P（Ni$_2$Co$_2$）上的吸附能最大，为 -7.72 eV，在 D（Ni$_2$Cu$_2$）上的吸附能最小，为 -7.29 eV。在 Ni$_2$Fe$_2$/MgO 和 Ni$_2$Co$_2$/MgO 上，从有缺陷催化剂转移到 C$_2$ 物种上

的电荷多于从完美催化剂转移到 C_2 物种上的电荷，而在 Ni_2Cu_2/MgO 上电荷转移情况相反，且在 Ni_2Cu_2/MgO 上转移的电荷最多。

5.4.3 热解 C 在负载型催化剂表面的集聚反应

在各种 Ni_2M_2/MgO 上，$C+C \longrightarrow C_2$ 过程也与在 Ni_4/MgO 上的情况类似，不再图示。其中 C_A 原子远离原来的吸附位置，向 C_B 原子靠近，过渡态构型参数列于表 5-11 中。

表 5-11 在 $Ni_2M_2/MgO(M=Fe，Co，Cu)$ 上热解 C 集聚反应过渡态的构型参数

（nm）

键长	$P(Ni_2Fe_2)$	$D(Ni_2Fe_2)$	$P(Ni_2Co_2)$	$D(Ni_2Co_2)$	$P(Ni_2Cu_2)$	$D(Ni_2Cu_2)$
$d_{C_A-Ni_d}$	0.196	0.179	0.198	0.192	0.182	0.177
$d_{C_A-Ni(M)_a}$	0.176	0.257	0.175	0.174	0.182	0.179
$d_{C_A-Ni(M)_b}$	0.198	0.181	0.200	0.180	0.191	0.186
$d_{C_B-Ni_d}$	0.189	0.193	0.190	0.181	0.177	0.182
$d_{C_B-Ni(M)_c}$	0.250	0.185	0.272	0.230	0.250	0.187
$d_{C_B-Ni(M)_b}$	0.189	0.200	0.190	0.174	0.179	0.189
$d_{C_A-C_B}$	0.213	0.199	0.136	0.198	0.211	0.234

反应的活化能列于表 5-12 中，在 $P(Ni_2Fe_2)$ 和 $D(Ni_2Fe_2)$ 上，热解 C 集聚反应的活化能分别为 0.14 eV 和 0.35 eV，反应热分别为 -1.17 eV 和 -1.18 eV；在 $P(Ni_2Co_2)$ 和 $D(Ni_2Co_2)$ 上，反应的活化能分别为 0.43 eV 和 1.93 eV，反应热分别为 0.26 eV 和 0 eV；在 $P(Ni_2Cu_2)$ 和 $D(Ni_2Cu_2)$ 上，反应的活化能分别为 0.70 eV 和 1.60 eV，反应热分别为 -1.44 eV 和 -0.07 eV。随着 M 原子序数的增加，完美 MgO 表面负载的不同 NiM 双金属催化剂上热解 C 集聚反应的活化能会逐渐增大，即 $P(Ni_2Cu_2)>P(Ni_2Co_2)>P(Ni_2Fe_2)$；而对于氧空位 MgO 表面负载 NiM 双金属催化剂上热解 C 集聚反应的活化能顺序为 $D(Ni_2Co_2)>D(Ni_2Cu_2)>D(Ni_2Fe_2)$。还可以看出，同一 NiM 双金属负载在完美和氧空位 MgO 表面上，有缺陷的载体负载的 NiM 双金属催化剂上热解 C 集聚反应的活化能会高于完美 MgO 表面负载时的活化能。

表 5-12 $Ni_2M_2/MgO(M=Fe，Co，Cu)$ 上 CH_x 解离和氧化、热解 C 集聚反应的活化能和反应热

（eV）

反应活化能和反应热		$P(Ni_2Fe_2)$	$D(Ni_2Fe_2)$	$P(Ni_2Co_2)$	$D(Ni_2Co_2)$	$P(Ni_2Cu_2)$	$D(Ni_2Cu_2)$
$CH_3 \longrightarrow CH_2+H$	E_a	0.66	0.96	0.39	1.09	1.46	0.90
	ΔE	0.08	0.07	-0.19	-0.16	-0.13	-0.19

反应活化能和反应热		$P(Ni_2Fe_2)$	$D(Ni_2Fe_2)$	$P(Ni_2Co_2)$	$D(Ni_2Co_2)$	$P(Ni_2Cu_2)$	$D(Ni_2Cu_2)$
$CH_3+O \longrightarrow CH_3O$	E_a	1.44	1.70	3.52	3.43	2.72	2.87
	ΔE	0.59	0.25	1.75	1.59	1.02	1.36
$CH_2 \longrightarrow CH+H$	E_a	0.67	0.68	0.53	0.70	0.88	0.68
	ΔE	-0.21	0.16	-0.45	-0.44	-0.52	-0.80
$CH_2+O \longrightarrow CH_2O$	E_a	0.70	1.09	1.27	1.09	1.67	1.39
	ΔE	-0.32	-0.04	0.25	-0.19	-0.43	0.21
$CH \longrightarrow C+H$	E_a	0.71	1.19	1.47	1.36	1.52	1.28
	ΔE	0.58	0.63	0.22	0.20	0.77	0.46
$CH+O \longrightarrow CHO$	E_a	1.05	1.19	1.14	1.16	1.68	1.38
	ΔE	0.14	0.56	-0.25	-0.46	-0.25	-0.54
$C+C \longrightarrow C_2$	E_a	0.14	0.35	0.43	1.93	0.70	1.60
	ΔE	-1.17	-1.18	0.26	0	-1.44	-0.07
$C+O \longrightarrow CO$	E_a	0.79	0.78	1.22	1.16	0.38	1.44
	ΔE	-1.15	-1.48	-2.13	-2.10	-2.14	-1.98

比较不同催化剂上 $C+C \longrightarrow C_2$ 的活化能,可以看出 Ni_2Fe_2/MgO 上热解 C 集聚反应的活化能最低,说明热解 C 在 Ni_2Fe_2/MgO 上最容易集聚生成积炭。而对于 Ni_2Co_2/MgO 和 Ni_2Cu_2/MgO,热解 C 集聚反应的活化能在氧空位 MgO 表面负载活性组分的催化剂上要高于完美 MgO 表面负载活性组分的催化剂,说明有缺陷的 MgO 负载 Ni_2Co_2 和 Ni_2Cu_2 时热解 C 集聚更难,积炭不易生成。

5.5 热解 C 在负载型催化剂表面的消除

热解 C 在 Ni_2M_2/MgO(M=Fe,Co,Cu)表面上的消除应考虑 CH_4 解离的各个步骤中形成的 CH_x 和 O 的反应过程,因此本书在接下来的计算中考虑了 CH_x($x=0\sim3$)和 O 在 Ni_2M_2/MgO(M=Fe,Co,Cu)上的共吸附以及 CH_xO 物种在表面的吸附。

5.5.1 $CH_x(x=0\sim3)$ 和 O 在 Ni_2M_2/MgO(M=Fe,Co,Cu)上的共吸附

CH_3+O 共吸附:CH_3 和 O 在 Ni_2M_2/MgO(M=Fe,Co,Cu)上共吸附时,CH_3 和 O 均吸附在桥位上,共吸附构型与 CH_3+H 类似,稳定构型参数列于表5-13中。

表 5-13 $CH_x(x=0\sim3)$ 和 O 在 $Ni_2M_2/MgO(M=Fe, Co, Cu)$ 催化剂上共吸附的稳定构型参数 （nm）

$CH_x(x=0\sim3)+O$	键长	$P(Ni_2Fe_2)$	$D(Ni_2Fe_2)$	$P(Ni_2Co_2)$	$D(Ni_2Co_2)$	$P(Ni_2Cu_2)$	$D(Ni_2Cu_2)$
CH_3+O	d_{C-Ni_d}	0.203	0.203	0.201	0.203	0.201	0.202
	$d_{C-Ni(M)_a}$	0.197	0.196	0.198	0.196	0.201	0.196
	d_{O-Ni_d}	0.184	0.182	0.180	0.181	0.178	0.178
	d_{O-M_c}	0.176	0.175	0.177	0.186	0.180	0.176
	d_{C-O}	0.384	0.381	0.377	0.380	0.376	0.371
CH_2+O	d_{C-Ni_d}	0.187	0.188	0.196	0.191	0.192	0.183
	$d_{C-Ni(M)_a}$	0.192	0.189	0.188	0.188	0.192	0.198
	$d_{C-Ni(M)_b}$	0.199	0.202	0.197	0.203	0.194	0.198
	d_{O-Ni_d}	0.165	0.165	0.168	0.166	0.167	0.165
	d_{C-O}	0.322	0.330	0.342	0.336	0.350	0.321
$CH+O$	d_{C-Ni_d}	0.184	0.186	0.183	0.183	0.180	0.180
	$d_{C-Ni(M)_a}$	0.185	0.184	0.182	0.181	0.189	0.187
	$d_{C-Ni(M)_b}$	0.189	0.185	0.187	0.189	0.182	0.185
	d_{O-Ni_d}	0.167	0.165	0.166	0.165	0.166	0.166
	d_{C-O}	0.334	0.328	0.310	0.317	0.321	0.322
$C+O$	d_{C-Ni_d}	0.180	0.181	0.179	0.181	0.173	0.174
	$d_{C-Ni(M)_a}$	0.181	0.176	0.177	0.177	0.184	0.189
	$d_{C-Ni(M)_b}$	0.178	0.178	0.179	0.178	0.176	0.175
	d_{O-Ni_d}	0.165	0.166	0.165	0.166	0.166	0.165
	d_{C-O}	0.322	0.321	0.319	0.324	0.318	0.314

CH_3 和 O 在 $P(Ni_2Fe_2)$ 和 $D(Ni_2Fe_2)$ 上共吸附时，CH_3 吸附在 $Ni_d—Ni_a$ 桥位，C 原子与 Ni_d 原子和 Ni_a 原子形成 $C—Ni_d$ 键和 $C—Ni_a$ 键。在 $P(Ni_2Fe_2)$ 和 $D(Ni_2Fe_2)$ 上，$C—Ni_d$ 键和 $C—Ni_a$ 键的键长分别为 0.203 nm、0.197 nm 和 0.203 nm、0.196 nm；O 原子与 Ni_d 原子和 Fe_c 原子形成 $O—Ni_d$ 键和 $O—Fe_c$ 键

的键长分别为 0.184 nm、0.176 nm 和 0.182 nm、0.175 nm。CH_3 物种的 C 原子与吸附的 O 原子的距离分别为 0.384 nm 和 0.381 nm。CH_3 和 O 在 $P(Ni_2Fe_2)$ 和 $D(Ni_2Fe_2)$ 上的共吸附能列于表 5-14 中，分别为 -9.47 eV 和 -9.13 eV。

表 5-14　$CH_x(x=0\sim3)$ 和 O 在 Ni_2M_2/MgO(M=Fe, Co, Cu)

催化剂上的共吸附能　　　　　　　　　　　　　　　（eV）

CH_x $(x=0\sim3)+O$	$P(Ni_2Fe_2)$	$D(Ni_2Fe_2)$	$P(Ni_2Co_2)$	$D(Ni_2Co_2)$	$P(Ni_2Cu_2)$	$D(Ni_2Cu_2)$
CH_3+O	-9.47	-9.13	-9.12	-8.99	-8.62	-8.69
CH_2+O	-9.97	-10.20	-9.65	-10.01	-9.94	-10.04
$CH+O$	-11.99	-11.77	-11.72	-11.55	-11.84	-11.53
$C+O$	-12.41	-12.20	-12.14	-12.07	-12.11	-12.29

在 Ni_2Co_2/MgO 上，CH_3 和 O 的共吸附构型与在 Ni_2Fe_2/MgO 上类似。在 $P(Ni_2Co_2)$ 和 $D(Ni_2Co_2)$ 上，CH_3 吸附物种的 C 原子与活性组分形成的 C—Ni_d 键和 C—Ni_a 键的键长分别为 0.201 nm、0.198 nm 和 0.203 nm、0.196 nm；O 原子与 Ni_d 原子、Co_c 原子形成的 O—Ni_d 键和 O—Co_c 键的键长分别为 0.180 nm、0.177 nm 和 0.181 nm、0.186 nm；CH_3 中 C 原子与吸附的 O 原子的距离分别为 0.377 nm 和 0.380 nm。在 $P(Ni_2Co_2)$ 和 $D(Ni_2Co_2)$ 上，CH_3 和 O 的共吸附能分别为 -9.12 eV 和 -8.99 eV。

CH_3 和 O 在 Ni_2Cu_2/MgO 上的共吸附构型与前两种催化剂上的共吸附构型相似。在 $P(Ni_2Cu_2)$ 和 $D(Ni_2Cu_2)$ 上，吸附物种 CH_3 的 C 原子与活性组分形成的 C—Ni_d 键和 C—Cu_a 键的键长分别为 0.201 nm、0.201 nm 和 0.202 nm、0.196 nm；吸附的 O 原子与活性组分 Ni_2Cu_2 形成的 O—Ni_d 键和 O—Cu_c 键的键长分别为 0.178 nm、0.180 nm 和 0.178 nm、0.176 nm；C 原子与 O 原子的距离分别为 0.376 nm 和 0.371 nm。在 $P(Ni_2Cu_2)$ 和 $D(Ni_2Cu_2)$ 上，CH_3 和 O 的共吸附能分别为 -8.62 eV 和 -8.69 eV。

CH_2+O 共吸附：CH_2 和 O 在 Ni_2M_2/MgO(M=Fe, Co, Cu) 上共吸附时，CH_2 吸附在 Ni_d、Ni(M)$_a$ 和 Ni(M)$_b$ 组成的三重位上，而 O 原子吸附在顶位 Ni_d 原子上。

CH_2+O 在 $P(Ni_2Fe_2)$ 和 $D(Ni_2Fe_2)$ 上共吸附时，CH_2 吸附在 Ni_d—Ni_a—Fe_b 形成的三重位，C 原子与 Ni_d 原子、Ni_a 原子和 Fe_b 原子形成的 C—Ni_d 键、C—Ni_a 键和 C—Fe_b 键的键长分别为 0.187 nm、0.192 nm、0.199 nm 和 0.188 nm、

0.189 nm、0.202 nm；O 原子与 Ni_d 原子形成的 O—Ni_d 键的键长在 $P(Ni_2Fe_2)$ 和 $D(Ni_2Fe_2)$ 催化剂上均为 0.165 nm；CH_2 物种的 C 原子与吸附的 O 原子的距离分别为 0.322 nm 和 0.330 nm。CH_2 和 O 在 $P(Ni_2Fe_2)$ 和 $D(Ni_2Fe_2)$ 上的共吸附能分别为-9.97 eV 和-10.20 eV。

CH_2 和 O 在 $P(Ni_2Co_2)$ 和 $D(Ni_2Co_2)$ 上的共吸附构型与在 Ni_2Fe_2/MgO 上类似，CH_2 物种的 C 原子与活性组分形成的 C—Ni_d 键、C—Ni_a 键和 C—Co_b 键的键长分别为 0.196 nm、0.188 nm、0.197 nm 和 0.191nm、0.188 nm、0.203 nm；O 原子吸附在 Ni_d 原子顶位形成的 O—Ni_d 键的键长分别为 0.168 nm 和 0.166 nm；CH_2 中 C 原子与吸附的 O 原子的距离分别为 0.342 nm 和 0.336 nm。在 $P(Ni_2Co_2)$ 和 $D(Ni_2Co_2)$ 上，CH_2 和 O 的共吸附能分别为 -9.65 eV 和 -10.01 eV。

CH_2 和 O 在 Ni_2Cu_2/MgO 上的共吸附构型中，CH_2 均吸附在 Ni_d—Cu_a—Ni_b 组成的三重位上，在 $P(Ni_2Cu_2)$ 和 $D(Ni_2Cu_2)$ 上所形成的 C—Ni_d 键、C—Cu_a 键和 C—Ni_b 键的键长分别为 0.192 nm、0.192 nm、0.194 nm 和 0.183nm、0.198 nm、0.198 nm；共吸附的 O 原子与活性组分顶位的 Ni_d 原子形成的 O—Ni_d 键的键长分别为 0.167 nm 和 0.165 nm；共吸附物种中的 C 原子与 O 原子的距离分别为 0.350 nm 和 0.321 nm。在 $P(Ni_2Cu_2)$ 和 $D(Ni_2Cu_2)$ 上，CH_2 和 O 的共吸附能分别为-9.94 eV 和-10.04 eV。

CH+O 共吸附：CH 和 O 在 $Ni_2M_2/MgO(M=Fe，Co，Cu)$ 上共吸附时，CH 同样吸附在 Ni_d 原子、$Ni(M)_a$ 原子和 $Ni(M)_b$ 原子组成的三重位上，而 O 原子吸附在顶位 Ni_d 原子上。

在 $P(Ni_2Fe_2)$ 和 $D(Ni_2Fe_2)$ 上共吸附时，C 原子与 Ni_d 原子、Ni_a 原子和 Fe_b 原子形成的 C—Ni_d 键、C—Ni_a 键和 C—Fe_b 键的键长分别为 0.184 nm、0.185 nm、0.189 nm 和 0.186 nm、0.184 nm、0.185 nm；共吸附的 O 原子与活性组分顶位的 Ni_d 原子形成的 O—Ni_d 键的键长分别为 0.167 nm 和 0.165 nm；共吸附物种中的 C 原子与 O 原子的距离分别为 0.334 nm 和 0.328 nm。CH 和 O 在 $P(Ni_2Fe_2)$ 和 $D(Ni_2Fe_2)$ 上的共吸附能分别为-11.99 eV 和 -11.77 eV。

在 $P(Ni_2Co_2)$ 和 $D(Ni_2Co_2)$ 上，CH 吸附物种的 C 原子与活性组分形成的 C—Ni_d 键、C—Ni_a 键和 C—Co_b 键的键长分别为 0.183 nm、0.182 nm、0.187 nm 和 0.183 nm、0.181 nm、0.189 nm；O 原子吸附在活性组分顶位，形成的 O—Ni_d 键的键长分别为 0.166 nm 和 0.165 nm；共吸附物种中 C 原子与 O 原子的距离分

别为 0.310 nm 和 0.317 nm。在 P(Ni$_2$Co$_2$) 和 D(Ni$_2$Co$_2$) 上，CH 和 O 的共吸附能分别为 -11.72 eV 和 -11.55 eV。

在 P(Ni$_2$Cu$_2$) 和 D(Ni$_2$Cu$_2$) 上，CH 吸附物种的 C 原子与活性组分原子所形成的 C—Ni$_d$ 键、C—Cu$_a$ 键和 C—Ni$_b$ 键的键长分别为 0.180 nm、0.189 nm、0.182 nm 和 0.180 nm、0.187 nm、0.185 nm；共吸附的 O 原子与活性组分顶位的 Ni$_d$ 原子形成的 O—Ni$_d$ 键的键长均为 0.166 nm；共吸附物种中的 C 原子与 O 原子的距离分别为 0.321 nm 和 0.322 nm。在 P(Ni$_2$Cu$_2$) 和 D(Ni$_2$Cu$_2$) 上，CH 和 O 的共吸附能分别为 -11.84 eV 和 -11.53 eV。

C+O 共吸附：C 和 O 在 Ni$_2$M$_2$/MgO(M=Fe, Co, Cu) 上共吸附时，与 CH+O 在 Ni$_2$M$_2$/MgO 上的共吸附构型相似。

在 P(Ni$_2$Fe$_2$) 和 D(Ni$_2$Fe$_2$) 上，C 原子与活性组分 Ni$_d$ 原子、Ni$_a$ 原子和 Fe$_b$ 原子形成的 C—Ni$_d$ 键、C—Ni$_a$ 键和 C—Fe$_b$ 键的键长分别为 0.180 nm、0.181 nm、0.178 nm 和 0.181 nm、0.176 nm、0.178 nm；共吸附的 O 原子与 Ni$_d$ 原子形成的 O—Ni$_d$ 键的键长分别为 0.165 nm 和 0.166 nm；共吸附物种中的 C 原子与 O 原子的距离分别为 0.322 nm 和 0.321 nm。C 和 O 在 P(Ni$_2$Fe$_2$) 和 D(Ni$_2$Fe$_2$) 上的共吸附能分别为 -12.41 eV 和 -12.20 eV。

在 P(Ni$_2$Co$_2$) 和 D(Ni$_2$Co$_2$) 上，C 原子与活性组分形成的 C—Ni$_d$ 键、C—Ni$_a$ 键、C—Co$_b$ 键的键长分别为 0.179 nm、0.177 nm、0.179 nm 和 0.181 nm、0.177 nm、0.178 nm；O 原子吸附在活性组分顶位形成的 O—Ni$_d$ 键的键长分别为 0.165 nm 和 0.166 nm；共吸附物种中 C 原子与 O 原子的距离分别为 0.319 nm 和 0.324 nm。在 P(Ni$_2$Co$_2$) 和 D(Ni$_2$Co$_2$) 上，C 和 O 的共吸附能分别为 -12.14 eV 和 -12.07 eV。

在 P(Ni$_2$Cu$_2$) 和 D(Ni$_2$Cu$_2$) 上，C 原子与活性组分原子所形成的 C—Ni$_d$ 键、C—Cu$_a$ 键、C—Ni$_b$ 键的键长分别为 0.173 nm、0.184 nm、0.176 nm 和 0.174 nm、0.189 nm、0.175 nm；共吸附的 O 原子与活性组分顶位的 Ni$_d$ 原子形成的 O—Ni$_d$ 键的键长分别为 0.166 nm 和 0.165 nm；共吸附物种的 C 原子与 O 原子的距离分别为 0.318 nm 和 0.314 nm。在 P(Ni$_2$Cu$_2$) 和 D(Ni$_2$Cu$_2$) 上，C 和 O 的共吸附能分别为 -12.11 eV 和 -12.29 eV。

5.5.2　CH$_x$O(x=0~3) 在 Ni$_2$M$_2$/MgO(M=Fe, Co, Cu) 上的吸附

CH$_x$O(x=0~3) 在 Ni$_2$M$_2$/MgO(M=Fe, Co, Cu) 上吸附的稳定构型如图 5-6 所示，构型参数列于表 5-15 中，吸附能列于表 5-16 中。

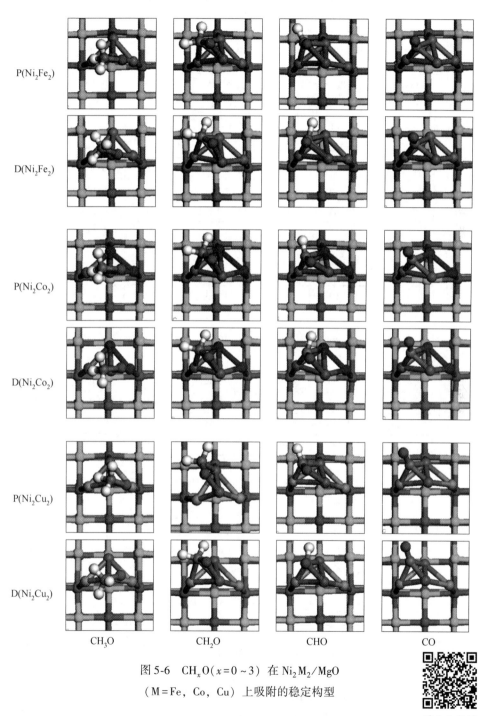

图 5-6 $CH_xO(x=0\sim3)$ 在 Ni_2M_2/MgO
（M＝Fe，Co，Cu）上吸附的稳定构型

图 5-6 彩图

表 5-15　$CH_xO(x=0\sim3)$ 在 $Ni_2M_2/MgO(M=Fe，Co，Cu)$ 上吸附的稳定构型参数　　　　　　　　　　（nm）

CH_xO $(x=0\sim3)$	键长	$P(Ni_2Fe_2)$	$D(Ni_2Fe_2)$	$P(Ni_2Co_2)$	$D(Ni_2Co_2)$	$P(Ni_2Cu_2)$	$D(Ni_2Cu_2)$
	d_{C-Ni_d}	0.225	0.266	0.214	0.233	0.219	0.237
CH_3O	d_{O-Ni_d}	0.186	0.183	0.187	0.184	0.184	0.181
	d_{C-O}	0.141	0.142	0.140	0.141	0.140	0.142
	d_{C-Ni_d}	0.210	0.236	0.220	0.228	0.250	0.228
	$d_{C-Ni(M)_a}$	0.224	0.207	0.207	0.200	0.307	0.210
CH_2O	$d_{C-Ni(M)_b}$	0.245	0.214	0.213	0.223	0.195	0.214
	d_{O-Ni_d}	0.188	0.182	0.187	0.186	0.186	0.184
	d_{C-O}	0.137	0.140	0.138	0.139	0.137	0.138
	d_{C-Ni_d}	0.216	0.198	0.203	0.205	0.221	0.188
	$d_{C-Ni(M)_a}$	0.195	0.187	0.188	0.185	0.196	0.200
CHO	$d_{C-Ni(M)_b}$	0.202	0.199	0.233	0.206	0.194	0.193
	d_{O-Ni_d}	0.201	0.216	0.194	0.200	0.187	0.209
	d_{C-O}	0.131	0.128	0.132	0.130	0.133	0.128
	d_{C-Ni_d}	0.189	0.188	0.189	0.189	0.183	0.184
	$d_{C-Ni(M)_a}$	0.186	0.186	0.182	0.181	0.196	0.202
CO	$d_{C-Ni(M)_b}$	0.197	0.200	0.206	0.204	0.191	0.190
	d_{O-Ni_d}	0.244	0.245	0.265	0.263	0.278	0.284
	d_{C-O}	0.124	0.124	0.122	0.123	0.122	0.122

表 5-16　$CH_xO(x=0\sim3)$ 在 $Ni_2M_2/MgO(M=Fe，Co，Cu)$ 上的吸附能

（eV）

$CH_xO(x=0\sim3)$	$P(Ni_2Fe_2)$	$D(Ni_2Fe_2)$	$P(Ni_2Co_2)$	$D(Ni_2Co_2)$	$P(Ni_2Cu_2)$	$D(Ni_2Cu_2)$
CH_3O	-2.81	-2.73	-2.45	-2.48	-2.67	-2.39
CH_2O	-0.90	-1.07	-0.93	-1.03	-1.46	-1.01
CHO	-3.00	-3.35	-2.98	-3.03	-3.11	-3.09
CO	-2.07	-2.01	-2.21	-2.10	-2.19	-2.21

CH_3O 吸附：CH_3O 在 $Ni_2M_2/MgO(M=Fe，Co，Cu)$ 上吸附时，CH_3O 均吸附在顶位的 Ni_d 原子上，CH_3O 中 C 原子和 O 原子均与 Ni_d 原子相连，并且在每种 Ni_2M_2/MgO 上的吸附结构相似。

CH_3O 在 $P(Ni_2Fe_2)$ 和 $D(Ni_2Fe_2)$ 上吸附时，C 原子与 Ni 原子形成的 $C-Ni_d$

键的键长分别为 0.225 nm 和 0.266 nm，O 原子与 Ni_d 原子形成的 O—Ni_d 键的键长分别为 0.186 nm 和 0.183 nm，C—O 键的键长分别为 0.141 nm 和 0.142 nm。CH_3O 在 $P(Ni_2Fe_2)$ 和 $D(Ni_2Fe_2)$ 上的吸附能分别为 -2.81 eV 和 -2.73 eV。

CH_3O 在 $P(Ni_2Co_2)$ 和 $D(Ni_2Co_2)$ 上吸附时，C 原子与活性组分形成的 C—Ni_d 键的键长分别为 0.214 nm 和 0.233 nm；O 原子与 Ni_d 原子形成的 O—Ni_d 键的键长分别为 0.187 nm 和 0.184 nm；CH_3O 中 C—O 键的键长分别为 0.140 nm 和 0.141 nm。在 $P(Ni_2Co_2)$ 和 $D(Ni_2Co_2)$ 上，CH_3O 的吸附能分别为 -2.45 eV 和 -2.48 eV。

在 $P(Ni_2Cu_2)$ 和 $D(Ni_2Cu_2)$ 上，CH_3O 中的 C 原子与活性组分形成的 C—Ni_d 键的键长分别为 0.219 nm 和 0.237 nm，O 原子与活性组分形成的 O—Ni_d 键的键长分别为 0.184 nm 和 0.181 nm，C—O 键的键长分别为 0.140 nm 和 0.142 nm。在 $P(Ni_2Cu_2)$ 和 $D(Ni_2Cu_2)$ 上，CH_3O 的吸附能分别为 -2.67 eV 和 -2.39 eV。

CH_2O 吸附：CH_2O 在 Ni_2M_2/MgO（M = Fe，Co，Cu）上吸附时，CH_2O 吸附在 Ni_d、$Ni(M)_a$ 和 $Ni(M)_b$ 组成的三重位上，C 原子与 Ni_d 原子、$Ni(M)_a$ 原子和 $Ni(M)_b$ 原子相连，O 原子与 Ni_d 原子相连。

CH_2O 分别在 $P(Ni_2Fe_2)$ 和 $D(Ni_2Fe_2)$ 上吸附时，C 原子与 Ni_d 原子、Ni_a 原子和 Fe_b 原子形成的 C—Ni_d 键、C—Ni_a 键、C—Fe_b 键的键长分别为 0.210 nm、0.224 nm、0.245 nm 和 0.236 nm、0.207 nm、0.214 nm，O 原子与 Ni_d 原子形成的 O—Ni_d 键的键长分别为 0.188 nm 和 0.182 nm，CH_2O 物种的 C—O 键的键长分别为 0.137 nm 和 0.140 nm。CH_2O 在 $P(Ni_2Fe_2)$ 和 $D(Ni_2Fe_2)$ 上的吸附能分别为 -0.90 eV 和 -1.07 eV。

CH_2O 在 $P(Ni_2Co_2)$ 和 $D(Ni_2Co_2)$ 上吸附时，C 原子与活性组分形成的 C—Ni_d 键、C—Ni_a 键、C—Co_b 键的键长分别为 0.220 nm、0.207 nm、0.213 nm 和 0.228 nm、0.200 nm、0.223 nm，O 原子与 Ni_d 原子形成的 O—Ni_d 键的键长分别为 0.187 nm 和 0.186 nm，CH_2O 中 C—O 键的键长分别为 0.138 nm 和 0.139 nm。在 $P(Ni_2Co_2)$ 和 $D(Ni_2Co_2)$ 上，CH_2O 的吸附能分别为 -0.93 eV 和 -1.03 eV。

在 $P(Ni_2Cu_2)$ 和 $D(Ni_2Cu_2)$ 上所形成的 C—Ni_d 键、C—Cu_a 键、C—Ni_b 键的键长分别为 0.250 nm、0.307 nm、0.195 nm 和 0.228 nm、0.210 nm、0.214 nm，O 原子与活性组分顶位的 Ni_d 原子形成的 O—Ni_d 键的键长分别为 0.186 nm 和 0.184 nm，C—O 键的键长分别为 0.137 nm 和 0.138 nm。在 $P(Ni_2Cu_2)$ 和 $D(Ni_2Cu_2)$ 上，CH_2O 的吸附能分别为 -1.46 eV 和 -1.01 eV。

CHO 吸附：CHO 在 Ni_2M_2/MgO（M = Fe，Co，Cu）上吸附时，与 CH_2O 的吸附构型相似，C 原子与 Ni_d 原子、$Ni(M)_a$ 原子和 $Ni(M)_b$ 原子相连，而 O 原子与顶位的 Ni_d 原子相连。

CHO 在 $P(Ni_2Fe_2)$ 和 $D(Ni_2Fe_2)$ 上吸附时，C 原子与 Ni_d 原子、Ni_a 原子、Fe_b 原子形成的 C—Ni_d 键、C—Ni_a 键、C—Fe_b 键的键长分别为 0.216 nm、0.195 nm、0.202 nm 和 0.198 nm、0.187 nm、0.199 nm，O 原子与活性组分顶位的

Ni_d 原子形成的 O—Ni_d 键的键长分别为 0.201 和 0.216 nm，吸附物种中 C—O 键的键长分别为 0.131 nm 和 0.128 nm。CHO 在 P(Ni_2Fe_2) 和 D(Ni_2Fe_2) 上的吸附能分别为 -3.00 eV 和 -3.35 eV。

CHO 在 P(Ni_2Co_2) 和 D(Ni_2Co_2) 上吸附，C 原子与活性组分形成的 C—Ni_d 键、C—Ni_a 键、C—Co_b 键的键长分别为 0.203 nm、0.188 nm、0.233 nm 和 0.205 nm、0.185 nm、0.206 nm，O 原子与活性组分形成的 O—Ni_d 键的键长分别为 0.194 nm 和 0.200 nm，吸附物种中 C—O 键的键长分别为 0.132 nm 和 0.130 nm。在 P(Ni_2Co_2) 和 D(Ni_2Co_2) 上，CHO 的吸附能分别为 -2.98 eV 和 -3.03 eV。

CHO 在 P(Ni_2Cu_2) 和 D(Ni_2Cu_2) 上吸附时，CHO 吸附物种的 C 原子与活性组分原子所形成的 C—Ni_d 键、C—Cu_a 键、C—Ni_b 键的键长分别为 0.221 nm、0.196 nm、0.194 nm 和 0.188 nm、0.200 nm、0.193 nm，O 原子与活性组分顶位的 Ni_d 原子形成的 O—Ni_d 键的键长分别为 0.187 nm 和 0.209 nm，吸附物种中 C—O 键的键长分别为 0.133 nm 和 0.128 nm。在 P(Ni_2Cu_2) 和 D(Ni_2Cu_2) 上，CHO 的吸附能分别为 -3.11 eV 和 -3.09 eV。

CO 吸附：CO 在 Ni_2M_2/MgO（M = Fe，Co，Cu）上吸附时，与 CHO 在 Ni_2M_2/MgO 上的吸附构型相似。

CO 在 P(Ni_2Fe_2) 和 D(Ni_2Fe_2) 上吸附时，C 原子与活性组分 Ni_d 原子、Ni_a 原子、Fe_b 原子形成的 C—Ni_d 键、C—Ni_a 键、C—Fe_b 键的键长分别为 0.189 nm、0.186 nm、0.197 nm 和 0.188 nm、0.186 nm、0.200 nm，O 原子与 Ni_d 原子形成的 O—Ni_d 键的键长分别为 0.244 nm 和 0.245 nm，吸附物种中的 C—O 键的键长均为 0.124 nm。CO 在 P(Ni_2Fe_2) 和 D(Ni_2Fe_2) 上的吸附能分别为 -2.07 eV 和 -2.01 eV。

CO 在 P(Ni_2Co_2) 和 D(Ni_2Co_2) 上吸附时，C 原子与活性组分形成的 C—Ni_d 键、C—Ni_a 键、C—Co_b 键的键长分别为 0.189 nm、0.182 nm、0.206 nm 和 0.189 nm、0.181 nm、0.204 nm，O 原子与活性组分顶位的 Ni_d 原子的距离分别为 0.265 nm 和 0.263 nm，吸附物种中的 C—O 键的键长分别为 0.122 nm 和 0.123 nm。在 P(Ni_2Co_2) 和 D(Ni_2Co_2) 上，CO 的吸附能分别为 -2.21 eV 和 -2.10 eV。

CO 在 P(Ni_2Cu_2) 和 D(Ni_2Cu_2) 上吸附时，C 原子与活性组分原子所形成的 C—Ni_d 键、C—Cu_a 键、C—Ni_b 键的键长分别为 0.183 nm、0.196 nm、0.191 nm 和 0.184 nm、0.202 nm、0.190 nm，O 原子与活性组分顶位的 Ni_d 原子的距离分别为 0.278 nm 和 0.284 nm，CO 吸附物种中的 C—O 键的键长均为 0.122 nm。在 P(Ni_2Cu_2) 和 D(Ni_2Cu_2) 上，CO 的吸附能分别为 -2.19 eV 和 -2.21 eV。

5.5.3　$CH_x(x=0\sim3)$ 在 Ni_2M_2/MgO（M=Fe，Co，Cu）上的消除

通过 $CH_x(x=0\sim3)$ 以及热解 C 的氧化可以使催化剂表面上生成的热解 C 减少，从而使积炭不容易形成。下面具体分析 $CH_x(x=0\sim3)$ 和 O 反应生成 $CH_xO(x=0\sim3)$ 的过程，即 $CH_x(x=0\sim3)$ 氧化过程的过渡态搜索。反应过程中的过渡态构型见

图 5-7，过渡态构型参数列于表 5-17 中，反应的活化能和反应热列于表 5-18 中。

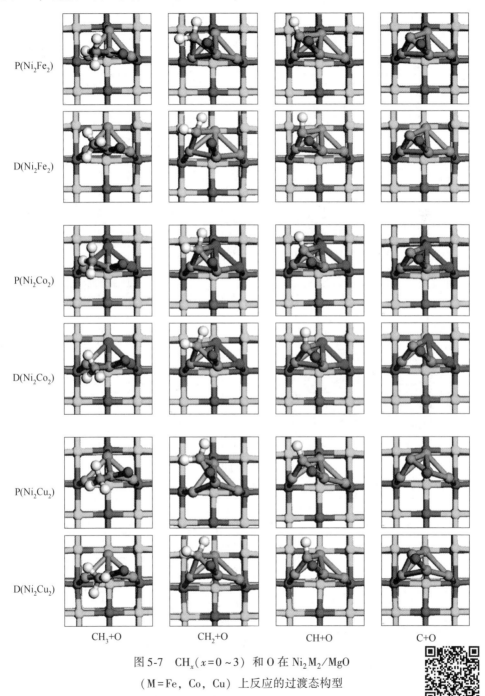

CH$_3$+O   CH$_2$+O   CH+O   C+O

图 5-7   CH$_x$(x=0~3）和 O 在 Ni$_2$M$_2$/MgO

（M=Fe，Co，Cu）上反应的过渡态构型

图 5-7 彩图

表 5-17 $Ni_2M_2/MgO(M=Fe，Co，Cu)$ 上 $CH_x(x=0\sim3)$ 和 O 反应的过渡态构型参数

（nm）

$CH_x(x=0\sim3)+O$	键长	$P(Ni_2Fe_2)$	$D(Ni_2Fe_2)$	$P(Ni_2Co_2)$	$D(Ni_2Co_2)$	$P(Ni_2Cu_2)$	$D(Ni_2Cu_2)$
CH₃+O	d_{C-Ni_d}	0.219	0.251	0.198	0.199	0.201	0.208
	$d_{C-Ni(M)_a}$	0.371	0.397	0.324	0.343	0.354	0.368
	d_{O-Ni_d}	0.178	0.177	0.170	0.172	0.170	0.171
	d_{O-M_c}	0.318	0.321	0.299	0.294	0.283	0.290
	d_{C-O}	0.203	0.203	0.221	0.232	0.221	0.202
CH₂+O	d_{C-Ni_d}	0.204	0.225	0.200	0.207	0.204	0.210
	$d_{C-Ni(M)_a}$	0.198	0.194	0.192	0.185	0.269	0.190
	$d_{C-Ni(M)_b}$	0.225	0.209	0.196	0.205	0.184	0.193
	d_{O-Ni_d}	0.175	0.180	0.170	0.169	0.170	0.167
	d_{C-O}	0.198	0.209	0.222	0.216	0.225	0.234
CH+O	d_{C-Ni_d}	0.201	0.203	0.185	0.186	0.198	0.181
	$d_{C-Ni(M)_a}$	0.181	0.180	0.179	0.179	0.187	0.183
	$d_{C-Ni(M)_b}$	0.208	0.207	0.201	0.189	0.184	0.181
	d_{O-Ni_d}	0.175	0.178	0.175	0.171	0.174	0.176
	d_{C-O}	0.198	0.199	0.196	0.206	0.209	0.220
C+O	d_{C-Ni_d}	0.191	0.187	0.173	0.184	0.176	0.177
	$d_{C-Ni(M)_a}$	0.178	0.178	0.178	0.176	0.181	0.188
	$d_{C-Ni(M)_b}$	0.193	0.193	0.183	0.179	0.172	0.174
	d_{O-Ni_d}	0.176	0.183	0.173	0.170	0.167	0.173
	d_{C-O}	0.213	0.206	0.217	0.206	0.296	0.215

表 5-18 $CH_x(x=0\sim3)$ 和 O 在 $Ni_2M_2/MgO(M=Fe，Co，Cu)$ 上
反应的活化能和反应热   （eV）

反应活化能和反应热		$P(Ni_2Fe_2)$	$D(Ni_2Fe_2)$	$P(Ni_2Co_2)$	$D(Ni_2Co_2)$	$P(Ni_2Cu_2)$	$D(Ni_2Cu_2)$
$CH_3+O \longrightarrow CH_3O$	E_a	1.44	1.70	3.52	3.43	2.72	2.87
	ΔE	0.59	0.25	1.75	1.59	1.02	1.36
$CH_2+O \longrightarrow CH_2O$	E_a	0.70	1.09	1.29	1.09	1.67	1.39
	ΔE	-0.32	-0.04	0.11	-0.19	-0.43	0.21
$CH+O \longrightarrow CHO$	E_a	1.05	1.19	1.14	1.16	1.68	1.38
	ΔE	0.14	0.56	-0.25	-0.46	-0.25	-0.54

反应活化能和反应热		P(Ni_2Fe_2)	D(Ni_2Fe_2)	P(Ni_2Co_2)	D(Ni_2Co_2)	P(Ni_2Cu_2)	D(Ni_2Cu_2)
C+O $\longrightarrow$ CO	E_a	0.79	0.78	1.22	1.16	0.38	1.44
	ΔE	−1.15	−1.48	−2.13	−2.10	−2.14	−1.98

CH_3+O $\longrightarrow CH_3O$：以共吸附的 CH_3+O 为反应的初始态，以 CH_3O 吸附在催化剂上为终态。在氧化反应过程中，吸附态的 O 原子和 CH_3 物种会相互靠近，C 和 O 间距离缩短，最终形成了 CH_3O 物种。

在 P(Ni_2Fe_2) 和 D(Ni_2Fe_2) 上，过渡态结构中 C 和 O 之间的距离均为 0.203 nm，介于起始态和终态之间。如表 5-18 所示，该反应的活化能分别为 1.44 eV 和 1.70 eV，反应热为 0.59 eV 和 0.25 eV。该反应为吸热反应。

在 P(Ni_2Co_2) 和 D(Ni_2Co_2) 上，过渡态结构中 C 和 O 之间的距离分别为 0.221 nm 和 0.232 nm，同样介于起始态和终态之间。反应的活化能分别为 3.52 eV 和 3.43 eV，反应热分别为 1.75 eV 和 1.59 eV。该反应也同样为吸热反应。

在 P(Ni_2Cu_2) 和 D(Ni_2Cu_2) 上，过渡态结构中 C 和 O 之间的距离分别为 0.221 nm 和 0.202 nm，同样介于起始态和终态之间。反应的活化能分别为 2.72 eV 和 2.87eV，反应热分别为 1.02 eV 和 1.36 eV。该反应也为吸热反应。

比较各种催化剂上的 CH_3 氧化反应，可以看出在 P(Ni_2Fe_2) 和 D(Ni_2Fe_2) 上的 CH_3 氧化反应的活化能较低，而在 P(Ni_2Co_2) 和 D(Ni_2Co_2) 上的活化能较高。总的来说，由于 CH_3 氧化反应的活化能偏高，所以在这几种催化剂表面 CH_3 氧化比较困难。

CH_2+O $\longrightarrow CH_2O$：同样地，对 CH_2 和 O 反应生成 CH_2O 的过程进行研究，搜索其过渡态并计算活化能。氧化反应过程中，顶位吸附的 O 原子会逐渐向 CH_2 物种靠近，最终形成 CH_2O 物种。

在 P(Ni_2Fe_2) 和 D(Ni_2Fe_2) 上，CH_2 和 O 反应生成 CH_2O 的过渡态结构中 C 和 O 之间的距离分别为 0.198 nm 和 0.209 nm，介于起始态和终态之间。该反应过程的活化能分别为 0.70 eV 和 1.09 eV，反应热为−0.32 eV 和−0.04 eV。该反应在 P(Ni_2Fe_2) 和 D(Ni_2Fe_2) 上均为放热反应。

在 P(Ni_2Co_2) 和 D(Ni_2Co_2) 上，CH_2 氧化过程过渡态结构中 C 和 O 之间的距离分别为 0.210 nm 和 0.216 nm，同样介于起始态和终态之间。反应的活化能分别为 1.29 eV 和 1.09 eV，反应热分别为 0.11 eV 和−0.19 eV。前者为吸热反应，后者为放热反应。

在 P(Ni_2Cu_2) 和 D(Ni_2Cu_2) 上，过渡态结构中 C 和 O 之间的距离分别为 0.225 nm 和 0.234 nm，同样介于起始态和终态之间。反应的活化能分别为 1.67 eV 和 1.39 eV，反应热分别为−0.43 eV 和 0.21 eV。前者为放热反应，后者为吸热反应。

CH+O ——→CHO：对 CH 在 Ni_2M_2/MgO（M=Fe，Co，Cu）上与 O 反应生成 CHO 的过程进行研究，搜索反应的过渡态结构。反应过程中，顶位吸附的 O 原子会向 CH 物种靠近，形成 C—O 键，即形成了 CHO 物种。

在 $P(Ni_2Fe_2)$ 和 $D(Ni_2Fe_2)$ 上，CH 和 O 反应生成 CHO 的过渡态结构中，C 和 O 之间的距离分别为 0.198 nm 和 0.199 nm，介于起始态和终态之间。该反应过程的活化能分别为 1.05 eV 和 1.19 eV，反应热分别为 0.14 eV 和 0.56 eV，均为吸热反应。

在 $P(Ni_2Co_2)$ 和 $D(Ni_2Co_2)$ 上，过渡态结构中 C 和 O 之间的距离分别为 0.196 nm 和 0.206 nm，同样介于起始态和终态之间。反应的活化能分别为 1.14 eV 和 1.16 eV，反应热分别为-0.25 eV 和-0.46 eV。该反应为放热反应。

在 $P(Ni_2Cu_2)$ 和 $D(Ni_2Cu_2)$ 上，过渡态结构中 C 和 O 之间的距离分别为 0.209 nm 和 0.220 nm，介于起始态和终态之间。反应的活化能分别为 1.68 eV 和 1.38 eV，反应热分别为-0.25 eV 和-0.54 eV，均为放热反应。

C+O ——→CO：研究 C 在 Ni_2M_2/MgO 上的氧化反应，搜索过渡态。反应过程中，O 原子向 C 原子靠近，并逐渐与顶位活性组分 Ni_d 原子断键，与 C 原子形成 C—O 键，即生成 CO。

在 $P(Ni_2Fe_2)$ 和 $D(Ni_2Fe_2)$ 上，C 和 O 反应生成 CO 的过渡态结构中，C 和 O 之间的距离分别为 0.213 nm 和 0.206 nm，介于起始态和终态之间。该反应过程的活化能分别为 0.79 eV 和 0.78 eV，反应热为-1.15 eV 和-1.48 eV，均为放热反应。

在 $P(Ni_2Co_2)$ 和 $D(Ni_2Co_2)$ 上，过渡态结构中 C 和 O 之间的距离分别为 0.217 nm 和 0.206 nm，同样介于起始态和终态之间。反应的活化能分别为 1.22 eV 和 1.16 eV，反应热分别为-2.13 eV 和-2.10 eV。该反应为放热反应。

在 $P(Ni_2Cu_2)$ 和 $D(Ni_2Cu_2)$ 上，过渡态结构中 C 和 O 之间的距离分别为 0.296 nm 和 0.215 nm，介于起始态和终态之间。反应的活化能分别为 0.38 eV 和 1.44 eV，反应热分别为-2.14 eV 和-1.98 eV，均为放热反应。在整个 CH_4/CO_2 重整反应体系中，C 在 $P(Ni_2Co_2)$、$D(Ni_2Co_2)$ 以及 $P(Ni_2Cu_2)$、$D(Ni_2Cu_2)$ 上容易被氧化。

5.5.4 积炭分析

比较 CH_x 解离的活化能和 CH_x 氧化的活化能，CH_x 物种在 Ni_2Fe_2/MgO 上氧化的活化能均高于解离的活化能，CH_x 会连续解离生成热解 C；而对于 Ni_2Co_2/MgO 上 CH_4/CO_2 重整反应，CH_4 解离生成的 CH_3 和 CH_2 物种的解离活化能比氧化活化能低，所以会继续解离，生成的 CH 物种的氧化比解离更有利，所以会阻断 CH 物种进一步解离生成热解 C；在 Ni_2Cu_2/MgO 上，CH_4 解离生成的 CH_x 物种的解离活化能均低于氧化活化能，所以会产生热解 C，还需要进一步比较热解 C 的氧化能垒与 C 集聚的能垒。

5.6 积炭问题的综合分析

对于 Ni_4/MgO 催化剂来说，热解 C 形成的活化能比较高，所以热解 C 不容易形成，即不容易形成积炭。对于 $Ni_2M_2/MgO(M=Fe，Co，Cu)$ 催化剂来说，比较 CH_x 解离的活化能和 CH_x 氧化的活化能及热解 C 集聚的活化能，在 Ni_2Fe_2/MgO 上 CH_x 物种氧化的活化能垒均高于 CH_x 解离或 C 集聚的活化能垒，CH_x 会连续解离生成热解 C，较多的热解 C 生成会引起积炭的产生，所以 Ni_2Fe_2/MgO 不利于抑制积炭。而对于 Ni_2Co_2/MgO 上的 CH_4/CO_2 重整反应，CH_4 解离生成的 CH 物种的氧化比解离更有利，所以会阻断 CH 物种进一步解离生成热解 C，并且 CHO 物种很容易脱 H 生成 CO，但是热解 C 集聚反应的活化能较低，因此当热解 C 生成时会立刻集聚生成积炭，所以认为在完美的 Ni_2Co_2/MgO 上会有少量的积炭生成。对于有缺陷的 Ni_2Co_2/MgO，存在较多的 CH 物种容易被氧化成 CHO，所以有缺陷的 Ni_2Co_2/MgO 催化剂可能在 CH_4/CO_2 重整反应中有利于抑制积炭的生成。在完美的 Ni_2Cu_2/MgO 上，CH_4 解离不容易生成热解 C，而是生成 CH，但是生成的 CH 氧化困难，因此使得反应减慢。而对于有缺陷的 Ni_2Cu_2/MgO 来说，生成的 CH 较易氧化，同时热解 C 不易集聚，因此认为有缺陷的 Ni_2Cu_2/MgO 能达到抑制积炭的效果。

从以上的分析可以判断得出 CH_4/CO_2 重整反应过程中抑制积炭的简便方法，即 $CH_x(x=0\sim3)$ 氧化的活化能 $E_{a,oxi}$ 与 $CH_x(x=1\sim3)$ 解离的活化能 $E_{a,dis}$ 或 C 集聚的活化能的大小关系：$E_{a,oxi}-E_{a,dis}>0$，不利于抑制积炭；$E_{a,oxi}-E_{a,dis}<0$，有利于抑制积炭。

对于同一 CH_x 物种，当 CH_x 氧化（$CH_x+O\longrightarrow CH_xO$）的活化能小于 CH_x 解离（$CH_x\longrightarrow CH_{x-1}+H$）的活化能，或者热解 C 氧化（$C+O\longrightarrow CO$）的活化能小于热解 C 集聚（$C+C\longrightarrow C_2$）的活化能时，说明此种催化剂能达到抑制积炭的效果；并且 $E_{a,oxi}-E_{a,dis}<0$ 时，氧化的活化能与解离或者集聚的活化能相差越大，越有利于抑制积炭。

参 考 文 献

[1] WEI J M, XU B Q, LI J L, et al. Highly active and stable Ni/ZrO_2 catalyst for syngas production by CO_2 reforming of methane [J]. Appl. Catal. A, 2000, 196：L167-L172.

[2] HWANG, K S, ZHU H Y, LU G Q. New nickel catalysts supported on highly porous alumina intercalated laponite for methane reforming with CO_2 [J]. Catal. Today, 2001, 68：183-190.

[3] HOU Z, YOKOTA O, TANAKA T, et al. Investigation of CH_4 reforming with CO_2 on mesoporous Al_2O_3-supported Ni catalyst [J]. Catal. Lett. , 2003, 89：121-127.

[4] YANG Z X, WU R Q, ZHANG Q M, et al. First principles investigations and simulations for

catalytic properties of bimetallic and metal/oxide surfaces [J]. Phys. Rev. B, 2002, 65: 155407.

[5] VITTO A D, PACCHIONI G, DELBECQ F, et al. Au atoms and dimers on the MgO (100) surface: A DFT study of nucleation at defects [J]. J. Phys. Chem. B, 2005, 109: 8040-8048.

[6] ABBET S, SANCHEZ A, HEIZ U, et al. Acetylene cyclotrimerization on supported size-selected Pd_n clusters ($1 \leqslant n \leqslant 30$): One atom is enough [J]. J. Am. Chem. Soc., 2000, 122: 3453-3457.

[7] SANCHEZ A, ABBET S, HEIZ U, et al. When gold is not noble: Nanoscale gold catalysts [J]. J. Phys. Chem. A, 1999, 103: 9573-9578.

[8] HU Y H, RUCKENSTEIN E. Binary MgO-based solid solution catalysts for methane conversion to syngas [J]. Catal. Rev., 2002, 44: 423-453.

[9] HU Y H, RUCKENSTEIN E. The characterization of a highly effective NiO/MgO solid solution catalyst in the CO_2 reforming of CH_4 [J]. Catal. Lett., 1997, 43: 71-77.

[10] YAMAZAKI O, NOZAKI T, OMATA K, et al. Reduction of carbon dioxide by methane with Ni-on-MgO-CaO containing catalysts [J]. Chem. Lett., 1992, 21: 1953-1954.

[11] YAMAZAKI O, TOMISHIGE K, FUJIMOTO K. Development of highly stable nickel catalyst for methane-steam reaction under low steam to carbon ratio [J]. Appl. Catal. A, 1996, 136: 49-56.

[12] HU Y H, RUCKENSTEIN E. An optimum NiO content in the CO_2 reforming of CH_4 with NiO/MgO solid solution catalysts [J]. Catal. Lett., 1996, 36: 145-149.

[13] RUCKENSTEIN E, HU Y H. The effect of precursor and preparation conditions of MgO on the CO_2 reforming of CH_4 over NiO/MgO catalysts [J]. Appl. Catal. A, 1997, 154: 185-205.

[14] RUCKENSTEIN E, HU Y H. Carbon dioxide reforming of methane over nickel/alkaline earth metal oxide catalysts [J]. Appl. Catal. A, 1995, 133: 149-161.

[15] CHEN Y G, TOMISHIGE K, YOKOYAMA K, et al. Catalytic performance and catalyst structure of nickel-magnesia catalysts for CO_2 reforming of methane [J]. J. Catal., 1999, 184: 479-490.

[16] FENG J, DING Y, GUO Y, et al. Calcination temperature effect on the adsorption and hydrogenated dissociation of CO_2 over the NiO/MgO catalyst [J]. Fuel, 2012, 109: 110-115.

[17] TAKANABE K, NAGAOKA K, NARIAI K, et al. Titania-supported cobalt and nickel bimetallic catalysts for carbon dioxide reforming of methane [J]. Journal of Catalysis, 2005, 232 (2): 268-275.

[18] LI P, LIU J, NAG N, et al. In situ preparation of Ni-Cu/TiO_2 bimetallic catalysts [J]. Journal of Catalysis, 2009, 262 (1): 73-82.

[19] ALFONSO D R, SNYDER J A, JAFFE J E, et al. Opposite rumpling of the MgO and CaO (100) surfaces: A density-functional theory study [J]. Phys. Rev. B, 2000, 62: 8318-8322.

[20] WANG B, YAN R, LIU H. Effects of interactions between NiM (M = Mn, Fe, Co and Cu)

bimetals with MgO (100) on the adsorption of CO_2 [J]. Appl. Surf. Sci., 2012, 258: 8831-8836.

[21] WANG Y, FLOREZ E, MONDRAGON F, et al. Effects of metal-support interactions on the electronic structures of metal atoms adsorbed on the perfect and defective MgO (100) surfaces [J]. Surf. Sci., 2006, 600: 1703-1713.

[22] FERRARI A M, GIORDANO L, PACCHIONI G, et al. Selectivity of surface defects for the activation of supported metal atoms: Acetylene cyclotrimerization on Pd_1/MgO [J]. J. Phys. Chem. B, 2002, 106: 3173-3181.

[23] LIAO M S, AU C T, NG C F. Methane dissociation on Ni, Pd, Pt and Cu metal (111) surfaces—A theoretical comparative study [J]. Chem. Phys. Lett., 1997, 272: 445-452.

[24] LIU B, LUSK M T, ELY J F. Influence of nickel catalyst geometry on the dissociation barriers of H_2 and CH_4: Ni_{13} versus Ni(111) [J]. J. Phys. Chem. C, 2009, 113: 13715-13722.

[25] WANG J J, MEEPRASERT J, HAN Z, et al. Highly dispersed Cd cluster supported on TiO_2 as an effcient catalyst for CO_2 hydrogenation to methanol [J]. Chin. J. Catal., 2022, 43 (3): 761-770.

[26] HONG F, WANG S Y, ZHANG J Y, et al. Strong metal-support interaction boosting the catalytic activity of Au/TiO_2 in chemoselective hydrogenation [J]. Chin. J. Catal., 2021, 42 (9): 1530-1537.

[27] LI J, CROISET E, RICARDEZ-SANDOVAL L. Effect of metal-support interface during CH_4 and H_2 dissociation on Ni/γ-Al_2O_3: A density functional theory study [J]. The Journal of Physical Chemistry C, 2013, 117 (33): 16907-16920.

6 金属-载体相互作用及其对积炭的影响

6.1 引 言

金属-载体的强相互作用解释为金属表面被部分还原的金属氧化物修饰[1-5]，或电子在载体和分散的金属之间相互转移[6-10]。这种相互作用影响小分子的化学吸附和反应的活性[11]。实验证实：MgO 和一些还原性的金属氧化物如 TiO_2、ZrO_2 和 La_2O_3 等能与第Ⅷ族金属产生强烈的金属-载体相互作用[12-15]。比如，Ni/TiO_2 催化剂中存在着强烈的金属-载体相互作用而避免了积炭生成，这种相互作用是由于流动的 TiO_x 物种的出现使 Ni 粒子的大系综失活，阻塞了活性位，同时也有电子的转移[16]。Xu 等[17] 发现强烈的金属-载体相互作用在 CH_4/CO_2 重整反应中起着重要的抗积炭作用。

强烈的金属-载体相互作用对 CH_4/CO_2 重整反应中积炭问题的影响，目前已有的实验只给出了定性结论，仅有少量实验检测了电子在金属和载体间的转移情况，如 Cao 等[18] 用 AES 检测到在 $Ni/TiO_2(110)-(1×1)$ 界面上 Ni 原子带有负电荷，电荷量为每 Ni 原子 $0.13e$。本书借助实验的方法得到金属-载体间电荷转移的大小和方向来研究这种强相互作用对重整反应的影响，以期得到详细的反应机理。目前未见实验方面有关于相互作用对反应影响的详细机理的报道。

6.2 实验方法

实验仪器：200 mL 烧杯 3 个、量筒、滤纸、酸式滴定管、碱式滴定管、玻璃棒 1 个、三颈圆底烧瓶、酸度计、铁架台、磁子、分析天平、电吹风、恒温水浴磁力搅拌器、磁力搅拌器、漏斗、真空泵、烘箱、马弗炉、坩埚、TPR、还原装置。

实验药品：去离子水、铬酸溶液、无水乙醇、缓冲溶液、$Ni(NO_3)_2 \cdot 6H_2O(s)$、$Al(NO_3)_3 \cdot 9H_2O(s)$、$NaOH(s)$、$Na_2CO_3(s)$、$N_2$。

实验步骤：为了研究不同载体和不同双金属对金属-载体相互作用的影响，本书选择了 Al_2O_3 和 MgO 作为载体，Ni 及 Ni 基双金属作为活性组分。对于负载型催化剂,一般采用浸渍法。称取 1 g 载体在 Ni(NO₃)₂ 水溶液中浸渍,在水浴锅中常温搅拌 1 h,然后逐渐升温至 80℃,直到蒸干。在马弗炉中 600 ℃下焙烧 5 h。制备的催化剂中 Ni 的质量分数为 12.35%。双金属催化剂的制备方法与负载型催化剂的制备方法大致相同,不同的是 Ni 和 M 金属共同的质量分数为 12.35%,其中 Ni 和 M 的比例为 1:1。作为参照,本书还制备了 Ni 及 Ni 的氧化物,即 NiCo/Al₂O₃、NiFe/Al₂O₃、NiCu/Al₂O₃、Ni/MgO。

催化剂的还原在活性评价装置上进行。样品为 50 mg,300 ℃下用氮气吹扫 0.5 h,温度降至室温后通氢气,H₂ 与 N₂ 之比为 1:4,总流速为 30 mL/min,待记录仪基线平稳后以 16 ℃/min 的速度升温,至温度达到 800 ℃。

XPS 测试在 X 射线光电子能谱仪上进行,Mg Kα 射线为激发源,电子结合能以 C 1s(284.6 eV)为内标矫正。

6.3 实验结果及分析

6.3.1 XPS 结果分析

图 6-1(a) 给出了 Ni 各种价态的 XPS 谱图。以下谱图均由 XPSPEAK41 软件拟合得到。目前已证实的金属 Ni 的氧化态有两种[19-20],分别是 NiO 和 Ni₂O₃。文献[20]指出:金属 Ni、NiO 和 Ni₂O₃ 的 Ni $2p_{3/2}$ 结合能分别为 852.7 eV、854.2 eV 和 855.6 eV。文献[21]报道了类似的结果。根据以上文献,可以判断峰 C、B 和 A 分别为 Ni、NiO 和 Ni₂O₃ 的 Ni $2p_{3/2}$ 的电子峰。

图 6-1(b) 给出了还原后的 Ni/Al₂O₃、NiCo/Al₂O₃、NiFe/Al₂O₃、NiCu/Al₂O₃、Ni/MgO 催化剂的 XPS 谱图。众所周知,Ni^0 结合能可能的范围是 852.0 ~ 853.3 eV,Ni^{2+} 结合能的范围是 853.5 ~ 854.7 eV,Ni^{3+} 结合能的范围是 855.3 ~ 856 eV。图 6-1(b) A 中可以看到有明显的分峰,第一个峰应归于氧化态的 Ni^{3+},第二个峰应归于还原态的 Ni^0。此结果与陈久岭等[22]测得的结果相一致。分析第一个峰应归属于 NiAl₂O₄ 尖晶石,很难被还原;第二个峰是与载体之间存在强烈相互作用的 Ni 的还原峰。从图 6-1(b) 的 B、C、D 看,Fe、Co 和 Cu 的加入阻止了 NiAl₂O₄ 尖晶石的形成;三种催化剂中都只呈现出一个峰,NiCo 和 NiCu 中的峰应归于氧化态的 Ni^{3+},而 NiFe 中的峰应归属于 Ni^{2+},也就是说第二种金属的加入使得催化剂更难还原,换句话说,与 Ni 金属比较,双金属表现出与载体更强的相互作用。图 6-1(b) 的 E 是 Ni 负载在 MgO 载体上,从图中看到 Ni 在 MgO 中的还原值要高于在 Al₂O₃ 中的还原值,说明 Ni 与 MgO 之间的相互作用要强于 Ni 与 Al₂O₃ 之间的相互作用,分析原因可能是 MgO 存在空位缺陷。

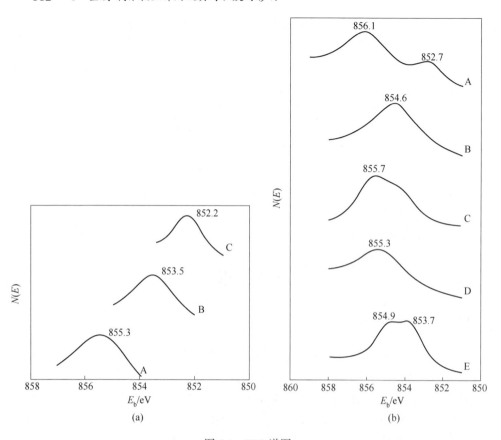

图 6-1 XPS 谱图

(a) 纯 Ni $2p_{2/3}$；(b) 负载的 Ni $2p_{2/3}$（A—Ni/Al$_2$O$_3$；B—NiFe/Al$_2$O$_3$；

C—NiCo/Al$_2$O$_3$；D—NiCu/Al$_2$O$_3$；E—Ni/MgO）

6.3.2 结合能与转移电荷的关系

首先本书计算了 NiO 和 Ni$_2$O$_3$ 中 Ni 的实际电荷。以 NiO 为例，根据王广昌[23] 计算的电负性，$\chi(Ni^{2+}) = 1.73$，$\chi(O^{2-}) = 3.23$，则 $I = 1 - \exp\left(-\dfrac{\Delta\chi}{4}\right) = 0.43$，$q(Ni^{2+}) = 2I = 0.86$；同理，$q(Ni^{3+}) = 0.99$。为了使拟合更精准，本书还计算了 NiI$_2$、NiBr$_2$ 和 NiCl$_2$ 的电荷值。根据文献 [24]，NiO 的结合能是 854.0 eV，比本书实验值多 0.5 eV，这可能与 C 1s 的结合能差异有关，为了统一，将 NiI$_2$、NiBr$_2$ 和 NiCl$_2$ 的结合能[24] 同时减少 0.5 eV。表6-1 列出了以上化合物的电荷与 Ni $2p_{2/3}$ 的结合能。

表 6-1 各种化合物中 Ni 的结合能与 Ni 的电荷

项目	Ni	NiO	Ni_2O_3	NiI_2	$NiBr_2$	$NiCl_2$
结合能/eV	852.2	853.5	855.3	852.9	853.8	854.8
q/e	0	0.86	0.99	0.30	0.55	0.77

根据表 6-1 所示的数据，作出了结合能与电荷之间的关系图，如图 6-2 所示。

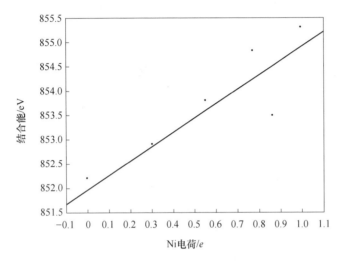

图 6-2 Ni 的结合能与 Ni 相关化合物中 Ni 电荷值的关系图

由此可以推出 Ni/Al_2O_3、$NiCo/Al_2O_3$、$NiFe/Al_2O_3$、$NiCu/Al_2O_3$、Ni/MgO 催化剂中 Ni 的价态，列于表 6-2 中。与此同时，将各种催化剂中 Ni 上的电荷与无载体时作比较，便可判断电子的流向。

表 6-2 所制备催化剂中金属的结合能、金属所带的电荷以及金属-载体间电子的流向

项目	NiO	$NiO-Al_2O_3$	$NiOCo-Al_2O_3$	$NiOFe-Al_2O_3$	$NiOCu-Al_2O_3$	$NiO-MgO$
结合能/eV	855.3	856.1	855.7	854.6	855.3	854.9
q/e	0.86	1.09	1.0	0.70	0.86	0.8
转移的电子数		-0.23	-0.14	0.16	0	0.06
电子流向		从载体到金属	从载体到金属	从金属到载体	没有电子转移	从金属到载体

总体来看，只有负载在 Al_2O_3 上的部分 Ni 被还原，电子由金属流向载体。NiCo 和 NiCu 两种双金属催化剂属于 Ni^{3+} 的价态，可以看到，与纯的 Ni_2O_3 相比，它们表现出得电子，也就是说，在 NiCo 和 NiCu 两种体系中，电子是由氧化物流向载体。在 $NiFe/Al_2O_3$ 体系中，电子是由 NiO 流向载体的。在 Ni/MgO 体系中，出现了两个峰，而这两个峰均归属于 Ni^{2+}，与纯 NiO 相比，部分 NiO 得电子，部

分 NiO 失电子。结合后面的计算部分，可以知道，当金属和载体有一定的相互作用时，金属或金属氧化物与载体之间是存在电子转移的。

需要指出的是，本书想要用 XPS 测定还原的新鲜催化剂上金属 Ni 原子的结合能，但是受目前设备的限制以及金属和载体间强的相互作用影响，很难将催化剂还原得到纯的金属 Ni 的结合能，但是能得出：当金属和载体之间有相互作用时，在金属和载体之间会有电荷转移，但是由于实验条件所限，很难得到转移电荷的大小及方向。可以通过理论计算获得当金属和载体之间有相互作用时，在金属和载体之间电荷的转移量。

6.4　理论计算金属和载体间电荷的转移量

6.4.1　金属和载体间电荷转移量的计算

在本书研究的体系里，当金属 Ni 以及双金属 NiM(M = Fe，Co，Cu) 与载体间存在相互作用时，可以通过式（6-1）计算金属与载体 MgO 间的结合能 E_b 的大小及电荷的转移量，结果列于表 6-3 中。金属活性组分与载体间的结合能计算公式如下：

$$E_b = E(Ni_2M_2/MgO) - E(Ni_2M_2) - E(MgO) \qquad (6-1)$$

式中，$E(Ni_2M_2/MgO)$ 为金属负载到载体上整个体系的总能量；$E(Ni_2M_2)$ 和 $E(MgO)$ 分别为负载前孤立的金属活性组分 Ni_2M_2 和载体 MgO 的能量。

表 6-3　活性组分 Ni_2M_2（M = Fe，Co，Cu）与载体 MgO 间的结合能及电荷转移量

项目	Ni_2Fe_2/MgO		Ni_2Co_2/MgO		Ni_4/MgO		Ni_2Cu_2/MgO	
	P	D	P	D	P	D	P	D
E_b/eV	-3.81	-4.74	-3.07	-4.43	-3.21	-4.70	-3.26	-4.69
电荷转移量/e	-0.19	-0.32	-0.21	-0.35	-0.23	-0.37	-0.05	-0.15

从表 6-3 中数据可以看出，Ni_2M_2 双金属活性组分与有缺陷的 MgO 载体的结合能更大，结合更稳定，这样就不容易使活性组分集聚失活，这一结论也被其他实验结果与理论计算证实[25-26]。同时可以看出，对于 Fe 替换 Ni 形成的 Ni_2Fe_2 双金属簇模型，Ni_2Fe_2 双金属簇与 MgO 载体间的结合能大于 Ni_4 簇与 MgO 载体间的结合能，说明用 Fe 替换 Ni 形成的双金属活性组分会增强活性组分与载体间的结合能；而对于 Co 替换 Ni 形成的 Ni_2Co_2 双金属簇与 MgO 载体间的结合能会小于 Ni_4 簇与 MgO 载体间的结合能，说明用 Co 替换 Ni 形成的双金属活性组分会降低活性组分与载体间的结合能；对于 Cu 替换形成的 Ni_2Cu_2 双金属活性组分，其与完美 MgO 表面形成的结合能会大于 Ni_4 与完美 MgO 表面形成的结合能，而

对于有缺陷的 MgO 与其形成的结合能会小于 Ni_4 簇与有缺陷的 MgO 表面形成的结合能。Ni_2M_2（M=Fe，Co，Cu）双金属活性组分与完美 MgO 表面载体的结合能的大小顺序为 $P(Ni_2Fe_2)>P(Ni_2Cu_2)>P(Ni_2Co_2)$。类似地，有缺陷的 MgO 载体与三种 Ni_2M_2 双金属活性组分结合能的大小顺序为 $D(Ni_2Fe_2)>D(Ni_2Cu_2)>$ $D(Ni_2Co_2)$。

负载于完美 MgO 表面上的 Ni_2M_2（M=Fe，Co，Cu）双金属簇所带电荷分别为 $-0.19e$、$-0.21e$、$-0.05e$，对于有缺陷的 MgO 表面负载的 Ni_2M_2 簇所带电荷分别为 $-0.32e$、$-0.35e$、$-0.15e$。Ni_2M_2 负载到载体上，所带电荷均为负值，说明电荷都是从 MgO 载体转移到 Ni_2M_2 双金属簇上。此外，可以发现对于同一种 Ni_2M_2 来说，负载于有缺陷的 MgO 载体上的 Ni_2M_2 簇得到的电荷要比负载于完美 MgO 表面上的 Ni_2M_2 簇的电荷多，此结果与结合能所得结论一致，Ni_2M_2 双金属簇与有缺陷的 MgO 载体的结合能力要强于与完美 MgO 表面的结合能力，电荷转移越多，金属与载体间的结合能力越强。

6.4.2 金属和载体间电荷转移的态密度分析

为了进一步阐明金属-载体间相互作用的本质，本书通过态密度（PDOS）来分析 Ni_2M_2/MgO 模型的电子结构。以 Ni_2Co_2/MgO 为例进行分析，如图 6-3 所示，分析 Ni_2Co_2 负载于 MgO 载体之前孤立的簇以及负载到完美和有缺陷的 MgO

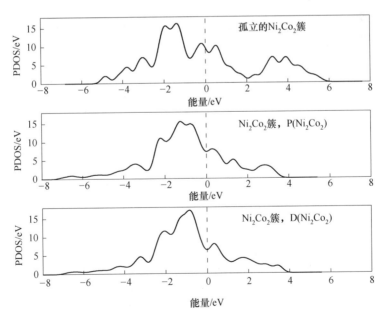

图 6-3 孤立的 Ni_2Co_2 簇及负载于完美和有缺陷的
MgO 上时 Ni_2Co_2 总的偏态密度图

载体上时的电荷结构。

当 Ni_2Co_2 簇未负载于 MgO 载体上时，Ni_2Co_2 簇的电荷在费米能级右侧有一个较大的分布范围，达到 6.00 eV。当 Ni_2Co_2 簇负载于 MgO 载体上时，Ni_2Co_2 簇的总电子轨道向下移动，说明当 Ni_2Co_2 负载于 MgO 载体上时，会得到电子，轨道会朝着占据态轨道移动，即向左移动。这也表明了当 Ni_2Co_2 双金属活性组分簇负载于 MgO 上，金属与载体间发生相互作用时，电子从 MgO 载体转移到 Ni_2Co_2 簇上。比较 Ni_2Co_2 负载于完美和有缺陷的 MgO 载体上的 PDOS 可以发现，负载于有缺陷的 MgO 上的 Ni_2Co_2 的电子总轨道在 $-1.00 \sim 0$ eV 之间的峰更加明显，这表明双金属 Ni_2Co_2 簇负载于有缺陷的 MgO 载体上时，电荷转移较多，结合能较强，相互作用更强。同理，Ni_2Fe_2/MgO 和 Ni_2Cu_2/MgO 的态密度图也有类似的情况。

由于催化剂的催化活性与其电子结构性质密切相关，有关实验也证明了金属催化剂 d 电子的中心能级可以反映催化剂活性，因此也分析了 Ni_2M_2/MgO 上双金属活性组分 Ni_2M_2 的 d 带结构，ε_d 是相对于费米能级的 d 带的平均能量，称为 d 带中心。d 带中心的计算公式为[27-28]

$$\varepsilon_d = \frac{\int_{-\infty}^{\infty} E\rho(E)\,\mathrm{d}\varepsilon}{\int_{-\infty}^{\infty} \rho_d(E)\,\mathrm{d}\varepsilon} \tag{6-2}$$

式中，ρ_d 为态密度在表面 d 带的投影；E 为 d 带的能量。

计算得到的 Ni_2M_2/MgO（M = Fe, Co, Cu）催化剂的 d 带中心如图 6-4 所示，通常情况下，d 带中心越靠近费米能级，催化剂的反应活性越强。因此，催化剂可能的反应活性依次为 $P(Ni_2Fe_2) > D(Ni_2Fe_2) > D(Ni_2Co_2) > P(Ni_2Co_2) > P(Ni_2Cu_2) > D(Ni_2Cu_2)$。

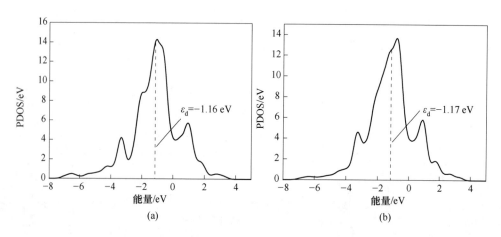

(a)　　　　　　　　　　(b)

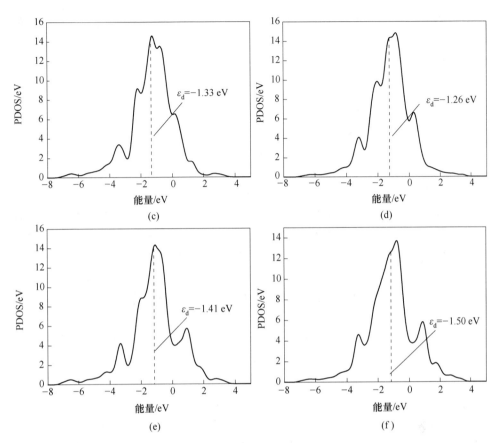

图 6-4　完美和有缺陷的 MgO 载体分别负载的
三种不同 Ni_2M_2（M=Fe，Co，Cu）簇 d 轨道的态密度
（P 代表完美 MgO 上负载 Ni_2M_2 簇；D 代表有缺陷的 MgO 上负载 Ni_2M_2 簇）
(a) $P(Ni_2Fe_2)$；(b) $D(Ni_2Fe_2)$；(c) $P(Ni_2Co_2)$；
(d) $D(Ni_2Co)$；(e) $P(Ni_2Cu_2)$；(f) $D(Ni_2Cu_2)$

6.5　电子气模型的提出

6.5.1　目前研究中存在的问题

由于实验不能解决所提出的问题，在这里本书拟采用计算的手段来解决。用计算的手段解决金属-载体间电荷的转移及其对小分子吸附的影响已有先例。Wang 等[29] 用裸簇和嵌入簇的模型计算了有缺陷的 MgO(100) 面上负载一个 Ni 原子时金属和载体之间的相互作用及电子转移情况，他们发现 Ni 吸附在有缺陷的 MgO(100) 面上时，金属和载体之间存在强烈的相互作用，并且有 1.13 个电子从缺陷处转移到金属原子上。Pan 等[30-31] 计算了 Al_2O_3 负载的 Ni 上 CO_2 的吸附，计算搭建的模型为周期性的 Al_2O_3 切片上搭载 2 个原子的小簇或者 4 个原子的簇模型。2 个或 4 个原子只能粗略地代表活性组分的表面，很难精确表示小分子在表面的准确吸附，如实验测得 CH_x 喜欢吸附在活性组分的三重位上，前面的模型都达不到。如果把活性组分的模型构建得再大一些，在理论上可以准确表达小分子在表面的吸附及反应，但是目前的计算设备条件达不到，而且也太浪费机时，因此本书提出了下面的电子气模型。

6.5.2 电子气模型的基本理论

通过本书前面的实验和前人实验及已有的理论基础，可知当金属-载体间有相互作用时，它们之间必有电子的转移。在一个完整的存在金属-载体相互作用的催化剂体系中，也就是包括载体和活性组分的催化剂体系中，整个催化剂是电中性的，如果只考虑活性组分，那么由于金属-载体的相互作用，该活性组分一定不是电中性的，而是带有正电荷或负电荷。根据上述思想，提出电子气模型理论：

（1）把载体简化成带一定电荷量的电子，载体和金属之间的相互作用可以拟合成电子的转移。在金属催化剂体系中，活性组分和载体之间相当于存在无数的电子转移，形成"电子气"的流动。

（2）转移的电子可以是正的也可以是负的。

需要注意的是：由于金属和载体之间相互作用的强弱不同，因此转移电子数的多少不同，但是目前无法确定转移电子的多少和方向。在计算过程中，本书只能按照电子转移由少到多的顺序，并且假定电子可以从金属转移到载体，也可以从载体转移到金属，来比较它们对反应的影响。

6.5.3 CASTEP 模块中电子气模型的实现

在提出的电子气模型上，结合本书前面所使用的活性组分的切片模型，拟用在周期性切片模型上加不同的电荷来代表不同的金属-载体相互作用，但是在实际操作过程中遇到了困难。CASTEP 模块只能处理周期性切片模型是电中性的或带一个电荷，而当切片模型带有更多电荷时该程序计算的大部分体系不能收敛。

为了解决这个问题，本书选取了 $p(2\times2)$、$p(3\times3)$ 和 $p(4\times4)$ 大小的晶胞，然后让它们分别带有一个正、负电荷来代表不同的金属-载体的相互作用。比如：$p(2\times2)^{-e}$ 表示有一个电子从载体转移到 $p(2\times2)$ 的 Ni 晶胞上，而 $p(4\times4)^{+e}$ 则表示有一个电子从 $p(4\times4)$ 的晶胞上转移到载体。显然 $p(4\times4)$ 晶胞中的原子数多于 $p(2\times2)$ 晶胞中的原子数，因此可以认为本书所列的三个晶胞中电荷转移数的多少的次序为 $p(2\times2)>p(3\times3)>p(4\times4)$。

6.6 电子气模型上有关积炭的反应

本书在 Ni(111) 面的电子气模型上计算了前面有关积炭问题的三个反应及 C 和 O 在表面的迁移，并与只有活性组分存在时的反应进行了比较，以此来研究金属-载体相互作用对 CH_4/CO_2 重整反应中积炭的影响。

6.6.1 电子气模型上 C 的形成

前言中提到 C 是由 CH_4 解离生成的，并且通过本书第 4 章中的研究发现 CH_4 在活性组分 Ni(111) 面上解离过程中 C 形成的决速步骤是最后一步，也就是 CH 的解离。因此，在这里只研究 CH 在 Ni(111) 电子气模型上的解离，计算结果列于表 6-4 中。

表 6-4 Ni(111) 电子气模型上 C 和 O 的迁移活化能　　　　　　　（eV）

项目	$p(2\times2)^{-e}$	$p(3\times3)^{-e}$	$p(4\times4)^{-e}$	$p(2\times2)$	$p(4\times4)^{+e}$	$p(3\times3)^{+e}$	$p(2\times2)^{+e}$
CH$\longrightarrow$C+H	1.23	1.37	1.37	1.36	1.54	1.54	1.54
C+O$\longrightarrow$CO	1.45	2.22	2.44	0.86	2.52	2.30	1.27
C+C$\longrightarrow$C$_2$	0.68	0.97	1.15	0	1.13	1.04	0.50
C 迁移	0.48, 0.57	0.35, 0.39	0.57, 0.63	0.47, 0.56	0.47, 0.55	0.56, 0.63	0.56, 0.64
O 迁移	0.13, 0.01	0.54, 0.39	0.54, 0.40	0.55, 0.47	0.55, 0.43	0.56, 0.44	0.57, 0.12

从表 6-4 可以看出，当电子由载体转移到金属且随转移电子数增大时，CH 解离的活化能逐渐降低，而当电子由金属转移到载体且随转移电子数增大时，CH 解离的活化能由没有电子时的 1.36 eV 增大到有电子转移时的 1.54 eV。总的来说，当有大量电子从载体转移到金属时，有利于 CH 的解离，也有利于 C 的形成；相反地，当电子从金属转移到载体时，不利于 CH 的解离，即可以抑制 C 的形成。

6.6.2 电子气模型上 C 的消除

本书也研究了 Ni(111) 表面电子气模型上 C 的消除反应。从表 6-4 中所列的数据可以看出，当电子由载体转移到金属且随转移电子数增大时，C 消除反应的活化能逐渐降低；而当电子由金属转移到载体且随转移电子数增大时，C 消除反应的活化能也是逐渐降低的。总的来说，不管电子是由金属转移到载体，还是电子由载体流向金属，都是有利于 C 的消除反应的。需要注意的是：在没有电子转移情况下的活化能看起来有点不符合前面提到的规律，这与所选的晶胞大小有关。本书所选的 $p(2\times2)$ 晶胞有点小，使得表面原子之间有横向相互作用，为了避免这种相互作用，本书做了能量校正，正是由于本书所做的校正使得没有电子转移的这组数据看起来不符合有电子转移时的活化能变化规律。

6.6.3 电子气模型上积炭的形成

本书研究了 Ni(111) 表面电子气模型上 C 和 C 的集聚反应。从表6-4 中所列的数据可以看出，当电子由载体转移到金属且随转移电子数增大时，C+C 反应的活化能逐渐降低，而当电子由金属转移到载体且随转移电子数增大时，C+C 反应的活化能也是逐渐降低的。与前面 C 消除反应类似，不管电子是由金属转移向载体，还是电子由载体流向金属，都是有利于 C+C 集聚反应的。

6.6.4 电子气模型上 C 和 O 的迁移

本书研究了 Ni(111) 电子气模型上 C 和 O 的迁移，得到 C 和 O 在 Ni 表面迁移的活化能见表6-4，可以看出 C 的迁移基本不受表面电荷多少的影响，而在表面电荷增大到一定程度时，O 的迁移活化能有明显的降低。但是迁移反应的活化能远低于其他步骤的活化能，因此认为 C 和 O 在表面的迁移不会影响积炭的生成。

6.7 电子气模型上有关积炭反应的综合分析

从上面的计算结果及分析可以看出：（1）电子的流向和电子数多少对 C 和 O 迁移的活化能影响不大。（2）如果要抑制 C 的形成，那么必须控制金属-载体之间的相互作用，需要使电子从金属流向活性组分，同时这也会降低 C 消除反应和 C+C 集聚反应的活化能，加速这两个反应。因此要求平衡这两个反应的速率，即适当增加金属-载体之间的相互作用，使得 C 消除和 C 集聚反应达到平衡。这与 Chen 等[32] 的结果是一致的，他们把少量三价氧化物 Cr_2O_3、La_2O_3 添加到催化 CH_4/CO_2 重整反应的 Ni-Mg-O 催化剂中，发现能提高催化剂抑制积炭的性能。他们认为一方面是由于更稳定固溶体的形成产生了带有正电缺陷的肖特基（Schottky）缺陷，增强了点阵中 O 离子的流动性，加速了含 C 物种同 O 的反应，阻止了积炭的生成；另一方面，部分肖特基缺陷可以迁移到表面，这样稳定了 Ni 物种，形成了富 Ni 的表面层，导致还原的表面 Ni 物种急剧增多，使得它们最大可能地在反应条件下保持正价态，在某种程度上这会降低 CH_4 的深度脱氢速率，因此会使形成的 C 减少。

6.8 结 语

（1）金属-载体间有相互作用时，它们之间有电子的转移。通过制备一系列负载型金属催化剂，测定它们的 XPS，得出了每种金属的结合能，可以判断金属-载体之间电子的流动。

（2）提出用电子气模型来代替有金属-载体相互作用的负载型催化剂，并把电子气模型应用于 CH_4/CO_2 重整反应中积炭问题的研究。

（3）当金属-载体间的相互作用表现为电子从载体流向金属时，CH_4 解离的活化能降低，有利于 C 的生成；相反地，电子从金属流向载体时，CH_4 解离的活化能升高，能够抑制 C 的生成。而对于 C 的消除和 C 的集聚反应来说，不论电子是从金属流向载体还是从载体流向金属，它们的反应活化能都是降低的。因此在使电子从金属流向载体的基础上，要求平衡这两个反应的速率，即适当增加金属-载体之间的相互作用，使得 C 消除和 C 集聚反应达到平衡。

参 考 文 献

[1] SANTOS J, PHILLIPS J, DUMESIC J A. Metal-support interactions between iron and titania for catalysts prepared by thermal decomposition of iron pentacarbonyl and by impregnation [J]. J. Catal. , 1983, 81 (1): 147-167.

[2] SADEGHI H R, HENRICH V E. SMSI in Rh/TiO_2 model catalysts: Evidence for oxide migration [J]. J. Catal. , 1984, 87 (1): 279-282.

[3] SIMOENS A J, BAKER R T K, DWYER D J, et al. A study of the nickel-titanium oxide interaction [J]. J. Catal. , 1984, 86 (2): 359-372.

[4] CHUNG Y W, XIONG G, KAO C C. Mechanism of strong metal-support interaction in Ni/TiO_2 [J]. J. Catal. , 1984, 85 (1): 237-243.

[5] KO C S, GORTE R J. Evidence for diffusion of a partially oxidized titanium species into bulk platinum [J]. J. Catal. , 1984, 90 (1): 59-64.

[6] RAUPP G B, DUMESIC J A. Effect of varying titania surface coverage on the chemisorptive behavior of nickel [J]. J. Catal. , 1985, 95 (2): 587-601.

[7] CHOU P, VANNICE M A. Calorimetric heat of adsorption measurements on palladium: I. Influence of crystallite size and support on hydrogen adsorption [J]. J. Catal. , 1987, 104 (1): 1-16.

[8] HERRMANN J M. Electronic effects in strong metal-support interactions on titania-deposited metal catalysts: Reply to F. Solymosi's comments [J]. J. Catal. , 1985, 94 (2): 587-589.

[9] SARAPATKA T J. XPS-XAES study of charge transfers at $Ni/Al_2O_3/Al$ systems [J]. Chem. Phys. Lett. , 1993, 212 (1/2): 37-42.

[10] KANG J H, SHIN E W, KIM W J, et al. Selective hydrogenation of acetylene on TiO_2-added Pd catalysts [J]. J. Catal. , 2002, 208 (2): 310-320.

[11] STOCHWELL D M, BERTUCCO A, COULSTON G W, et al. A comparison of activated hydrogen chemisorption on some supported metal catalysts [J]. J. Catal. , 1988, 113 (2): 317-324.

[12] TOMISHIGE K, CHEN Y G, FUJIMOTO K. Studies on carbon deposition in CO_2 reforming of

CH$_4$ over nickel-magnesia solid solution catalysts [J]. J. Catal. , 1999, 181 (1): 91-103.

[13] BRADFORD M C J, VANNICE M A. CO$_2$ reforming of CH$_4$ over supported Pt catalysts [J]. J. Catal. , 1998, 173 (1): 157-171.

[14] BITTER J H, SESHAN K, LERCHER J A. The state of zirconia supported platinum catalysts for CO$_2$/CH$_4$ reforming [J]. J. Catal. , 1997, 171 (1): 279-286.

[15] ZHANG Z, VERYKIOS X E. Carbon deoxide reforming of methane to synthesis gas over Ni/La$_2$O$_3$ catalysts [J]. Appl. Catal. A, 1996, 138 (1): 109-133.

[16] BRADFORD M C J, VANNICE M A. Catalytic reforming of methane with carbon dioxide over nickel catalysts Ⅰ. Catalyst characterization and activity [J]. Appl. Catal. A, 1996, 142 (1): 73-96.

[17] XU Z, LI Y, ZHANG J, et al. Bound-state Ni species—A superior form in Ni-based catalyst for CH$_4$/CO$_2$ reforming [J]. Appl. Catal. A, 2001, 210 (1/2): 45-53.

[18] CAO C C, TSAI S C, BAHL M K, et al. Electronic properties, structure and temperature dependent composition of nickel deposited on urtile titanium dioxide [J]. Surf. Sci. , 1980, 95: 1-14.

[19] KIM K S, WINOGRAD N. X-ray photoelectron spectroscopic studies of nickel-oxygen surfaces using oxygen and argon ion-bombardment [J]. Surf. Sci. , 1974, 43 (2): 625-643.

[20] 赵良仲, 潘承璜. Ni 的氧化行为及其表面氧化物热稳定性的 XPS 研究 [J]. 1988, 24 (5): B359-B363.

[21] KIM K S, DAVIS R E. Electron spectroscopy of the nickel-oxygen system [J]. J. Electron Spectrosc. Relat. Phenom. , 1972-1973, 1 (3): 251-258.

[22] 陈久岭, 陈青海, 乔元华, 等. Ni 和 Al$_2$O$_3$ 间相互作用的调变对 Ni/Al$_2$O$_3$ 在甲烷裂解过程中催化性能的影响 [J]. 2004, 33 (S1): 858-860.

[23] 王广昌. 分子中原子电荷的一种新的计算法 [J]. 化学通报, 1994 (1): 46-50.

[24] MATIENZO L J, YIN L I, GRIM S O, et al. X-ray photoelectron spectroscopy of nickel compounds [J]. 1973, 12 (12): 2762-2768.

[25] ZHUKOVSKII Y F, KOTOMIN E A, BORSTEL G. Adsorption of single Ag and Cu atoms on regular and defective MgO (001) substrates: An ab initio study [J]. Vacuum, 2004, 74 (2): 235-240.

[26] LOPEZ N, PANIAGUA J C, ILLAS F. Controlling the spin of metal atoms adsorbed on oxide surfaces: Ni on regular and defective sites of the MgO (001) surface [J]. The Journal of Chemical Physics, 2002, 117 (20): 9445-9451.

[27] HAMMER B, NØRSKOV J K. Electronic factors determining the reactivity of metal surfaces [J]. Surface Science, 1995, 343 (3): 211-220.

[28] MAVRIKAKIS M, HAMMER B, NØRSKOV J K. Effect of strain on the reactivity of metal surfaces [J]. Physical Review Letters, 1998, 81 (13): 2819-2822.

[29] WANG Y, FLOREZ E, MONDRAGON F, et al. Effects of metal-support interactions on the electronic structures of metal atoms adsorbed on the perfect and defective MgO (100) surfaces [J]. Surf. Sci. , 2006, 600 (9): 1703-1713.

[30] PAN Y X, LIU C J, GE Q F. Adsorption and protonation of CO_2 on partially hydroxylated γ-Al_2O_3 surfaces: A density functional theory study [J]. Langmuir, 2008, 24 (21): 12410-12419.

[31] PAN Y X, LIU C J, WILTOWSKI T S, et al. CO_2 adsorption and activation over γ-Al_2O_3-supported transitioin metal dimers: A density functional study [J]. Catal. Today, 2009, 147 (2): 68-76.

[32] CHEN P, ZHANG H B, LIN G D, et al. Development of coking-resistant Ni-based catalyst for partial oxidation and CO_2-reforming of methane to syngas [J]. Appl. Catal. A, 1998, 166 (2): 343-350.

作者简介

　　刘红艳，女，1978年11月生于山西柳林。现为山西大同大学化学与化工学院教授。从事催化基础理论研究。1996年9月至2000年7月在雁北师范学院化学系学习，获理学学士学位；2000年9月至2003年7月在辽宁师范大学和中国科学院大连化学物理研究所学习，师从孙仁安教授和韩克利研究员，获理学硕士学位；2008年9月开始在太原理工大学煤科学与技术教育部山西省重点实验室学习，攻读博士学位，师从谢克昌院士和王宝俊教授。